GESTÃO AMBIENTAL
DE EMPREENDIMENTOS

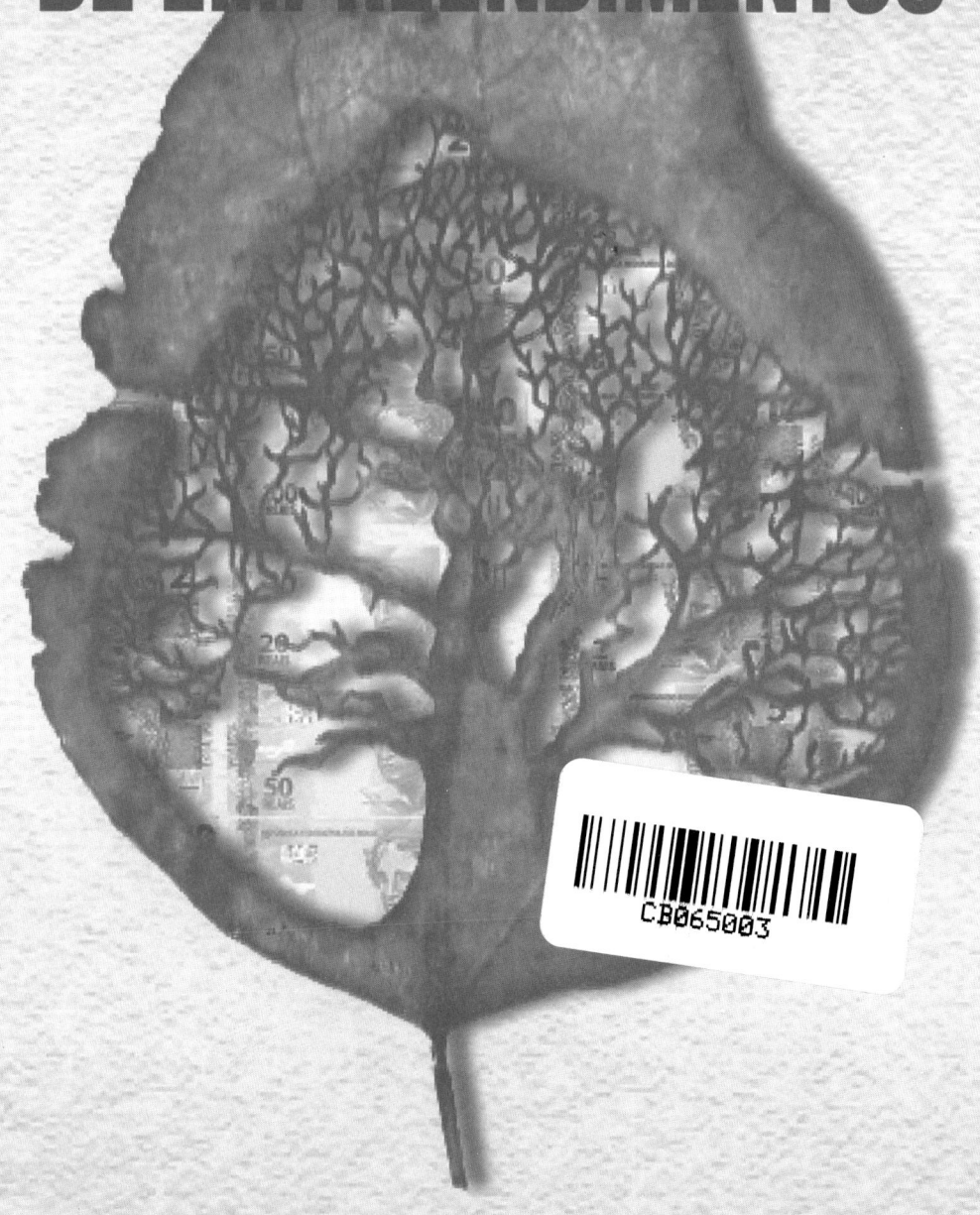

GESTÃO AMBIENTAL
DE EMPREENDIMENTOS

Sandra Mara de Queiroz
José Antônio Urroz Lopes
Luis Filipe Sanches Sousa Dias Reis

Copyright © 2012 by Luis Filipe Souza Dias Reis
Sandra Mara Pereira de Queiroz e José Antonio Urroz Lopes

Todos os direitos desta edição reservados à Qualitymark Editora Ltda.
É proibida a duplicação ou reprodução deste volume, ou parte do mesmo,
sob qualquer meio, sem autorização expressa da Editora.

Direção Editorial	Produção Editorial
SAIDUL RAHMAN MAHOMED editor@qualitymark.com.br	EQUIPE QUALITYMARK
Capa	**Editoração Eletrônica**
SUELLEN BALTHAZAR	ARAUJO EDITORAÇÃO

CIP-Brasil. Catalogação-na-fonte
Sindicato Nacional dos Editores de Livros, RJ

R311g

Reis, Luis Filipe Souza Dias

Gestão Ambiental de Empreendimentos. / Luis Filipe Souza Dias Reis, Sandra Mara Pereira de Queiroz, José Antonio Urroz Lopes. – Rio de Janeiro : Qualitymark Editora, 2012.
312p.: 24 cm

Inclui bibliografia
ISBN 978-85-414-0021-3

1. Empreendimentos – Administração. 2. Administração de Empresas – Aspectos ambientais. 3. Gestão Ambiental. 4. Responsabilidade social da empresa.
I. Queiroz, Sandra Mara Pereira de. II. Lopes, José Antonio Urroz. III. Título.

11-5428

CDD: 658.022
CDU: 005.334.012.63/65

2012
IMPRESSO NO BRASIL

Qualitymark Editora Ltda.
Rua Teixeira Júnior, 441
São Cristóvão - Fax: (21) 3295-9824
20921-405 – Rio de Janeiro – RJ

www.qualitymark.com.br
E-mail: quality@qualitymark.com.br
Tel: (21) 3295-9800 ou (21) 3094-8400
QualityPhone: 0800-0263311

Dedicatória

Dedicamos este trabalho à:
Natureza!

Agradecimentos

Temos tantos familiares e amigos para agradecer, que é muito difícil enumerá-los sem que se cometa alguma injustiça. No entanto, não podemos deixar de referenciar um agradecimento muito especial para a publicitária Joana Augusta Pereira de Queiroz, que muito nos auxiliou na versão final do livro.

Os autores

Sumário

INTRODUÇÃO 1

Capítulo 1
LICENCIAMENTO AMBIENTAL 9
  1.1 Disposições Gerais sobre Licenciamento Ambiental 9
    1.1.1 Finalidade 9
    1.1.2 Conceitos e Aplicações 9
    1.1.3 Etapas do Licenciamento Ambiental 10
    1.1.4 Estudos Ambientais 10
    1.1.5 Autorização Ambiental 10
    1.1.6 Competência do Licenciamento Ambiental 11
  1.2 Alguns Instrumentos Legais que Disciplinam a Matéria 12
    1.2.1 Internacional 13
    1.2.2 Federal 14
    1.2.3 Normas Técnicas Brasileiras – ABNT 21
    1.2.4 Legislação Estadual e Municipal 22
  1.3 Orientações Relativas à Condução do Processo de
      Licenciamento Ambiental 23
    1.3.1 Como obter a Licença Ambiental Prévia – LP 24
    1.3.2 Como obter a Licença Ambiental de Instalação – LI 25
    1.3.3 Como obter a Licença Ambiental de Operação – LO 26
    1.3.4 Das renovações da LI e LO 26
    1.3.5 Procedimentos Administrativos Aplicados 27
    1.3.6 Dos Custos para obtenção do Licenciamento e/ou Autorização
          Ambiental 33
    1.3.7 Fornecimento de Cópias, Certidões e Vistas aos Processos
          Administrativos 35
  1.4 Instrução dos Processos Administrativos 36
    1.4.1 Para Licença Ambiental Prévia 36
    1.4.2 Para Licença Ambiental de Instalação 37

  1.4.3 *Para Licença Ambiental de Operação* 38
  1.4.4 *Para Autorização de Desmate de Nativas* 39
    1.4.4.1 Procedimentos para os pedidos de desmate de nativas para
      implantação, ou readequação de atividades 39
  1.4.5 *Para pedidos de Renovação de Licença Ambiental* 40
    1.4.5.1 Para a renovação da Licença Ambiental Prévia 40
    1.4.5.2 Para a renovação da Licença Ambiental de Instalação 41
    1.4.5.3 Para a renovação da Licença Ambiental de Operação 42
 1.5 Roteiros e Formulários de Estudos Ambientais 43
  1.5.1 *Análise de Cadastros* 43
  1.5.2 *Condução de Análise e Avaliação dos Procedimentos*
    Administrativos 43
    1.5.2.1 Relatórios e Pareceres Técnicos 44
    1.5.2.2 Sobre as Exigências dos Estudos Ambientais 44
 1.6 Conteúdo Exemplificativo dos Estudos Ambientais 50
  1.6.1 *Plano de Controle Ambiental – PCA* 50
  1.6.2 *Plano e/ou Projeto de Recuperação de Áreas*
    Degradadas – PRAD 56
  1.6.3 *Plano de Contingência* 58
  1.6.4 *Programa de Gerenciamento de Risco* 67

Capítulo 2
AVALIAÇÃO DE IMPACTOS AMBIENTAIS 71
 2.1 Conceitos 71
  2.1.1 *Avaliação de Impactos Ambientais* 71
  2.1.2 *Impacto Ambiental* 71
  2.1.3 *Estudos e Relatórios de Impacto Ambiental – EIA e RIMA* 73
 2.2 Marco Histórico 73
 2.3 Características da AIA 75
 2.4 Lista Positiva de Obras e Empreendimentos sujeitos à AIA 75
 2.5 Decisão pela Elaboração do EIA e do RIMA 76
 2.6 Conteúdo do Estudo de Impacto Ambiental EIA 79
  2.6.1 *Diretrizes Gerais do EIA* 79
  2.6.2 *Atividades Técnicas do EIA* 82
 2.7 Conteúdo do Relatório de Impacto Ambiental – RIMA. 91
 2.8 Audiências Públicas 99
 2.9 Principais Diferenças entre EIA e RIMA 100
 2.10 Procedimentos de Condução do Processo de AIA 101
 2.11 Envolvidos no Processo da AIA 103

Capítulo 3
SUPERVISÃO AMBIENTAL 107
   3.1 Atendimento aos Aspectos Legais 107
   3.2 Atendimento às Exigências do Licenciamento Ambiental 108
   3.3 Programa de Comunicação Social 108
   3.4 Programa de Educação Ambiental 108
   3.5 Programa de Supervisão Ambiental 109
       3.5.1 Subprograma de Gerenciamento Ambiental do Canteiro
       de Obras 109
       3.5.2 Subprograma de Gerenciamento da Manutenção de Veículos,
       Manipulação de Combustíveis e Materiais Betuminosos e
       Disposição de Óleos Usados 110
       3.5.3 Subprograma de Saúde e Segurança no Trabalho 111
       3.5.4 Subprograma de Segurança Operacional no Período de Obras 112
       3.5.5 Subprograma de Contingência a Acidentes Ambientais 113
   3.6 Programa de Recuperação Ambiental 114
   3.7 Projeto Básico Ambiental 114
       3.7.1 Projeto de Obras e Atividades Temporárias de Proteção
       Ambiental 115
       3.7.2 Projeto de Obras e Atividades Permanentes de Proteção
       Ambiental 116

Capítulo 4
METODOLOGIA SEMIQUANTITATIVA APLICÁVEL AO PROCESSO DE AIA,
À SUPERVISÃO AMBIENTAL E AOS TRABALHOS TÉCNICOS NA ÁREA 117
   4.1 Metodologia Desenvolvida para Estudos de Impacto
       Ambiental 117
   4.2 Adaptação da Metodologia para Estudos de Avaliação
       Comparada de Impactos de Alternativas 133
   4.3 Adaptação da Metodologia para Acompanhamento da
       Qualidade Ambiental de Obras de Engenharia em Execução 137

Capítulo 5
GESTÃO AMBIENTAL E A ISO 14000 143
   5.1 Normas da Série ISO 14000 143
   5.2 Fator Ambiental 144
   5.3 O que é a ISO 14000 149
       5.3.1 Quais são os Elementos-chave de um SGA Baseado na Norma
       ISO 14001? 151

  5.3.2 Normas ISO 14000 São Dirigidas para a Organização ou para
    o Produto? 155
  5.3.3 Quais as Normas Desenvolvidas pelos Comitês do TC 2007? 156
 5.4 Desenvolvendo o Planejamento para a Implementação do SGA 157
 5.5 Princípios de um Sistema de Gestão Ambiental 163
 5.6 Princípio 1 – Comprometimento e Política.. 164
 5.7 Etapas da Avaliação Ambiental Inicial 168
 5.8 Princípio 2 – Planejamento 175
 5.9 Princípio 3 – Implementação 210
 5.10 Princípio 4 – Medição e Avaliação 250
 5.11 Princípio 5 – Análise Crítica e Melhoria 266
 5.12 Considerações Finais 269

Capítulo 6
ANEXO A: NBR ISO 14001 271
 6.1 Diretrizes para Uso e Especificação 271

Capítulo 7
ANEXO B: NBR ISO 14004 281
 7.1 A.1 Declaração do Rio sobre Meio Ambiente
   e Desenvolvimento 281
 7.2 A.2 Carta Empresarial para o Desenvolvimento Sustentável
   da Câmara de Comércio Internacional (CCI) 286

REFERÊNCIAS BIBLIOGRÁFICAS 289

SOBRE OS AUTORES 293

Introdução

A questão ambiental tem ocupado, nos últimos anos, vastos espaços na mídia e, gradativamente, vai assumindo uma posição marcante na opinião pública. Todos nós temos consciência da importância da preservação do meio ambiente e da forma como a sua adequada gestão pode melhorar a nossa qualidade de vida e a produtividade das empresas e de como um ambiente adequadamente gerido, em nível familiar e profissional, podem repercutir favoravelmente em nossas vidas. Velhos hábitos, porém, e/ou mesmo uma formação educacional com pouca ou nenhuma ênfase na necessidade de preservar o meio ambiente, têm feito com que a grande maioria de nós, apesar de reconhêcermos essa necessidade, não estejamos dispostos a "pagar o preço" da inevitável mudança de hábitos e comportamentos para nos inserirmos numa sociedade onde o desenvolvimento sustentado e a preservação ambiental sejam a prioridade.

Quando olhamos o lado institucional, observamos uma série de instrumentos legais sendo elaborados ou em vias de elaboração com o intuito de preservar o meio ambiente e vemos, simultaneamente que aqueles que têm por obrigação serem os "fiscais" da sua execução, são os primeiros a ignorá-los. Interesses financeiros se sobrepõem aos interesses da preservação ambiental e da própria manutenção da vida animal e vegetal no planeta Terra. Até quando isso acontecerá?

A prática nos leva a acreditar, portanto, que o Licenciamento Ambiental, dentre os instrumentos de Política Ambiental adotado no país, é, sem dúvida, o mais eficiente entre todos, pois é um instrumento preventivo. Isto equivale a afirmar que se uma atividade, obra ou empreendimento tiver sido submetido a uma boa prática de Licenciamento Ambiental, muitas das consequências nefastas que poderiam advir de sua implementação poderão ser mitigadas e até deixadas de existir. Daí a importância de a Avaliação de Impactos Ambientais – AIA ser atrelada ao Licenciamento Ambiental, assegurando a eficiência desejada.

Tem-se observado, no entanto, que invariavelmente o Licenciamento Ambiental e a AIA não têm tido a eficiência esperada porque tanto os particulares como os interessados públicos desconhecem até mesmo o início e o roteiro dos procedimentos de Licenciamento Ambiental, não instruindo adequadamente, como consequência, os processos administrativos. A contrapartida também ocorre muito frequentemente: representantes do Poder Público têm, muitas vezes, dificuldade em conduzir o processo de Licenciamento Ambiental.

Por outro lado, de nada adianta um Licenciamento Ambiental que atenda às normas e à legislação vigente, ainda que com exigências severas, se não houver um acompanhamento/monitoramento adequado de todos os passos necessários à implantação ambientalmente correta dos empreendimentos potencialmente impactantes. Por isso, torna-se fundamental a existência de uma Supervisão Ambiental de Obras e de uma metodologia que oriente sua atuação.

Em função dessas dificuldades, apresentamos este livro *Gestão Ambiental de Empreendimentos*, que é uma reedição, revista, melhorada e ampliada do livro *Gestão Ambiental de Pequenas e Médias Empresas* (2008), que, em linguagem simplificada, busca "desmistificar" o licenciamento ambiental; a elaboração e a análise dos Estudos de Impactos Ambientais – EIA e dos Relatórios de Impactos Ambientais – RIMA; o entendimento e a facilitação no emprego do sistema ISO 14000 e os passos minimamente necessários para o acompanhamento ambiental da construção de empreendimentos. Com ele esperamos estar contribuindo para tornar o processo mais transparente, mais adequado e mais eficiente, uma vez que nele incluímos os principais aspectos relativos a:

Capítulo 1. Licenciamento Ambiental

Foram abordados aspectos relativos a conceitos e aplicações do Licenciamento Ambiental – o que se entende por licenciamento ambiental, licença ambiental, estudos ambientais e autorização ambiental, além de aspectos da legislação ambiental envolvida.

São apresentadas orientações sobre o Licenciamento Ambiental – etapas do licenciamento ambiental; procedimentos que devem ser adotados no processo de condução do licenciamento ambiental; comentários sobre os custos do licenciamento ambiental; o que deve ser feito quando do pedido de cópias, certidões e vistas aos processos de licenciamento ambiental; como podem ser instruídos, qual a documentação mínima para iniciar os processos de licenciamento ambiental nas diferentes fases (licença ambiental prévia, licença ambiental de instalação, licença ambiental de operação, bem como suas respectivas orientações), explanação sobre roteiros, formulários, cadastros e, finalmente, o que podem conter os relatórios e os pareceres técnicos.

Exigência e conteúdos mínimos dos Estudos Ambientais, como, por exemplo: planos de controle ambiental – PCA; plano ou projeto de recuperação de áreas degradadas – PRAD; aspectos gerais de riscos e planos de contingência; Estudos de Impacto Ambiental e respectivos Relatórios (EIA e RIMA).

Como proceder quando o pedido é de desmate para implantação de uma obra, atividade ou empreendimento.

Capítulo 2. Sobre o Processo de Avaliação de Impactos Ambientais

São abordados conceitos e aplicações, legislação, metodologias aplicáveis e formas de condução deste complexo processo. Aborda-se também o conteúdo do Estudo de Impacto Ambiental, descrevendo os diversos itens que o compõem, bem como seus objetivos e aplicações. Comenta-se o conteúdo mínimo, os objetivos e alguns aspectos importantes e/ou desejáveis na concepção e apresentação dos Relatórios de Impacto Ambiental.

Finalmente discorre-se sobre as formas de participação popular e ressaltam-se aspectos relativos às Audiências Públicas.

Capítulo 3. Supervisão Ambiental de Obras

Embora, incontestavelmente, os processos de Licenciamento Ambiental e de Avaliação de Impactos deem início aos procedimentos de compatibilização obra/ambiente, a correta implantação e o acompanhamento/monitoramento daquela, em termos ambientais, constitui-se na garantia de sua adequabilidade ao meio ambiente que a envolve.

Assim sendo, como contribuição ao assunto, é proposto um exemplo de roteiro a ser seguido pela Supervisão Ambiental de Obras para a obtenção do *desideratum* anteriormente exposto.

Capítulo 4. Metodologia Semiquantitativa de Avaliação, Aplicável ao Processo de AIA, à Supervisão Ambiental e a Outros Trabalhos Técnicos na Área

A análise dos diversos procedimentos metodológicos que têm sido desenvolvidos e utilizados com relativo sucesso para avaliação de impactos ambientais – *ad hoc*, *checklists*, matrizes, redes de interação etc. – mostra que usualmente eles são bastante eficientes no que tange à detecção e qualificação dos impactos, mas deixam bastante a desejar quando se trata de avaliações quantitativas, particularmente no que diz respeito à importância relativa dos diversos impactos no contexto do problema em exame.

Apenas os modelos matemáticos (na dependência do conhecimento dos processos e das leis que regem os fenômenos, bem como das condições de contorno assumidas) e os reduzidos (na dependência de sua capacidade de representar com fidelidade as condições de campo), apresentam-se menos subjetivos em questões de quantificação e hierarquização de impactos. Estes últimos, entretanto, apresentam outros tipos de dificuldades de aplicação, quais sejam, a complexidade, o custo e o tempo de desenvolvimento (no caso de ser específico) e/ou a aplicabilidade ao projeto em análise (no caso de ser existente).

Em razão dessas dificuldades, sentidas em diversos trabalhos desenvolvidos por dois dos autores deste livro – tais como Estudos Prévios de Impacto Ambiental para Obras de Engenharia, Estudos de Avaliação Comparada de Impactos em Alternativas Tecnológicas, Locacionais e/ou Construtivas e Avaliação de Desempenho Ambiental de Obras em Execução –, buscaram eles sistematizar, inicialmente para os EIAs e em sequência para os outros tipos de estudos, um conjunto de procedimentos metodológicos que atendesse, ao mesmo tempo, aos requisitos de baixa subjetividade, facilidade de emprego, rapidez de execução e baixo custo.

Essa metodologia foi considerada importante para os objetivos fundamentais deste livro e por isso ela foi incorporada a ele.

Capítulo 5. O Sistema ISO 14000

A criação de uma Nova Mentalidade (reeducação de uma camada da sociedade e educação de outra) é um aspecto imperativo e urgente. Dentro deste conceito, e à semelhança do que ocorreu com as normas ISO 9000, a indústria se encontra em face da necessidade de encarar uma nova (não tão nova) ISO, desta vez a ISO 14000, elaborada dentro da International Organization for Standartization com o objetivo de fornecer diretrizes às empresas para gerirem seu meio ambiente e, assim, controlarem e minimizarem os seus impactos ambientais.

O presente trabalho vem na sequência de um trabalho anterior sobre a implantação da norma ISO 14001 em Pequenas e Médias Empresas que teve excelente receptividade por parte do público e leitores. Neste trabalho mantivemos o foco na ISO 14001, mas achamos que deveríamos complementá-lo com aspectos relacionados ao Licenciamento Ambiental, à Avaliação de Impactos Ambientais e à Supervisão Ambiental, na medida em que estes são assuntos ou temas que integram a própria Gestão Ambiental nas empresas.

Pretendemos, assim, contribuir com nosso modesto estudo para a melhoria das condições da Gestão Ambiental em empreendimentos industriais, disponibilizando mais um trabalho para consulta daqueles que se preocupam com esta problemática que vem merecendo maior atenção por parte das diferentes esferas do governo.

Nosso trabalho limitar-se-á à norma ISO 14000, ainda que pretendêssemos dar-lhe uma maior abrangência, na medida em que acreditamos que apenas uma Gestão Integrada da Qualidade poderá resolver os problemas empresariais. Possuir uma Gestão Ambiental de "costas voltadas" para o modelo de gestão adotado pela empresa de nada adiantará. A Gestão Integrada da Qualidade, tal como a entendemos, deve estar voltada para a gestão das pessoas e dos processos empresariais, inclusive o financeiro e o ambiental. Passamos, assim, a ter que pensar em termos de Gestão Integrada da Qualidade Empresarial. Nosso objetivo aqui não abrange a abordagem da gestão de todos os processos empresariais. Limitar-nos-emos, assim, a analisar os modelos da Gestão Ambiental (ISO 14000) para Pequenas e Médias Empresas. Certamente serão fornecidos subsídios importantes para a implantação de um modelo de Gestão Empresarial.

A própria norma NBR ISO 14001 refere na sua Introdução, que:

> "... a adoção desta Norma não garantirá, por si só, resultados ambientais ótimos. Para atingir os objetivos ambientais, convém que o sistema de gestão ambiental estimule as organizações a considerarem a implementação da melhor tecnologia disponível, quando apropriado e economicamente exequível. Além disso, é recomendado que a relação custo/benefício de tal tecnologia seja integralmente levada em consideração".

Em sequência, a NBR ISO 14001 continua referindo que:

> "Esta Norma não pretende abordar e não inclui requisitos relativos a aspectos de gestão de saúde ocupacional e segurança no trabalho. No entanto, ela não procura desencorajar uma organização que pretenda desenvolver a integração de tais elementos no sistema de gestão...".

> "Esta Norma compartilha princípios comuns de sistemas de gestão com a série de Normas NBR ISO 9000 para sistemas da qualidade. As organizações podem decidir utilizar um sistema de gestão existente, coerente com a série NBR ISO 9000, como base para o seu sistema de gestão ambiental. Entretanto, convém esclarecer que a aplicação dos vários elementos do sistema de gestão pode variar em função de diferentes propósitos e das diversas partes interessadas".

> "Enquanto sistemas de gestão da qualidade tratam das necessidades dos clientes, os sistemas de gestão ambiental atendem às necessidades de um vasto conjunto de partes interessadas e às crescentes necessidades da sociedade sobre proteção ambiental".
>
> "Não é necessário que os requisitos do sistema de gestão ambiental especificados nesta Norma sejam estabelecidos independentemente dos elementos do sistema de gestão existente. Em alguns casos, será possível atender aos requisitos adaptando-se os elementos do sistema de gestão existente".

Pela própria análise do texto introdutório da NBR ISO 14001 podemos, perfeitamente, nos aperceber da existência de uma diretriz que busca ver a integração dos diversos sistemas existentes num só. Quando a Norma fala da relação custo/benefício ela está, indiretamente, referindo-se a aspectos financeiros e de agregação de valor.

Quanto à integração com o modelo de gestão de saúde ocupacional e segurança no trabalho, a Norma ISO 14001 é muito clara e não descarta a integração destes elementos dentro do seu modelo, embora para aspectos de certificação eles não sejam aplicáveis.

No que diz respeito à sua integração com a Série NBR ISO 9000, mais especificamente com a ISO 9000, a própria norma já reconhece que o modelo ISO 9000 pode servir de base para a implantação de um Modelo de Gestão Ambiental.

Por outro lado, quando analisamos a NBR ISO 14001 ela consigna, em seu item 1 – Objetivo e campo de aplicação – o seguinte:

> "Esta Norma provê orientação para o desenvolvimento e a implementação de princípios e sistemas de gestão ambiental e sua coordenação com outros sistemas de gestão".

Reforçando este conceito, a NBR ISO 14001 define sistema de Gestão Ambiental como:

> "A parte do sistema de gestão global que inclui a estrutura organizacional, atividades de planejamento, responsabilidades, práticas, procedimentos, processos e recursos para desenvolver, implementar, atingir, analisar criticamente e manter a política ambiental".

Por último, salientamos a importância da Gestão Ambiental na definição da sustentabilidade ou no desenvolvimento sustentável das empresas e a importância de que se reveste as ISO 14001 e 14004 como ferramenta para a implantação do modelo de gestão sustentável.

Capítulo 1

Licenciamento Ambiental

1.1 Disposições Gerais sobre Licenciamento Ambiental

Este capítulo refere-se ao Licenciamento Ambiental Geral, que se aplica em qualquer modalidade de obra, atividade ou empreendimento.

1.1.1 Finalidade

A finalidade deste capítulo é de orientação de procedimentos que podem ser adotados quando do licenciamento ambiental de atividades, obras ou empreendimentos, independentemente de seu porte, localização ou tipologia (se de infraestrutura, de comércio ou de serviços).

Cabe ainda ressaltar a eficiência deste instrumento de política nacional de controle ambiental, uma vez que possui em sua concepção o caráter prévio.

1.1.2 Conceitos e Aplicações

a) **Licenciamento Ambiental:** procedimento administrativo pelo qual o órgão ambiental (quer seja federal, estadual ou municipal), verificando a satisfação das condições legais e técnicas, licencia a localização, a instalação, a ampliação e a operação de empreendimentos e atividades que utilizem recursos ambientais, consideradas, efetiva ou potencialmente, poluidoras, ou daquelas que, sob qualquer forma, possam causar degradação e/ou modificação ambiental, considerando as disposições legais e regulamentares e as normas técnicas aplicáveis ao caso.

b) **Licença Ambiental:** procedimento administrativo pelo qual o órgão ambiental estabelece as condições, as restrições e as medidas de controle ambiental que deverão ser obedecidas pelo empreendedor – pessoa física ou jurídica – para localizar, instalar, ampliar e operar empreendimentos ou atividades que utilizem recursos ambientais e sejam consideradas, efetiva ou potencialmente, poluidoras, ou aquelas que, sob qualquer forma, possam causar degradação e/ou modificação ambiental.

1.1.3 Etapas do Licenciamento Ambiental

O licenciamento ambiental, no geral, deve ser realizado em três etapas sucessivas:

a) **Licença Ambiental Prévia – LP:** a licença ambiental prévia de empreendimentos, atividades ou obras, potencial ou efetivamente poluidoras, degradadoras e/ou modificadoras do meio ambiente, é requerida na fase preliminar do planejamento do empreendimento, atividade ou obra. Esta licença autoriza o desenvolvimento do projeto executivo da obra ou empreendimento.

b) **Licença de Instalação – LI:** deve ser requerida após a elaboração do projeto do empreendimento, atividade ou obra, contendo as medidas de controle ambiental. Essa licença autoriza a implantação do empreendimento, atividade ou obra, mas não seu funcionamento.

c) **Licença de Operação – LO:** deve ser requerida antes do início efetivo das operações e autoriza a operação do empreendimento, atividade ou obra após a verificação do efetivo cumprimento do que consta das licenças anteriores, bem como das medidas de controle ambiental e condicionantes que venham a ser determinados para a operação do empreendimento.

1.1.4 Estudos Ambientais

São todos e quaisquer estudos relativos aos aspectos ambientais relacionados a localização, instalação, operação e ampliação de uma atividade ou empreendimento, apresentado como subsídio para a análise da licença requerida, tais como: relatório ambiental, projeto ambiental, projeto básico ambiental, plano de controle ambiental, estudo de viabilidade técnico-econômico-ambiental, plano de manejo florestal em regime de rendimento sustentado, plano de recuperação de área degradada, análise de risco e outros.

1.1.5 Autorização Ambiental

É um procedimento administrativo discricionário, pelo qual o órgão ambiental estabelece condições, restrições e medidas de controle ambiental ou florestal de empreendimentos ou atividades específicas, com prazo de validade estabelecido de acordo com a natureza do empreendimento ou atividade, passível de prorrogação, a critério do órgão ambiental.

É usual a autorização ambiental para atividades como de supressão vegetal ou então de transporte de material tóxico ou perigoso.

1.1.6 Competência do Licenciamento Ambiental

A pergunta inicial é:

A quem solicitar o licenciamento ambiental? Ao Município? À Agência ou a Órgãos Estaduais (são 27 no país!). Ou ao IBAMA?

Sim, referimo-nos às competências. Ou seja, se a atividade estiver sendo planejada para ser implantada em área da União (por exemplo, em área limítrofe com outro país, plataforma continental, zona econômica exclusiva, em terras indígenas ou em unidades de conservação de domínio da União, quando estiver em área limítrofe entre dois ou mais estados da Federação, atividades destinadas a pesquisar, lavrar, beneficiar, transportar, armazenar e dispor material radioativo, em qualquer estágio, ou quando utilizar energia nuclear em qualquer de suas formas e aplicações, mediante parecer da Comissão Nacional de Energia Nuclear – CNEN e bases ou empreendimentos militares), a competência é do IBAMA, entendendo-se como área da União áreas protegidas de gestão da União (como Parques Nacionais ou áreas indígenas). Quando o empreendimento estiver sendo planejado em divisas de estado ou percorrer mais de um estado, como é o caso da duplicação da BR-101, trecho ligando a cidade de São Paulo a Osório, atravessando, portanto, os estados de São Paulo, Paraná, Santa Catarina e Rio Grande o Sul, ou seja, empreendimentos que atravessarem divisas interestaduais, deverão ter seu licenciamento ambiental conduzido pelo IBAMA, que "ouvirá os estados atingidos. Ou, ainda, quando for uma atividade internacional como, por exemplo, o Gasoduto Brasil-Bolívia, é o IBAMA que coordena e emite o licenciamento ambiental, "ouvindo", como no caso anterior, todos os estados envolvidos com a questão. Cabe ressaltar que o licenciamento nacional está disciplinado através das Resoluções do Conselho Nacional de Meio Ambiente – CONAMA.

Atividades em águas da União, como, por exemplo, dragagens de portos marítimos, normalmente têm o licenciamento ambiental conduzido pelo IBAMA. MACHADO *et al.*, 2007, no livro *Dragagens Portuárias no Brasil – Licenciamento e Monitoramento Ambiental*, se debruça sobre o tema e afirma que o Brasil é um país com pouca experiência em monitoramento ambiental de dragagens. Na conclusão, no entanto, afirma que o material dragado permite mitigar impactos ambientais causados pelas dragagens e otimizar a função social da atividade.

Quando a atividade não estiver sendo planejada em território da União, será licenciada pelo estado. Isto equivale a afirmar que são obras de impacto regional. Assim, cabe a cada estado da Federação legislar sobre as peculiaridades estaduais.

Configurados neste caso estão vários exemplos bem-sucedidos de orientação sobre o licenciamento ambiental estadual, como a então Resolução 031/SEMA de 1998, do Paraná, que disciplinava o licenciamento estadual; o Manual de Licenciamento Ambiental do Acre e as Normas e Resoluções específicas do Rio Grande do Sul, São Paulo e Rio de Janeiro, entre outras iniciativas. A citada Resolução 031/SEMA de 1998, do Paraná, foi complementada pela Resolução SEMA/IAP em 2010, que estabelece procedimentos para o licenciamento ambiental de unidades de geração e transmissão de energia elétrica no estado.

Em 2008 o Paraná estabeleceu condições e critérios para o licenciamento ambiental de atividades e empreendimentos industriais, e em 2009 dispensou do licenciamento ambiental estadual empreendimentos de pequeno porte e baixo impacto ambiental; logo, este procedimento poderá, neste caso, ser efetuado pelo município onde é localizada a obra ou o empreendimento.

E o município? Pode licenciar?

Pode e deve. Porém com algumas ressalvas. A Resolução CONAMA 237 de 1997, que disciplina o Licenciamento Ambiental em todo o território nacional, afirma no artigo 6º o seguinte:

> "Compete ao órgão ambiental municipal, ouvidos os órgãos competentes da União, dos Estados e do Distrito Federal, quando couber, o licenciamento ambiental de empreendimentos e atividades de impacto ambiental local e daquelas que lhe forem delegadas pelo Estado, por instrumento legal ou Convênio".

Ou seja, todos os municípios brasileiros podem licenciar atividades, obras e empreendimentos em seus territórios, desde que tenham um convênio com o órgão estadual ou o IBAMA. Trata-se de obras de impacto municipal (impacto local) e que não atinjam outros municípios vizinhos, como uma padaria ou um mercado. Se estiverem sendo planejados em áreas de divisas intermunicipal, o Licenciamento Ambiental será conduzido pelo estado, "ouvindo", no entanto, os municípios atingidos.

1.2 Alguns Instrumentos Legais que Disciplinam a Matéria

Neste item estão listados alguns instrumentos legais que incidem sobre o Licenciamento Ambiental. A lista não é exaustiva mas busca, tão somente, referenciar os principais dispositivos nacionais. Também não é objetivo deste livro listar ou citar a legislação dos estados e muito menos dos municípios, porém serão comentados aspectos sobre os estados e municípios.

1.2.1 Internacional

Alguns empreendimentos ou mesmo obras necessitam também atender a instrumentos legais internacionais. Como exemplo, podemos citar portos e aeroportos:

- Convenção de Basileia de 1989 – estabelece obrigações com vistas a reduzir os movimentos transfronteiriços de rejeitos perigosos.

- Convenção C-72 de 1972 – controle e prevenção internacional de fontes de poluição marinha.

- MARPOL 1973/1978 – convenção internacional de prevenção do controle da poluição por óleo nos mares.

- SOLAS 1974 – convênio internacional para segurança e salvaguarda de vidas humanas.

- IMO – International Maritime Organization – disciplina a questão de produtos perigosos.

- OPRC de 1990 – convenção internacional sobre preparo, resposta e co-operação em caso de poluição por óleo nos mares.

- Agenda 21 – um dos resultados da Conferência das Nações Unidas sobre Meio Ambiente e Desenvolvimento – documento que contém ações visando ao desenvolvimento sustentável. Sobressaem os capítulos que abordam a integração da variável ambiental na tomada de decisões (Cap. 8); a proteção dos oceanos, áreas costeiras e de seus recursos vivos (Cap. 17); a proteção da qualidade da água e aplicação de abordagens integradas ao desenvolvimento; o gerenciamento e uso dos recursos de água (Cap. 18); o gerenciamento ambientalmente aceitável de produtos químicos tóxicos (Cap. 19) e o gerenciamento ambientalmente aceitável de resíduos perigosos (Cap. 20). As ações previstas incluem, de partida, o atendimento a convenções, acordos e legislações internacionais que tratem desses assuntos, bem como à legislação doméstica aplicável.

- Rio-92 – convenção sobre diversidade biológica, assinada por 150 líderes de governos urante a reunião da ONU, dedicada à proteção das espécies e à promoção do desenvolvimento sustentável.

- Protocolo de Kyoto – protocolo das Nações Unidas que visa combater o aquecimento global. Foi assinado inicialmente em 1997, em Kyoto, no Japão.

1.2.2 Federal

1. Constituição brasileira, promulgada em 1988.
2. Lei Federal nº 4.771/65 – Código Florestal brasileiro.
3. Lei Federal nº 6.567/78 – dispõe sobre regime especial para exploração e aproveitamento das substâncias minerais (classe II).
4. Lei Federal nº 6.803/80 – dispõe sobre as diretrizes básicas para o zoneamento industrial nas áreas críticas de poluição.
5. Lei Federal nº 6.938/81 – Lei de Política Nacional de Meio Ambiente.
6. Lei Federal nº 7.347/85 – Ação Civil Pública de Danos ao Meio Ambiente.
7. Lei Federal nº 7.803/89 – altera o Código Florestal brasileiro.
8. Lei Federal nº 7.735/89 – publicada no Diário Oficial da União (DOU), de 23 de fevereiro de 1989 – dispõe sobre a extinção de órgãos e entidades autárquicas, cria o Instituto Brasileiro do Meio Ambiente e dos Recursos Naturais Renováveis, e dá outras providências.
9. Lei Federal nº 7.754/89 – publicada no DOU de 18 de abril de 1989 – estabelece medidas para a proteção das florestas existentes nas nascentes dos rios, e dá outras providências.
10. Lei Federal nº 7.797/89 – publicada no DOU de 11 de julho de 1989 – cria o Fundo Nacional de Meio Ambiente, e dá outras providências.
11. Lei Federal nº 8.630/93 – Lei de Modernização dos Portos, que se refere ao Licenciamento Ambiental.
12. Lei Federal nº 9.433/97 – publicada no DOU de 9 de janeiro de 1997 – institui a Política Nacional de Recursos Hídricos, cria o Sistema Nacional de Gerenciamento de Recursos Hídricos.
13. Lei Federal nº 9.537/97 – sobre a segurança do tráfego aquaviário.
14. Lei Federal nº 9.605/98 – dispõe sobre sanções penais e administrativas derivadas de condutas lesivas ao meio ambiente, prevendo multas de até 50 milhões de reais.
15. Lei Federal nº 9.605, de fevereiro de 1995 e Decreto nº 3.179, de 21 de setembro de 1999 – dispõem sobre as sanções penais e administrativas derivadas de condutas e atividades lesivas ao meio ambiente, e dão outras providências.
16. Lei Federal nº 9.966/2000 – dispõe sobre a prevenção, o controle e a fiscalização da poluição por óleo e por substâncias nocivas ou perigosas em águas sob jurisdição nacional.

17. Lei Federal nº 9.984/2000 – publicada no DOU de 18 de julho de 2000 – dispõe sobre a criação da Agência Nacional de Águas – ANA, entidade federal de implementação da Política Nacional de Recursos Hídricos e de coordenação do Sistema Nacional de Gerenciamento de Recursos Hídricos, e dá outras providências.

18. Lei Federal nº 9.985/2000 – publicada no DOU de 19 de julho de 2000 – regulamenta o artigo 225, parágrafo 1º e incisos I, II, III e VII da Constituição Federal, institui o Sistema Nacional de Conservação da Natureza e dá outras providências.

19. Lei Federal nº 12.305, de 2 de agosto de 2010 – institui a Política Nacional de Controle dos Resíduos Sólidos.

Decretos Federais

1. Decreto Federal nº 24.643/34 – Código das Águas.

2. Decreto Federal nº 852/38 – altera o Código das Águas.

3. Decreto Federal nº 277/67 – altera o Código de Mineração.

4. Decreto Federal nº 83.399/75 – regulamenta o Capítulo III do Título IV do Código Brasileiro do Ar – zonas de proteção de aeródromos, heliportos e auxílio à navegação aérea.

5. Decreto-lei Federal nº 2.063/83 – dispõe sobre multas aplicadas por infrações à regulamentação para execução dos serviços de transporte rodoviário de cargas ou produtos perigosos.

6. Decreto Federal nº 96.044/88 – regulamenta o transporte de cargas perigosas em rodovias.

7. Decreto Federal nº 97.632/89 – regulamenta o artigo 20, inciso VIII, da Lei Federal nº 6.938/81 – Recuperação de Áreas Degradadas.

8. Decreto Federal nº 98.073/90 – regulamenta o transporte de cargas perigosas em rodovias.

9. Decreto Federal nº 99.274/90 – regulamenta a Lei Federal nº 6.938/81, Lei da Política Nacional do Meio Ambiente.

10. Decreto Federal nº 2.596/98 – aprova o regulamento de segurança do tráfego aquaviário sob jurisdição nacional.

11. Decreto Federal nº 2.840/98 – publicado no DOU de 11 de novembro de 1998 – estabelece normas para operação de embarcações pesqueiras nas águas sob jurisdição brasileira, e dá outras providências.

12. Decreto Federal nº 3.026/99 – publicado no DOU de 14 de abril de 1999 – promulga o Convênio para a Preservação, Conservação e Fiscalização dos Recursos Naturais, nas Áreas de Fronteira, celebrado entre o Governo da República Federativa do Brasil e o Governo da República da Bolívia, em Brasília, em 15 de agosto de 1990.

13. Decreto Federal nº 3.179/99 – regulamenta a Lei de Crimes Ambientais, quanto às sanções administrativas aplicáveis às condutas e atividades lesivas ao meio ambiente.

14. Decreto Federal nº 4.136 de fevereiro de 2002 – regulamenta a Lei de Poluição das Águas, quanto às sanções administrativas aplicáveis às infrações às regras de prevenção, controle e fiscalização da poluição causada por lançamento de óleo e outras substâncias nocivas ou perigosas em águas sob jurisdição nacional.

15. Decreto Federal nº 4.297 de 10 de julho de 2002 que regulamenta a Lei nº 6.938 de 2001 – publicado no DOU de 31 de dezembro de 2001 – dispõe sobre a Comissão Coordenadora do Zoneamento Ecológico-Econômico do Território Nacional e o Grupo de Trabalho Permanente para Execução do Zoneamento Ecológico-Econômico e institui o Grupo de Trabalho Permanente para execução do Zoneamento Ecológico-Econômico, denominado Consórcio ZEE-Brasil, e dá outras providências.

16. Decreto Federal nº 4.097/02 – publicado no DOU de 24 de janeiro de 2002 – altera a redação dos artigos dos regulamentos rodoviários e ferroviários de produtos perigosos, aprovados pelo Decreto nº 96.044, de 18 de maio de 1988, e pelo Decreto nº 98.973, de 21 de fevereiro de 1990, respectivamente.

17. Decreto Federal nº 4.297/02 – publicado no DOU de 11 de julho de 2002 – regulamenta o artigo 9º, inciso II, da Lei nº 6.938, de 31 de agosto de 1981, estabelecendo critérios para o Zoneamento Ecológico-Econômico do Brasil – ZEE, e dá outras providências.

18. Decreto Federal nº 4.326/02 – publicado no DOU de 9 de agosto de 2002 – institui, no âmbito do Ministério do Meio Ambiente, o Programa Áreas Protegidas da Amazônia – ARPA, e dá outras providências, caso os empreendimentos ocorram na região amazônica.

19. Decreto Federal nº 4.097/02 – regulamenta o transporte de cargas perigosas em rodovias.

Medida Provisória

1. Medida Provisória nº 1.701, de 1º de agosto de 1998 – acrescenta dispositivo à Lei nº 9.605, de 12 de dezembro de 1998, que dispõe sobre

as sanções penais e administrativas derivadas de condutas e atividades lesivas ao meio ambiente.

Resoluções do CONAMA

1. Resolução CONAMA nº 004/85 – dá as definições e os conceitos sobre Reservas Ecológicas.
2. Resolução CONAMA nº 001/86 – disciplina a Avaliação dos Impactos Ambientais.
3. Resolução CONAMA nº 006/86 – disciplina os modelos de publicação de licenciamento ambiental em quaisquer de suas modalidades.
4. Resolução CONAMA nº 20/86 – estabelece a classificação das águas doces, salobras e salinas segundo seu uso preponderante e apresenta seus limites e condições.
5. Resolução CONAMA nº 001-A, de 23 de janeiro de 1986 – dispõe sobre transporte de produtos perigosos em território nacional.
6. Resolução CONAMA nº 006/87 – estabelece regras gerais para o licenciamento ambiental de obras de grande porte, especialmente as do setor de energia elétrica.
7. Resolução CONAMA nº 009/87 – dispõe sobre Audiências Públicas.
8. Resolução CONAMA nº 001, de 13 de junho de 1988 – dispõe sobre o Cadastro Técnico Federal de atividades e instrumentos de defesa ambiental.
9. Resolução CONAMA nº 001/90 – dispõe sobre a emissão de ruídos, em decorrência de quaisquer atividades industriais, comerciais, sociais ou recreativas, inclusive de propaganda política.
10. Resolução CONAMA nº 003/90 – estabelece padrões de qualidade do ar e amplia o número de poluentes atmosféricos passíveis de monitoramento e controle.
11. Resolução CONAMA nº 008/90 – estabelece limites máximos de emissão de poluentes do ar, em nível nacional.
12. Resolução CONAMA nº 009/90 – dispõe sobre procedimentos para o licenciamento de atividades de pesquisa mineral, lavra e beneficiamento de minérios.
13. Resolução CONAMA nº 10/90 – dispõe sobre procedimentos para o licenciamento ambiental de atividades de bens minerais de uso na construção civil.

14. Resolução CONAMA nº 13/90 – estabelece a obrigatoriedade de licenciamento de qualquer atividade que possa afetar a biota, caso se situe em um raio de 10km de uma unidade de conservação.

15. Resolução CONAMA nº 13/90 – estabelece o licenciamento ambiental obrigatório.

16. Resolução CONAMA nº 13/90 – dispõe sobre as áreas circundantes, num raio de 10km das unidades de conservação.

17. Resolução CONAMA nº 002/91 – dispõe sobre as cargas deterioradas, contaminadas ou fora de especificações.

18. Resolução CONAMA nº 006/91 – dispõe sobre a incineração de resíduos sólidos oriundos de estabelecimentos de saúde, portos e aeroportos.

19. Resolução CONAMA nº 005/93 – define os procedimentos mínimos para o gerenciamento de resíduos sólidos, provenientes de serviços de saúde, portos e aeroportos, bem como estende tais exigências aos terminais ferroviários e rodoviários.

20. Resolução CONAMA nº 23/94 – dispõe sobre licenciamento ambiental de atividades de exploração, perfuração e produção de petróleo e gás natural.

21. Resolução CONAMA nº 004/95 – institui as Áreas de Segurança Aeroportuárias – ASA.

22. Resolução CONAMA nº 002/96 – revoga a Resolução CONAMA nº 10/87 e estabelece, como pré-requisitos para o licenciamento de empreendimentos de relevante impacto ambiental, a implantação de unidade de conservação.

23. Resolução CONAMA nº 228/97 – autoriza a importação de acumuladores de chumbo usados.

24. Resolução CONAMA nº 237/97 – revisa os procedimentos e critérios utilizados no licenciamento ambiental nacional.

25. Resolução CONAMA nº 264/2000 – dispõe sobre licenciamento para coprocessamento de resíduos em fornos rotativos de clínquer para fabricação de cimento.

26. Resolução CONAMA nº 273/2000 – torna obrigatório o licenciamento ambiental de postos revendedores, postos de abastecimento, instalações de sistemas retalhistas e postos flutuantes de derivados de petróleo e outros combustíveis.

27. Resolução CONAMA nº 279/2001 – dispõe sobre o procedimento simplificado para o licenciamento ambiental de empreendimentos com impacto ambiental de pequeno porte, necessário ao incremento da oferta de energia elétrica.
28. Resolução CONAMA nº 281/2001 – dispõe sobre a publicação de pedidos de licenciamento ambiental.
29. Resolução CONAMA nº 284/2001 – dispõe sobre o licenciamento ambiental de empreendimentos de irrigação e os classifica em três categorias.
30. Resolução CONAMA nº 286/2001 – dispõe sobre o licenciamento ambiental de empreendimentos nas regiões endêmicas de malária.
31. Resolução CONAMA nº 289/2001 – estabelece diretrizes para o licenciamento ambiental de projetos de assentamento de reforma agrária.
32. Resolução CONAMA nº 293/2001 – dispõe sobre o conteúdo mínimo do Plano de Emergência Individual para incidentes de poluição por óleo, originados em portos organizados, instalações portuárias ou terminais, dutos e plataformas, bem como suas respectivas instalações de apoio, e orienta sua elaboração.
33. Resolução CONAMA nº 307/2002 – estabelece os requisitos mínimos e o Termo de Referência para a realização de Auditorias Ambientais.
34. Resolução CONAMA nº 003/2003 – dispõe sobre licenciamento ambiental de cemitérios.
35. Resolução CONAMA nº 334/2003 – estabelece procedimentos de licenciamento ambiental de estabelecimentos destinados ao recebimento de embalagens vazias de agrotóxicos.
36. Resolução CONAMA nº 25/2004 – estabelece as diretrizes gerais e os procedimentos mínimos para avaliação do material a ser dragado.
37. Resolução CONAMA nº 16/2004 – dispõe sobre o licenciamento ambiental e a regularização dos empreendimentos ferroviários de pequeno potencial de impacto ambiental e a regularização dos empreendimentos em operação.
38. Resolução CONAMA nº 006/2004 – dispõe sobre licenciamento ambiental específico das atividades de aquisição de dados sísmicos marítimos e em zonas de transição.
39. Resolução CONAMA nº 344/2004 – estabelece diretrizes e procedimentos mínimos para avaliação do material a ser dragado em águas jurisdicionais brasileiras.

40. Resolução CONAMA nº 371/2006 – estabelece diretrizes aos órgãos ambientais para cálculo, cobrança, aplicação, aprovação e controle de gastos de recursos advindos da compensação ambiental e institui o SNUC.

Portarias do Ministério do Interior

1. Portaria MINTER nº 13, de 15 de janeiro de 1976 – dispõe sobre as águas interiores.
2. Portaria MINTER nº 231, de 27 de abril de 1976 – estabelece padrões da qualidade do ar.
3. Portaria MINTER nº 53/79 – determina que projetos específicos de tratamento e disposição de resíduos sólidos ficam sujeitos à aprovação do órgão estadual competente.

Portaria do IBAMA

1. Portaria IBAMA nº 01/90 – institui a cobrança do fornecimento de licença ambiental.

Portaria do Ministério da Aeronáutica

1. Portaria nº 1.141/GM5, de 8 de dezembro de 1987 – dispõe sobre zonas de proteção e aprova o Plano Básico de Zona de Proteção de Aeródromos, o Plano Básico de Zoneamento de Ruído, o Plano Básico de Zona de Proteção de Heliportos e o Plano de Zona de Proteção de Auxílios à Navegação Aérea, e dá outras providências.

Portarias do Ministério da Saúde e Serviço de Vigilância Sanitária

1. Portaria nº 31 do SVS, de 27 de abril de 1993 – fornece diretrizes às transportadoras, veículos, terminais etc. no que concerne aos aspectos sanitários.
2. Portaria nº 11 do MS/SVS, de 18 de novembro de 1993 – dispõe sobre a garantia de qualidade da água em aeronaves e nos terminais aeroportuários.
3. Portaria nº 113, do MS/SVS, de 22 de novembro de 1993 – dispõe sobre o uso correto de desinfetantes etc. em aeronaves e nos terminais aeroportuários.
4. Portaria nº 14 do SVS, de 14 de março de 1995 – define práticas para o tratamento do material do tanque coletor de dejetos e águas servidas das aeronaves e outros.

Portarias da Agência Nacional do Petróleo

1. Portaria nº 125, de 30 de junho de 1993 – dispõe sobre recolhimento, coleta e destinação final do óleo lubrificante usado ou contaminado.

2. Portaria nº 127, de 30 de junho de 1993 – regulamenta a coleta de óleo lubrificante usado ou contaminado a ser exercida por pessoa jurídica sediada no Brasil.

Portaria da Marinha do Brasil

1. Portaria nº 49/DPC de 2011 – aprova as normas da Autoridade Marítima relativas à execução de dragagens, obras, pesquisa e lavra de minerais sob e sobre às margens das águas brasileiras.

1.2.3 Associação Brasileira de Normas Técnicas – ABNT

1. NBR 7.502/83 – sobre transporte de cargas perigosas.

2. NBR 8.572/84 – sobre fixação de valores de redução do nível de ruídos para abafamento acústico de edificações expostas ao ruído aeronáutico.

3. NBR 8.719/87 – sobre depósitos de combustível em aeroportos.

4. NBR 10.151/87 – sobre avaliação de ruídos em áreas habitadas visando ao conforto da comunidade.

5. NBR 10.152/87 – sobre níveis de ruído para conforto acústico.

6. NBR 1.398/91 – sobre critérios de ruídos para recintos internos nas edificações submetidas ao ruído aeronáutico.

7. NBR 12.807/93 – sobre resíduos de serviços de saúde – terminologias.

8. NBR 12.808/93 – sobre resíduos de serviços de saúde – classificação.

9. NBR 12.809/93 – sobre resíduos de serviços de saúde – procedimentos.

10. NBR 12.853/93 – sobre coletores para resíduos de serviços de saúde, perfurantes e cortantes.

11. NBR 12.859/93 – sobre avaliação do impacto sonoro gerado por operações aeronáuticas.

12. ABNT 13.246/95 – sobre o dimensionamento de canais e áreas como de intensidade de tráfego, uso da variação de maré, utilização da zona limítrofe, medidas de segurança recomendadas para embarcações e

manobras, localização e natureza das margens ou limites e das obras de acostamento, condições de abrigo, de tensão.

13. NBR 8.843/96 – sobre gerenciamento de resíduos sólidos em aeroportos.
14. NBR 7.500/04 – sobre símbolos de risco e manuseio para transporte e armazenamento de materiais.
15. NBR 10.004/04 – classificação dos resíduos sólidos.
16. NBR 9.191/08 – sobre sacos plásticos para acondicionamento do lixo.

1.2.4 A Legislação Estadual e Municipal

O Brasil é um país federativo. Isso equivale a afirmar que cada estado tem autonomia para legislar em favor da proteção de seu meio ambiente, desde que seja mais restritivo do que as normas e exigências nacionais, e assim tem sido. Parece simples, porém, é difícil quando o interessado tem uma obra ou atividade que tenha que ser licenciada em mais de um estado não limítrofes, pois neste caso deverão ser atendidas as exigências ambientais de cada um dos estados envolvidos (no caso de atividades em estados limítrofes, caberia ao IBAMA o licenciamento, como já exposto no item 1.1.6). Assim, por exemplo, um empresário que estiver licenciando uma mesma atividade industrial em Manaus e no Rio Grande do Sul deverá atender às exigências de cada um desses estados nas respectivas unidades industriais neles sediadas.

Vários estados possuem suas próprias exigências para o licenciamento ambiental, em forma de leis, decretos, resoluções etc., como exigências das suas Secretarias de Governo ou de seus Conselhos de Meio Ambiente, e todas deverão ser respeitadas.

O equivalente é também verdadeiro para os municípios, porém, sabe-se que eles, apesar de fazerem parte do SISNAMA, são os menos favorecidos, pois poucos são os que possuem Secretarias Municipais de Meio Ambiente, ou Conselhos de Meio Ambiente, bem como poucos incluem em seus quadros funcionários técnicos habilitados para exercer funções especializadas, além de dificilmente incluírem em seus orçamentos verbas para a conservação do meio ambiente, o que dificulta sobremaneira a descentralização das atribuições.

Assim, a questão do licenciamento deverá continuar a ser compartilhada com a União e os estados, até que os municípios obtenham condições ótimas para exercer seu poder de licenciar obras e/ou atividades. Vale lembrar, no entanto, que cabe exclusivamente ao município gerenciar o uso do seu solo. Logo, mesmo que a atividade venha ser licenciada pelo IBAMA ou exclusivamente pelo estado, caberá a esses órgãos solicitar do município pronunciamento sobre o uso do solo, e, caso haja restrições dele, a atividade não poderá ser licenciada.

Depois deste preâmbulo, fica mais fácil entender por que os autores decidiram não citar os instrumentos legais específicos de estados e municípios, porém fica a ressalva de que o interessado deverá fazê-lo sempre que desejar implementar o licenciamento ambiental.

1.3 Orientações Relativas à Condução do Processo de Licenciamento Ambiental

O licenciamento ambiental tem que ser entendido como um processo, de caráter eminentemente preventivo – processo, porque é permanente e que, para ser efetivo, deve ser monitorado, renovado, adequado, ampliado.

Os atos administrativos para o licenciamento ambiental devem ser rigorosamente cumpridos.

Nem sempre é fácil compatibilizar o licenciamento ambiental com as diferentes fases da obra. A tentativa já é histórica: em 1995, LOPES & QUEIROZ apresentaram no IV Encontro Anual da IAIA (International Association for Impact Assessment) um trabalho denominado *Avaliação de Impacto Ambiental, Licenciamento e Fases de Construção Viária: Uma Proposta de Compatibilização*, concluindo entre outros fatos que a AIA deveria ser iniciada na fase de Plano Diretor Rodoviário e que a melhor forma de tornar uma rodovia ambientalmente correta é implementar um Plano de Gerência Ambiental de Rodovias, com a finalidade de acompanhar o empreendimento em todas as fases de vida útil.

Essa conclusão pode ser observada, posteriormente, no período de 2007 a 2010, quando da Supervisão Ambiental da Linha Verde, então realizada pelos mesmos autores (comentada no Capítulo 3). E, finalmente, para uma rodovia, deve ser efetuado o licenciamento em etapas: a LP obtida após a fase de estudos de viabilidade, a LI obtida após a execução do projeto de engenharia e a LO teria caráter definitivo, apesar de o monitoramento ambiental ser obrigatório.

Inicialmente, para se levar a cabo o licenciamento ambiental dos diferentes tipos de empreendimentos de obras ou atividades, é fundamental ter-se em mente os conceitos de licenciamento ambiental, licença ambiental, estudos ambientais e autorização ambiental constantes do Item 1.1.2 – Conceitos e Aplicações, para se iniciarem as diversas fases por que passa o processo e as correspondentes licenças que o compõem:

1.3.1 Como obter a Licença Ambiental Prévia – LP

A Licença Ambiental Prévia de empreendimentos, atividades ou obras, potencial ou efetivamente poluidoras, degradadoras e/ou modificadoras do meio ambiente, a ser requerida na fase preliminar do planejamento do empreendimento, atividade ou obra, tem por objetivo:

1. aprovar a localização e a concepção do empreendimento, atividade ou obra;
2. atestar a viabilidade ambiental do empreendimento, atividade ou obra;
3. estabelecer os requisitos básicos e condicionamentos a serem atendidos nas próximas fases de projeto ou da implantação do empreendimento, atividade ou obra, respeitados os planos federal, estadual e/ou municipal de uso do solo;
4. suprir o requerente com parâmetros para lançamento de afluentes líquidos, resíduos sólidos, emissões gasosas e sonoras no meio ambiente, adequados aos níveis de tolerância estabelecidos para a área requerida e para a tipologia do empreendimento, atividade ou obra;
5. exigir do empreendimento, atividade ou obra a apresentação de propostas de medidas de controle ambiental dos impactos ambientais que serão causados pela implantação do empreendimento, atividade ou obra.

A Licença Ambiental Prévia para empreendimentos, atividades ou obras consideradas, efetiva ou potencialmente, causadoras de significativa degradação do meio ambiente dependerá de prévio Estudo de Impacto Ambiental e respectivo Relatório de Impacto Ambiental (EIA e RIMA), ao qual se dará publicidade, garantida a realização de audiências públicas, quando couber, de acordo com a regulamentação vigente.

Caso, entretanto, o órgão ambiental, dentro de seu limite de competência, verifique que a atividade ou empreendimento não é potencialmente causador de significativa degradação e/ou modificação do meio ambiente, definirá os tipos de estudos ambientais pertinentes, nesse caso, ao processo de licenciamento ambiental considerado.

A Licença Ambiental Prévia não autoriza o início da implantação do empreendimento, atividade ou obra requerida e, em princípio, não é renovável. Assim, vencido o prazo de validade dela, sem que tenha sido solicitada a Licença de Instalação, o procedimento administrativo será arquivado e o requerente deverá, se desejar continuar com o processo de licenciamento, solicitar nova LP.

Considerando, entretanto, que o prazo previsto em dispositivos legais especiais pode ser insuficiente, no caso de obras de maior porte ou mais complexas, ou ainda em que haja particularidades ou maior fragilidade do meio ambiente local ou outros condicionamentos relevantes, poderá o órgão ambiental conceder renovação dela, desde que solicitada em tempo hábil pelo empreendedor.

Enfatiza-se que a LP é sempre concedida na fase inicial da obra, atividade ou empreendimento, ou seja, na sua fase de planejamento; que este ato aprova a localização e a sua concepção, atestando sua viabilidade ambiental, e estabelece, ao mesmo tempo, os requisitos básicos e os condicionamentos a serem obedecidos nas futuras fases de licenciamento (LI e LO).

1.3.2 Como obter a Licença Ambiental de Instalação – LI

Deve ser requerida pelo interessado após a elaboração do projeto – com detalhamento, em nível executivo – do empreendimento, atividade ou obra, contendo as medidas de controle ambiental. Essa licença deve ser aplicada aos empreendimentos, atividades ou obras licenciadas previamente com a LP. Ela autoriza a implantação do empreendimento, atividade ou obra, mas não seu funcionamento, e tem por objetivo:

- aprovar as especificações constantes dos planos, programas e projetos apresentados, incluídas as medidas de controle ambiental e demais condicionantes da qual constituem motivo determinante;
- autorizar o início da implantação do empreendimento, atividade ou obra, bem como fixar os eventos das obras de implantação dos sistemas de controle ambiental sujeitos à inspeção do órgão ambiental.

Durante a execução das obras de instalação das medidas e/ou dos sistemas de controle ambiental, o órgão ambiental poderá exigir comunicados dos empreendedores, informando a conclusão das etapas sujeitas ao seu controle bem como o término das obras. Sempre que o prazo de instalação do empreendimento superar o da Licença Ambiental de Instalação, ela poderá ser renovada, mediante o requerimento padrão, protocolado durante o prazo de validade da Licença Ambiental de Instalação vigente. O não cumprimento deste último requisito sujeitará o requerente às penalidades previstas na Legislação Ambiental.

Portanto, a LI é solicitada após a obtenção da Licença Ambiental Prévia e nesta fase são exigidos os Planos e Programas Ambientais de forma bastante detalhada, incluindo projetos de construção, cronograma, orçamentos, responsáveis etc.

1.3.3 Como obter a Licença Ambiental de Operação – LO

Deve ser requerida pelo interessado antes do início efetivo da operação e se destina a autorizar a entrada em operação do empreendimento, atividade ou obra, após a verificação do efetivo cumprimento das exigências constantes das licenças anteriores, bem como das medidas de controle ambiental e das demais condicionantes determinadas para a operação.

Quando do requerimento de renovação de Licença Ambiental de Operação, independentemente do porte do empreendimento, será exigida a apresentação dos Relatórios Periódicos dos trabalhos de controle e/ou recuperação ambiental – devidamente assinados pelos técnicos responsáveis – desenvolvidos segundo o Plano de Controle Ambiental, Projeto Básico Ambiental, Projeto de Recuperação de Áreas Degradadas ou EIA e RIMA etc. aprovados.

A LO é requerida, portanto, após a obtenção da LP e da LI, e nesta fase é que se implementam os planos e os programas concebidos na LP e detalhados na LI. Daí por que o órgão ambiental usualmente a concede, após vistoria técnica que comprove a implantação de medidas mitigadoras, planos e programas de controle ambiental.

1.3.4 Das renovações da LI e LO

Deverão ser requeridas oficialmente, ao órgão ambiental, com antecedência mínima, por exemplo, de 90 dias da expiração de seu prazo de validade.

Os atos administrativos (cópias da LP, LI e LO), expedidos pelo órgão ambiental, são intransferíveis e por isso devem ser mantidos no local de operação da obra, atividade ou empreendimento, preferencialmente em local de fácil visualização.

Caso ocorra, em qualquer fase do licenciamento ambiental, alteração na razão social ou estatutos da empresa ou alienação do imóvel, o órgão ambiental deverá ser imediata e formalmente comunicado pelo empreendedor, a fim de fornecer as instruções adequadas a cada situação.

Ao órgão ambiental cabe o estabelecimento dos prazos de validade de cada fase do licenciamento ou autorização ambiental que os especificará no respectivo documento, levando em consideração os aspectos a seguir referenciados:

- no caso de LP – o prazo estará condicionado pelo cronograma de elaboração dos planos, programas e projetos relativos ao empreendimento, atividade ou obra, não podendo, entretanto, por dispositivo legal, ser maior do que um ano. Observar que, decorrido esse prazo e não solicitada a sua prorrogação, o processo deverá ser reiniciado, sob pena de serem aplicados os instrumentos legais pertinentes; em casos específicos, essa licença poderá ser renovada conforme discutido no Item 1.4.5;

- no caso de LI – o prazo de validade deverá ser, no mínimo, o estabelecido pelo cronograma de instalação do empreendimento, atividade ou obra, não podendo, entretanto, ser superior a dois anos. Essa licença poderá ser renovada a critério do órgão ambiental e caso haja interesse do empreendedor;

- no caso de LO – o prazo deverá, como nos casos anteriores, considerar os planos de controle ambiental, mas, em razão de dispositivo legal, ser de, no máximo, um ano. Essa licença é, também, renovável e deverá ser renovada tantas vezes quanto for necessário e se estendendo pelo tempo de operação da atividade.

O órgão ambiental poderá reduzir o prazo de validade de um ano, após uma avaliação do desempenho ambiental do empreendimento e/ou do empreendedor, seja por terem sido constatadas pelo órgão ambiental ou comunicadas pelo empreendedor modificações ou ampliações na atividade, principalmente se estas últimas vierem a oferecer algum tipo de risco de degradação, poluição ou contaminação, anteriormente não previsto. Nesse último caso, se as modificações forem radicais, o órgão ambiental poderá considerar inválidas as licenças ambientais anteriores e exigir o reinício de todo o processo de licenciamento ambiental, a partir da LP. O valor da taxa ambiental ou do preço público, entretanto, será cobrado apenas sobre as alterações. Caso essas alterações, modificações, ampliações etc. forem temporárias, elas, também, obrigatoriamente, deverão ser comunicadas ao órgão ambiental que, ao seu critério, poderá ou não solicitar a revisão dos procedimentos de licenciamento (LP, LI e LO).

1.3.5 Procedimentos Administrativos Aplicados

Os procedimentos administrativos de licenciamento ambiental ou autorização ambiental poderão, por exemplo, obedecer às seguintes etapas de condução de trabalhos:

- Consulta prévia, pelo empreendedor, sobre a viabilidade de concessão, pelo órgão ambiental, de Licença Prévia ou Autorização Ambiental.

- Definição, pelo órgão ambiental, dos documentos, projetos e estudos ambientais, necessários ao início do processo administrativo para o licenciamento ambiental, dependendo da modalidade requerida (LP, LI ou LO) ou autorização ambiental.

- Requerimento, pelo empreendedor, da licença ambiental ou da autorização ambiental, acompanhada dos documentos, projetos e estudos ambientais pertinentes, dando, quando couber (quando for pertinente ao licenciamento ambiental), a devida publicidade.
- Análise pelo órgão ambiental dos documentos, projetos e estudos ambientais apresentados e realização de vistorias técnicas quando o órgão ambiental as considerar necessárias.
- Solicitação pelo órgão ambiental de eventuais esclarecimentos e/ou complementações, após análise dos documentos, projetos e estudos ambientais apresentados, podendo haver a reiteração da mesma solicitação, caso os esclarecimentos e complementações não tenham sido considerados satisfatórias à luz dos critérios do órgão ambiental.

Normalmente, como decorrência da apresentação do EIA e do RIMA, o órgão ambiental realizará a Audiência Pública, de acordo com regulamentação pertinente:

- Caso haja Audiência Pública, o órgão ambiental normalmente solicitará esclarecimentos e/ou complementações aos estudos ambientais anteriormente apresentados.
- O órgão ambiental emitirá o parecer técnico conclusivo, que poderá, caso considerado necessário, ser complementado por parecer jurídico.
- O órgão ambiental emitirá o deferimento ou indeferimento do pedido de licença ou autorização ambiental, dando-se, quando couber, a devida publicidade.

A certidão da Prefeitura Municipal ou das Prefeituras Municipais, quando se tratar de obras lineares, como estradas, ferrovias e linhas de transmissão, deverá compor o processo administrativo de Licenciamento Ambiental requerido pelo empreendedor ao órgão ambiental. Na declaração da Prefeitura, deverá constar, expressamente, que o local e o tipo de empreendimento ou atividade estão de acordo com a legislação aplicável ao uso e ocupação do solo municipal e, se houver, com a licença municipal de proteção do meio ambiente.

Quando a atividade, obra ou empreendimento for matéria de competência federal, será solicitado, pelo órgão ambiental, quando da análise do requerimento de licença federal ou autorização ambiental ou florestal, parecer do Instituto Brasileiro do Meio Ambiente e dos Recursos Naturais Renováveis – IBAMA.

Também deverá ser ouvida a FUNAI, no que refere à questão indígena, e o Instituto do Patrimônio Histórico e Artístico Nacional – IPHAN, nas questões de sua atribuição, como autorização e análise de estudos arqueológicos, levantamentos do patrimônio histórico, levantamentos espeleológicos etc. Em se tratando de empreendimentos, atividades ou obras que necessitem de uso ou derivação de recursos hídricos, superficiais ou subterrâneos, de domínio do Estado, será fornecida, pelo órgão oficial (federal ou estadual) responsável, quando da análise do requerimento de licença prévia ou autorização ambiental, a outorga de concessão, autorização ou permissão administrativa do uso da água.

Usualmente, o órgão ambiental necessita de um prazo de cerca de seis meses para análise e deferimento ou indeferimento de cada modalidade de licença, autorização ambiental ou florestal, contados da data do protocolo do requerimento, ressalvados os casos em que houver EIA e RIMA e/ou audiência pública, quando o prazo poderá se estender a 12 meses ou mais. Caso haja pedido de estudos ambientais complementares e/ou esclarecimentos adicionais pelo órgão ambiental, a contagem do prazo será suspensa por um período de, aproximadamente, quatro meses a contar do recebimento da respectiva solicitação. Este último prazo começará a ser contado a partir da solicitação do órgão ambiental e poderá, também, ser prorrogado, em caso de aprovação expressa pelo órgão ambiental de ofício justificativo emitido pelo empreendedor, o qual deverá ser, obrigatoriamente, anexado ao processo administrativo em tramitação.

O não cumprimento dos prazos estipulados pelo órgão ambiental sujeitará o licenciamento à ação do órgão que detenha competência para atuar supletivamente, e o empreendedor, ao arquivamento de seu pedido de licença ou autorização ambiental ou florestal. Este arquivamento, entretanto, não impedirá a apresentação de novo requerimento, que deverá obedecer a procedimentos, restrições e condicionantes estabelecidos para tal fim, mediante novo recolhimento integral da taxa ambiental, do preço público ou o equivalente.

Nos procedimentos relativos ao licenciamento e/ou autorização ambiental, em qualquer de suas modalidades, é usual que o órgão ambiental:

1. utilizar critérios diferenciados para licenciamento e/ou autorização, em função das características, do porte, da localização e do potencial poluidor e/ou degradador do empreendimento, da atividade ou da obra e considerar os níveis de tolerância para carga poluidora, na região solicitada para sua instalação, respeitando as diretrizes contidas em dispositivos específicos para cada região, como, por exemplo, Programas de Zoneamento Territoriais;

2. emitir parecer negativo quanto à localização, nos casos em que não julgar possível a concessão de licença e/ou autorização, em função, por exemplo, da possibilidade de acidentes ecológicos graves, mesmo que sejam previstas medidas de controle ambiental, adequadas à fonte de poluição, degradação e/ou modificação ambiental.

Os estudos e projetos necessários ao processo de licenciamento ambiental e autorização ambiental ou florestal deverão ser realizados por profissionais legalmente habilitados, à expensa do empreendedor. Este último e os profissionais que subscrevem os estudos serão responsáveis pelas informações apresentadas, sujeitando-se às sanções administrativas, civis e penais.

Os processos administrativos de licenciamento e/ou autorização, após trâmite interno (que poderá incluir a realização de vistoria técnica e/ou análise de projeto e um parecer técnico e/ou jurídico, quando pertinentes), costumam ser submetidos à decisão do diretor-presidente do órgão ambiental que poderá delegar a atribuição, conforme o que dispuser o regulamento do órgão ambiental.

Se o objeto do pedido de corte for para floresta primária ou vegetação em estágio avançado ou médio, o procedimento administrativo costuma ser encaminhado, devidamente instruído e com parecer técnico (ver Item 1.4.4), ou ainda, com relatório de visita técnica, para a procuradoria jurídica do órgão ambiental para análise e parecer final.

Para empreendimentos de porte médio, grande e excepcional, é usual a exigência da presentação de ART – Anotação ou Registro de Responsabilidade Técnica – pela implantação, execução e conclusão de Plano de Controle Ambiental, Projeto Básico Ambiental ou Projeto de Sistema de Controle Ambiental, Gerenciamento de Risco, acompanhado de Plano de Contingência ou outro Estudo Ambiental que tenha sido exigido pelo órgão ambiental, quando de concessão do licenciamento ambiental prévio, autorização ambiental ou autorização florestal.

Ao técnico responsável pela execução de Plano de Controle Ambiental – PCA (cujo conteúdo mínimo se encontra detalhado no Item 1.6.1.) apresentado e aprovado pelo órgão ambiental são, comumente, impostas as seguintes exigências:

1. apresentação de Relatório de Assistência Técnica, de acordo com a periodicidade estabelecida pelo órgão ambiental, quando da concessão do licenciamento ou autorização ambiental ou autorização florestal;
2. apresentação de Relatório de Conclusão Técnica, após a conclusão do Plano de Controle Ambiental, discriminando os resultados e particularidades da intervenção efetuada;

3. apresentação de Relatório de Conclusão Técnica, quando da transferência ou do encerramento de sua responsabilidade técnica, durante a execução do plano, discriminando os resultados e as particularidades da intervenção aprovada, autorizada e/ou licenciada e, parcialmente, realizada. Neste caso, o empreendedor deverá apresentar novo registro de responsabilidade técnica para continuidade da execução.

Esses relatórios costumam ser anexados ao procedimento administrativo em questão.

O não cumprimento destas exigências caracteriza pendência técnica do técnico responsável junto ao órgão ambiental, que poderá comunicá-la ao respectivo conselho de classe para as providências cabíveis, além de, na dependência de seus critérios próprios, poder impedi-lo de renovação, prorrogação ou liberação de novos projetos, o que obrigará o empreendedor a substituí-lo.

Constatada a existência de débitos ambientais pendentes ou transitados em julgado em nome do requerente – pessoa física ou jurídica – ou de seus antecessores, o processo de licenciamento, autorização ambiental ou florestal poderá ter seu trâmite suspenso, até a regulamentação dos referidos débitos. Do mesmo modo, constatado, em qualquer fase do procedimento administrativo, que o empreendedor (pessoa física ou jurídica); o empreendimento; a atividade; a obra e/ou o imóvel está(ão) em trâmite de processo judicial, relacionado ao objeto de solicitação de licenciamento ou autorização, o processo costuma ser encaminhado à apreciação jurídica, antes de ter uma decisão administrativa. Quando da não concessão do objeto da solicitação de licenciamento ou autorização, o órgão ambiental costuma emitir Ofício de Indeferimento, contendo as justificativas técnicas e/ou legais pertinentes ao caso. A partir da data do recebimento do Ofício de Indeferimento, o requerente dispõe de um prazo improrrogável (usualmente em torno de 15 dias) para entrar com recurso relativo à decisão administrativa emanada pelo órgão.

O órgão ambiental, mediante decisão motivada, pode modificar as condicionantes e as medidas de controle e adequação, suspender ou cancelar uma licença ou autorização ambiental ou florestal expedida, quando ocorrer:

- violação ou inadequação de quaisquer condicionantes ou normas legais;
- omissão ou falsa descrição de informações relevantes que tenham subsidiado a expedição da licença ou da autorização; e/ou
- superveniência de graves riscos ambientais e de saúde pública.

O órgão ambiental pode determinar (quando considerar necessário e sem prejuízo de eventuais penalidades cabíveis) a redução das atividades geradoras de poluição, para manter as emissões gasosas, os efluentes líquidos e/ ou, os resíduos sólidos, dentro das condições e dos limites estipulados no ato administrativo, de licença ou autorização, expedido.

Se forem iniciados trabalhos de implantação e/ou operação de empreendimentos, atividades ou obras, antes da expedição das respectivas licenças, autorizações ou anuências prévias, o órgão ambiental poderá comunicar o fato às entidades financiadoras de tais empreendimentos, atividades ou obras, sem prejuízo da imposição de penalidade, medidas administrativas de interdição ou suspensão, medidas judiciais, de embargo e outras providências cautelares que couberem.

De acordo com a legislação vigente, o processo de licenciamento ambiental deve ser transparente. Daí a exigência (resguardado o sigilo industrial) de publicação dos pedidos de licenciamento ambiental, em qualquer de suas modalidades, bem como de suas renovações, a serem pagas pelo interessado, no jornal oficial do estado, e em periódico de grande circulação regional ou local, conforme o modelo aprovado pelo CONAMA. Cabe também ao requerente providenciar as publicações da(s) licença(s) requerida(s), bem como de sua concessão, tanto em jornal de circulação regional como no Diário Oficial do Estado e, ainda, o seu encaminhamento ao órgão ambiental para instrução do processo administrativo. Com vistas a agilizar o trâmite deste último, eventualmente, o órgão ambiental aceita, provisoriamente, o protocolo da solicitação de publicação no Diário Oficial do Estado, sem prejuízo da obrigatoriedade da apresentação do recorte, antes da concessão do licenciamento ambiental requerido.

Cabe ao órgão ambiental, dentro do limite de sua competência, definir os critérios de exigibilidade, o detalhamento das exigências para o licenciamento ambiental e os estudos ambientais necessários das atividades de infraestrutura, levando em consideração as especificidades, os riscos ambientais, o porte e outras características dos empreendimentos, atividades ou obras.

No controle preventivo da poluição e/ou degradação do meio ambiente, serão considerados, simultaneamente, os impactos ambientais ocorrentes:

1. nos recursos hídricos superficiais e subterrâneos, acarretados por efluentes líquidos, resíduos sólidos e sedimentos;
2. no solo, acarretados por resíduos sólidos ou efluentes líquidos e o uso indevido, por atividades não condizentes com o local;
3. na atmosfera, acarretados por emissões gasosas e por gases tóxicos;

4. sonoros, acarretados por níveis de ruídos incompatíveis com o tipo de ocupação existente ou a que se destinem as áreas vizinhas.

Em todos e quaisquer requerimentos de licenciamentos ambientais, autorização ambiental e autorização florestal:

1. devem ser observados, rigorosamente, o disposto no artigo 2º da Lei Federal nº 4.771/65, complementado pelos artigos 3º e 4º da Resolução CONAMA nº 004/85; os artigos 1º, 2º e 3º da Lei Federal nº 7.754/89 e, ainda, o disposto nas leis estaduais e/ou municipais;

2. quando constadas áreas de proteção permanente degradadas, o órgão ambiental poderá exigir, junto ao requerente, o termo de compromisso para sua restauração, antes de tomar qualquer decisão administrativa referente ao requerimento em questão;

3. atividades, obras ou empreendimentos que envolvam supressão total ou parcial de cobertura vegetal, que tenham sua localização, total ou parcial, em áreas consideradas de preservação permanente (urbanas ou rurais), costumam passar pelo crivo da procuradoria jurídica do órgão ambiental, antes da decisão administrativa ser liberada.

Cabe, ainda, ao órgão ambiental a definição dos procedimentos específicos para as licenças e autorizações ambientais ou florestais, observadas a natureza, as características e as peculiaridades da atividade ou empreendimento e, ainda, a compatibilização do processo de licenciamento ou autorização com as etapas do planejamento, implantação e operação do empreendimento.

Processos administrativos de pedidos de licença ou autorização ambiental somente poderão ser protocolados no órgão ambiental, se estiverem rigorosamente instruídos. Isto equivale a afirmar que, na falta de documentos, o processo administrativo dificilmente será protocolado e, se aceito, por falta de observação ou descuido, o processo administrativo de que trata o licenciamento ou autorização poderá ser indeferido. Não são aceitos, usualmente, fax de documentos ou peças do processo administrativo, em razão de que essas cópias tendem a ter seu teor "apagado" pela ação do tempo.

1.3.6 Dos Custos para Obtenção do Licenciamento e ou Autorização Ambiental

As taxas a serem recolhidas para obtenção das licenças ou das autorizações ambientais (incluindo as florestais), praticadas pelos órgãos ambientais, costumam ser estabelecidas anualmente, de acordo com os instrumentos legais de cada estado ou município (como exemplo, o artigo 134 da Lei Estadual do Acre nº 1.117, de 26 de janeiro de 1994). Usualmente, essa valoração é feita a partir de proposta do presidente do órgão ambiental, aprovada pelos Conselhos Estaduais de Meio Ambiente. Estes custos, fornecidos pelo órgão ambiental quando da orientação preliminar ao empreendedor, para instrução do processo de licenciamento ou autorização ambiental, são costumeiramente recolhidos aos Fundos Especiais de Meio Ambiente, através de formulário de arrecadação próprio para este fim.

A base de cálculo da taxa ambiental ou do preço público tem seu valor apurado mediante a aplicação de alíquotas próprias, referentes aos custos das atividades necessárias para o atendimento ao objeto do requerimento ou serviço público disponibilizado, de forma a ressarcir ao órgão ambiental todas as despesas realizadas. A somatória dos valores aferidos resultará no valor da taxa ambiental ou do preço público (ou o equivalente) a ser recolhido pelo requerente. Caso seja verificado, ao final do procedimento administrativo e antes da decisão administrativa, que o valor cobrado não ressarciu os custos envolvidos no processo de licenciamento ou autorização ambiental, o órgão ambiental poderá, antes da entrega do ato administrativo, exigir do interessado a correção e/ou complementação da taxa ambiental. Esses recolhimentos, entretanto, não são feitos junto ao órgão ambiental, em qualquer de suas unidades componentes ou conveniadas, ou ainda por servidores públicos, sob qualquer alegação; ele costuma ser efetuado junto a alguma agência de banco oficial do Brasil.

A cobrança do preço público ou taxa ambiental é compulsória, o que equivale a afirmar que é obrigatória e, em princípio, não pode ser dispensada, sendo que sua dispensa ou aceite em menor preço acarretará a obrigação do servidor público de efetuar seu respectivo recolhimento integral ou complementar, dependendo da situação. Se, por outro lado, houver equívoco por ocasião da taxação, devidamente justificado, o órgão ambiental poderá, a seu critério, solicitar, através de ofício ao empreendedor, a regularização da taxa ambiental ou do preço público. A cobrança somente poderá ser desrespeitada, ou dispensada, nos casos de isenções previstas legalmente ou expressamente concedidas pelo presidente do órgão ambiental. Assim sendo, o comprovante de recolhimento é documento indispensável para instrução do processo administrativo no momento da oficialização do requerimento junto ao órgão ambiental, para que ele seja protocolado.

Legalmente, são isentos do pagamento da taxas ambiental ou do preço público decorrentes de licenças e autorizações ambientais expedidas pelo órgão ambiental, por exemplo, no Acre, os pequenos produtores, cuja área total da propriedade não exceda a 100 hectares. Essa isenção será aplicada nos termos da lei, no ato de formalização (protocolo) do requerimento do serviço público a ser prestado, sendo vedada a devolução de valores anteriormente recolhidos, sob qualquer alegação.

No que respeita às atividades de infraestrutura, dado seus porte e investimento necessários, deduz-se que elas estarão sempre sujeitas à cobrança prevista nos dispositivos legais nacionais. No caso de ampliação ou modificação do empreendimento, para valoração da taxa ambiental ou do preço público, serão considerados os parâmetros referentes à modificação propriamente dita e não ao conjunto da obra, para a modalidade de licenciamento ambiental.

1.3.7 Fornecimento de Cópias, Certidões e Vistas aos Processos Administrativos

Pedidos de vistas ou de cópias dos procedimentos administrativos costumam ser atendidos somente mediante requerimentos de cópias ou vistas que forem dirigidos ao diretor-presidente do órgão ambiental e protocolados, acompanhados de uma documentação mínima, abaixo relacionada:

1. preenchimento do "pedido de vistas ao (ou fotocópias do) procedimento administrativo" (modelo abaixo), acompanhado da devida justificativa;
2. fotocópia da Carteira de Identidade (RG) e do CPF do requerente;
3. comprovante de pagamento dos serviços de reprodução dos documentos solicitados.

Pedido de vistas ao (ou fotocópias do) procedimento administrativo
Requerente
Número do RG
Número do CPF
Endereço completo
Número do procedimento administrativo (do protocolo)
Data
Justificativa da solicitação

Os pedidos de cópias ou certidões que não estiverem devidamente instruídos, conforme o discriminado acima, poderão ser indeferidos pelo órgão ambiental. O prazo para análise, decisão administrativa e fornecimento para pedidos de cópias varia para os diversos órgãos, mas vinte dias, a contar da data de seu protocolo, é uma boa aproximação. Nos requerimentos para expedição de certidões para defesa de direitos e esclarecimentos de situações, na forma da Lei Federal n⁰ 9.051, de 18 de maio de 1995, os interessados devem esclarecer os fins e as razões dos pedidos; neste caso, os prazos costumam ser menores: ao redor de 15 dias, a contar da data do protocolo do requerimento.

Após conclusão do procedimento administrativo concernente ao pedido de cópias ou certidões, ele costuma ser anexado ao respectivo processo administrativo, objeto do pedido de licença ou autorização ambiental. Do mesmo modo, uma vez que é facultada a vista de procedimento administrativo, salvaguardando o sigilo industrial, este pedido irá compor o processo administrativo de licenciamento ambiental.

Em princípio, o processo administrativo não pode ser cedido ao interessado para que este providencie a cópia solicitada. O processo só pode ser retirado das instalações do órgão ambiental quando necessário ao trâmite entre órgãos públicos oficiais, mediante registro oficial, como em livro de correspondência, próprio para tal, ou, então, remetendo o procedimento administrativo e mantendo registro em banco de dados ou sob o número do protocolo integrado. Todavia, é facultada a vista de qualquer processo administrativo na sede ou nos núcleos ou escritórios regionais do órgão ambiental (salvo, como dito anteriormente, em casos de sigilo industrial), sem ônus ao interessado, porém, sempre sob a tutela do servidor público, lotado na área da Secretaria de Estado de Meio Ambiente ou do órgão ambiental ou do responsável pela guarda do documento.

Em princípio, nenhuma taxa ou preço público costumam ser cobrados ao interessado, porém, a título de ressarcimento, o órgão ambiental, antes da entrega dos documentos solicitados, poderá emitir guia de recolhimento, a ser paga pelo interessado, concernente, única e exclusivamente, ao custo de reprodução das referidas cópias.

1.4 Instrução dos Processos Administrativos

A documentação (ou peças) do processo administrativo para iniciar o processo de licenciamento ou autorização ambiental inclui, usualmente, os itens a seguir, ressaltando-se o fato de que a falta de qualquer documento, resulta na não protocolização do material.

1.4.1 Para Licença Ambiental Prévia

1. Requerimento de licenciamento ambiental, segundo modelo fornecido pelo órgão ambiental.

2. Fotocópia da Carteira de Identidade (RG) e do Cadastro de Pessoa Física (CPF/MF), se pessoa física, ou Contrato Social ou ainda Ato Constitutivo, CNPJ e Inscrição Estadual, se pessoa jurídica.

3. Cadastro Ambiental de atividades, segundo modelo de cada órgão ambiental.

4. Certidão Negativa da União, Receita Estadual ou do Município.

5. Comprovante de recolhimento da taxa ambiental ou do preço público devido, nos termos da Portaria IBAMA nº 01/90 ou então de leis estaduais ou municipais específicas para essa questão.

6. Transcrição ou matrícula do Cartório de Registro de Imóveis atualizada (validade até 90 dias); ou Prova de Justa Posse, com anuência dos confrontantes, no caso de o requerente não possuir documentação legal do imóvel ou ainda Decreto de Utilidade Pública ou de Desapropriação da Área que beneficie o empreendedor.

7. Projeto técnico, contendo o memorial descritivo do empreendimento elaborado por técnico(s) habilitado(s) mediante recolhimento e apresentação de ART.

8. Anuência prévia do município em relação ao objeto da solicitação situado no perímetro urbano (quando exigida pelo órgão ambiental), em que seja declarada, expressamente, a inexistência de óbices quanto à lei de uso e ocupação do solo urbano e à legislação de proteção do meio ambiente municipal (se existir).

9. Prova de publicação de súmula do pedido de LP, de acordo com o modelo apresentado pela Resolução CONAMA nº 006/86, em jornal de circulação regional e no Diário Oficial da União, do Estado ou Município, dependendo de cada caso.

10. Outorga do órgão oficial federal ou estadual, no caso de o empreendimento barrar ou desviar coleção de águas superficiais ou utilizar-se de águas subterrâneas.

1.4.2 Para Licença Ambiental de Instalação

1. Requerimento de licenciamento ambiental segundo modelo fornecido pelo órgão ambiental.

2. Fotocópia da Carteira de Identidade (RG) e do Cadastro de Pessoa Física (CPF/MF), se pessoa física, ou Contrato Social ou, ainda, Ato Constitutivo, CNPJ e Inscrição Estadual, no caso de pessoa jurídica.

3. Certidão Negativa da União, Receita Estadual ou do Município.

4. Prova de publicação da súmula da concessão de LP, de acordo com o apresentado pela Resolução CONAMA nº 006/86, em jornal de circulação regional e no Diário Oficial do Estado.

5. Prova de publicação da súmula do pedido de LI, de acordo com o modelo apresentado pela Resolução CONAMA nº 006/86, em jornal de circulação regional e no Diário Oficial da União, do Estado ou do Município, dependendo de cada caso.

6. Estudo(s) ambiental(is) elaborado(s), quando exigido(os) pelo órgão ambiental.

7. Autorização para desmate, quando for o caso.

8. Comprovante de recolhimento da taxa ambiental ou do preço público devido, nos termos da Portaria IBAMA nº 01/90 ou de leis estaduais ou municipais específicas para esta questão.

1.4.3 Para Licença Ambiental de Operação

1. Requerimento de licenciamento ambiental segundo modelo fornecido pelo órgão ambiental.

2. Fotocópia da Carteira de Identidade (RG) e do Cadastro de Pessoa Física (CPF/MF), no caso de pessoa física, ou Contrato Social ou, ainda, Ato Constitutivo, CNPJ e Inscrição Estadual, no caso de pessoa jurídica.

3. Certidão Negativa da União, Receita Estadual ou do Município.

4. Prova de publicação de súmula da concessão de LP, de acordo com o apresentado pela Resolução CONAMA nº 006/86, em jornal de circulação regional e no Diário Oficial da União, do Estado ou do Município, dependendo de cada caso.

5. Prova de publicação da súmula da concessão de LI, de acordo com o modelo apresentado pela Resolução CONAMA nº 006/86, em jornal de circulação regional e no Diário Oficial da União, do Estado ou do Município, dependendo de cada caso.

6. Prova de publicação de súmula do pedido de LO, de acordo com o modelo apresentado pela Resolução CONAMA nº 006/86, em jornal de circulação regional e no Diário Oficial do Estado.

7. Relatório(s) de monitoramento ou automonitoramento durante a construção e/ou instalação.

8. Comprovante de recolhimento da taxa ambiental ou do preço público devido, nos termos da Portaria IBAMA nº 01/90, ou então de leis estaduais ou municipais específicas para esta questão.

1.4.4 Para Autorização de Desmate de Nativas

Os requerimentos de autorização de corte de vegetação nativa para implantação de projetos de utilidade pública ou de interesse social – assim reconhecidos através de ato formal pela União, Estado ou Município – costumam ser dirigidos ao diretor-presidente do órgão ambiental e ser acompanhados da documentação a seguir, para serem protocolados:

1. Requerimento de autorização florestal para corte de vegetação nativa para implantação de projetos de utilidade pública ou de interesse social.

2. Anuência prévia do Município, em relação ao objeto da solicitação situado no perímetro urbano, onde seja declarada, expressamente, a inexistência de óbices quanto à lei de uso e ocupação do solo urbano e à legislação de proteção do meio ambiente municipal e, ainda, estar o projeto em consonância com o Plano Diretor do Município, se houver.

3. Caso o município não esteja de acordo com o item anteriormente citado, mas mesmo assim deseja a obra por ser esta de interesse social ou público, deverá acrescentar uma declaração explicando e justificando esse interesse, ou, se houver, o decreto municipal declarando o empreendimento de interesse social ou de utilidade pública.

4. Projeto Técnico Florestal elaborado por profissional habilitado, acompanhado de ART – Anotação de Responsabilidade Técnica.

5. Auto de Imissão de Posse, expedido pela autoridade judiciária ou, ainda, anuência dos proprietários.

6. Anuência da população em relação ao objeto da solicitação com alto potencial de impacto ambiental ou social, quando exigida pelo órgão ambiental.

7. Certidão Negativa da União, Receita Estadual ou do Município.

8. Comprovante de recolhimento da taxa ambiental ou do preço público devido, nos termos da Portaria IBAMA nº 01/90, ou então de leis estaduais ou municipais específicas para esta questão.

1.4.4.1 Procedimentos para os pedidos de desmate de nativas para implantação, ou readequação de atividades

O Projeto Técnico Florestal citado no Item 1.4.4, relativo à documentação de desmate de nativas, para fins de implantação ou readequação de atividades de infraestrutura de utilidade pública ou de interesse social, deverá conter:

1. finalidade/objeto do projeto;

2. mapa localizando o projeto, as propriedades envolvidas e um levantamento detalhado da área pretendida para corte e demarcação das tipologias florestais existentes;
3. indicação do número de árvores e volume de madeira a ser extraído por propriedade;
4. inventário florestal detalhado, quando o corte de vegetação for superior a 15 hectares, incluindo medidas minimizadoras e compensatórias decorrentes desse procedimento. Nesse caso, o requerente deverá apresentar proposta para recuperação e/ou incorporação de cobertura vegetal equivalente, ou em melhores condições, de área proporcional à requerida, para fins de lazer ou com objetivos conservacionistas;
5. cópia do ato que dispôs sobre o fato de a obra ou atividade ser de utilidade pública ou de interesse social;
6. cópia da matrícula do imóvel atualizada.

Se durante o processo de licenciamento ambiental houve exigência de EIA ou RIMA, ou mesmo de um Plano de Controle Ambiental – PCA mais detalhado, este item deve ter sido contemplado nesses estudos ambientais, podendo, consequentemente, ser suprimido.

Caso o objeto do pedido de corte seja floresta primária ou vegetação em estágio médio ou avançado, é usual que o procedimento administrativo seja encaminhado, devidamente instruído e com parecer técnico, ou, ainda, com relatório de visita técnica, para a procuradoria jurídica do órgão ambiental para análise e parecer.

O prazo de validade da autorização para corte de vegetação nativa, para fins de implantação de projetos de utilidade pública ou de interesse social, costuma ser estabelecido em função do cronograma apresentado para a obra, não podendo, entretanto, exceder um ano, mas podendo ser prorrogado, a critério do órgão ambiental.

Se a atividade em licenciamento estiver localizada em área rural, é exigida, usualmente, a Averbação da Reserva Legal devidamente instituída e incluída na matrícula do imóvel para a concessão da autorização de corte.

1.4.5 Para Pedidos de Renovação de Licença Ambiental

1.4.5.1 Para a Renovação da Licença Ambiental Prévia (somente em casos especiais)

1. Requerimento de licenciamento ambiental para renovação de licença ambiental prévia, conforme o modelo padrão fornecido pelo órgão ambiental, devidamente preenchido.

2. Fotocópia dos documentos de identificação do requerente (RG e CPF) para pessoa física, ou Ato Constitutivo, CNPJ e Inscrição Estadual para pessoa jurídica.
3. Procuração – registrada em cartório – quando o requerente for representante de terceiros.
4. Certidão Negativa da União, Receita Estadual ou do Município.
5. Fotocópia da licença ambiental prévia, objeto do requerimento de renovação.
6. Publicação da súmula da concessão da licença ambiental prévia no Diário Oficial da União, do Estado ou Município e no jornal de circulação diária local, conforme modelo constante da Resolução CONAMA nº 006 de 1986.
7. Publicação da súmula do pedido de renovação de licenciamento prévio no Diário Oficial da União, do Estado ou Município e no jornal de circulação diária local, conforme modelo constante da Resolução CONAMA nº 006 de 1986.
8. Comprovante de recolhimento da taxa ambiental ou do preço público devido, nos termos da Portaria IBAMA nº 01/90, ou então de leis estaduais ou municipais específicas para esta questão.
9. Justificativa para a necessidade de renovação da licença ambiental prévia.

1.4.5.2 Para a Renovação da Licença Ambiental de Instalação

1. Requerimento de licenciamento ambiental para renovação de licença ambiental de instalação, conforme o modelo padrão fornecido pelo órgão ambiental, devidamente preenchido.
2. Cópia dos documentos de identificação do requerente (RG e CPF) para pessoa física, ou Ato Constitutivo, CNPJ e Inscrição Estadual para pessoa jurídica.
3. Procuração – registrada em cartório – quando o requerente for representante de terceiros.
4. Relatório de Assistência Técnica – elaborado pelo responsável pela execução das medidas de controle ambiental, previstas no respectivo estudo ambiental, apresentado e aprovado, relatando o andamento das atividades já desenvolvidas até o momento, quando exigido pelo órgão ambiental.
5. Certidão Negativa da União, Receita Estadual ou do Município.

6. Fotocópia da licença ambiental de instalação, objeto do requerimento de renovação.

7. Publicação da súmula da concessão da licença ambiental de instalação no Diário Oficial da União, do Estado ou Município, dependendo de cada caso e em jornal de circulação diária local, conforme modelo constante da Resolução CONAMA nº 006/86.

8. Publicação da súmula do pedido de renovação de licenciamento ambiental de instalação no Diário Oficial da União, do Estado ou Município e em jornal de circulação diária, local, conforme modelo constante da Resolução CONAMA nº 006/86.

9. Comprovante de recolhimento da taxa ambiental ou do preço público devido, nos termos da Portaria IBAMA nº 01/90, ou de leis estaduais ou municipais específicas para esta questão.

1.4.5.3 Para a Renovação da Licença Ambiental de Operação

1. Requerimento de licenciamento ambiental para renovação de licença de operação, conforme o modelo padrão fornecido pelo órgão ambiental, devidamente preenchido.

2. Fotocópia dos documentos de identificação do requerente (RG e CPF), para pessoa física, ou Ato Constitutivo, CNPJ e Inscrição Estadual para pessoa jurídica.

3. Procuração – registrada em cartório – quando o requerente for representante de terceiros.

4. Fotocópia do comprovante de compra e venda dos produtos florestais, quando couber.

5. Fotocópia do Alvará de Funcionamento.

6. Fotocópia da Inscrição Estadual, quando couber.

7. Fotocópia do Cadastro Individual Municipal – CIM.

8. Relatório de Assistência Técnica – elaborado pelo responsável pela execução das medidas de controle ambiental, previstas no respectivo Estudo Ambiental apresentado e aprovado, relatando o andamento das atividades já desenvolvidas até o momento, quando exigido pelo órgão ambiental.

9. Certidão Negativa da União, Receita Estadual ou do Município.

10. Fotocópia da licença ambiental de operação, objeto do requerimento de renovação.

11. Publicação da súmula da concessão da licença de operação no Diário Oficial da União, do Estado ou Município e em jornal de circulação diária local, conforme modelo constante na Resolução CONAMA nº 006/86.

12. Publicação da súmula do pedido de renovação de licenciamento ambiental de operação no Diário Oficial da União, do Estado ou Município e em jornal de circulação diária local, conforme modelo constante na Resolução CONAMA nº 006/86.

13. Comprovante de recolhimento da taxa ambiental ou do preço público devido, nos termos da Portaria IBAMA nº 01/90, ou de leis estaduais ou municipais específicas para esta questão.

1.5 ROTEIROS E FORMULÁRIOS DE ESTUDOS AMBIENTAIS

Os roteiros para elaboração dos estudos ambientais (PCA, PRAD, Planos de Contingência e EIA e RIMA e outros também listados) têm seus conteúdos detalhados no Item 1.5. A exigência de cada um deles poderá ser efetuada em qualquer fase do licenciamento ambiental (LP, LI ou LO), ou mesmo em fase de renovação da LI ou LO. Neste caso, o empreendedor será avisado oficialmente, através de ofício do órgão ambiental.

1.5.1 Análise de Cadastros

O detalhamento dos cadastros para os diferentes tipos de obras é feito pelos diferentes órgãos ambientais, mas, como regra, eles destinam-se a dar conhecimento, àqueles, das informações básicas sobre cada empreendimento, tais como: (i) do interessado – razão social; inscrição estadual; telefone, fax e e-mail; endereço completo; (ii) do responsável – nome; telefone, fax; e-mail e endereço completo para contato; (iii) das características do empreendimento – tipo de atividade; nome da obra; porte; número de funcionários; investimento total; município de instalação; municípios de abrangência; rios ou bacias afetados; situação ou fase de implantação do empreendimento; tipos de serviços; características técnicas gerais; características topográficas regionais; constituição geológica e pedológica local; tipo de cobertura florestal predominante; interferências urbanas; materiais usados nas construções civis e efluentes e, finalmente, (iv) o mapa ou croquis da área.

1.5.2 Condução de Análise e Avaliação dos Procedimentos Administrativos

Esta fase, posterior à parte formal acima descrita, atende às peculiaridades de cada estado da Federação. São constituídos de pareceres técnicos e de despachos que os servidores públicos fazem nos processos administrativos, e que subsidiam o parecer final da licença ambiental.

A esse processo administrativo costuma haver a juntada de documentos que os servidores vierem a receber durante o processo de licenciamento ambiental.

Todas as páginas costumam ser numeradas, assinadas e rubricadas pelo servidor que receber o processo administrativo "em mãos", não se admitindo supressão ou rasura das folhas do processo. Caso ocorra alguma irregularidade, é usual a instalação de processo administrativo para a determinação de sua veracidade, causas e responsáveis, cabendo ao órgão licenciador aplicar as penalidades, caso se conclua por sua necessidade ou conveniência.

1.5.2.1 Relatórios e Pareceres Técnicos

Todos os procedimentos administrativos, referentes ao licenciamento ambiental, costumam estar respaldados em relatórios e/ou pareceres técnicos, elaborados por profissionais do órgão ambiental e ou/outros órgãos oficiais (IBAMA, IPHAN, FUNAI, INCRA etc.). Esses relatórios e pareceres técnicos, elaborados em papel timbrado e devidamente assinados pelo(s) técnico(s) responsável(eis), acompanhados de carimbo e data, costumam ser rubricados por todos os profissionais responsáveis.

Os pareceres e relatórios técnicos podem, em princípio, ser apresentados de forma manuscrita ou datilografados ou, ainda, digitados, para compor os processos administrativos, e deverão ser autenticados, para servir de subsídio à decisão final no processo de licenciamento ambiental.

1.5.2.2 Sobre as Exigências dos Estudos Ambientais

Na dependência do porte e localização das obras, atividades ou empreendimentos, poderá o órgão ambiental exigir diferentes tipos de estudos ambientais, para efeito de decisão sobre o licenciamento ambiental.

Os estudos ambientais mais usados e que se aplicam a essas situações são:
- Projeto de Recuperação de Áreas Degradadas – PRAD.
- Plano de Controle Ambiental – PCA.
- Relatório de Controle Ambiental – RCA.
- Estudo de Viabilidade Ambiental – EVA.
- Relatório de Avaliação Ambiental – RAA.
- Estudo de Viabilidade de Queima – EVQ.
- Plano de Encerramento – PE.
- Relatório Ambiental Simplificado – RAS.
- Relatório Ambiental Preliminar – RAP.

- Estudo Ambiental Simplificado – EAS.
- Planos de Contingência.
- Estudos e respectivo Relatório de Impactos Ambientais – EIA e RIMA.

Cabe ao Poder Público (Federal, Estadual e Municipal), e aí se entenda ao IBAMA, às Agências Estaduais ou Municipais ou ao Ministério Público, a exigência da elaboração dos estudos ambientais, como parte do processo de licenciamento ambiental. Usualmente, um tipo de estudo exclui o outro, no processo, tendo em vista que cada instrumento é aplicado a cada situação particular. Podem, entretanto, ocorrer casos em que haja combinação de mais de um tipo de estudo, como, por exemplo, num EIA, poderá ser prevista a execução de Projeto de Recuperação Ambiental de Áreas Degradadas, como forma de mitigar um impacto ambiental negativo.

O Quadro-Resumo 1.2.2.2a, a seguir, sintetiza os tipos de estudos ambientais utilizáveis e suas características de aplicabilidade:

Quadro 1.2.2.2a – Resumo dos Principais Tipos de Estudos Ambientais

Questionamentos	Tipo de Estudo e Projeto		
	EIA e RIMA	PCA	AD
Quem pode solicitar?	Órgão ambiental federal, estadual, municipal ou Ministério Público.	Órgão ambiental federal, estadual, municipal ou Ministério Público.	Órgão ambiental federal, estadual, municipal ou Ministério Público.
Qual o período de aplicação e qual a atuação?	O estudo é prévio e de ação preventiva.	O estudo é prévio ou concomitante à obra e a ação é de controle, prévia ou corretiva.	O estudo é prévio, concomitante ou posterior à obra e tem caráter corretivo.
Em que fase do empreendimento?	Planejamento: LP.	Qualquer fase do licenciamento ambiental: LP, LI ou LO.	Qualquer fase do licenciamento ambiental: LP, LI ou LO.
Qual o critério de escolha pelo órgão ambiental?	Porte, localização do empreendimento, impacto ambiental significativo e/ou imprevisível.	Porte, localização do empreendimento, impacto ambiental menos significativo, normalmente previsível.	Impacto ambiental pontual. Usado principalmente para áreas degradadas, como: caixas de empréstimo, bota-foras, pedreiras, usinas etc.
Quem define o prazo de execução?	O órgão ambiental.	O órgão ambiental.	O órgão ambiental.
Quantas vias?	Cinco cópias do EIA e cinco do RIMA.	No mínimo cinco cópias.	No mínimo cinco cópias

Fonte modificada: Manual de Instruções Ambientais para Obras Rodoviárias 2000.

A decisão oficial, acerca do tipo de estudo ambiental a ser desenvolvido, em cada caso, é do órgão ambiental. Essa decisão somente é expedida após análise do procedimento administrativo de licenciamento ambiental, isto é, após o interessado ter protocolado a documentação referente ao procedimento administrativo e após a equipe tê-la avaliado, técnica e, eventualmente, juridicamente.

O Quadro 1.2.2.2b, retirado do Manual de Licenciamento Ambiental do Estado do Acre, fornece uma ideia de como os órgãos ambientais estabelecem seus critérios para a escolha dos diferentes tipos de estudos necessários em cada caso.

Observação: As jazidas de materiais terrosos, arenosos ou rochosos, que venham a ser utilizadas para implantação, duplicação, recuperação com ou sem melhorias e manutenção e não forem comerciais, poderão ser consideradas temporárias pelo órgão ambiental e, neste caso, seu licenciamento ambiental estará embutido no licenciamento geral da obra, não exigindo, portanto, um alvará de mineração do DNPM; bastará uma autorização da Prefeitura Municipal onde estiver localizada a jazida e do órgão ambiental.

No que se refere ao controle ambiental dessa atividade, os procedimentos serão diferentes e específicos, conforme o caso:

- Se a jazida vier a ser utilizada em uma atividade que foi submetida à AIA (EIA e RIMA), nestes estudos deverá estar detalhado seu Projeto de Recuperação Ambiental de Áreas Degradadas.
- Se a jazida for explorada para implantação de uma obra que não foi submetida à AIA, dela será exigido um PRAD.
- Se a jazida, ao cabo dessa exploração, vier a se transformar em comercial, ela deverá, obrigatoriamente, ser licenciada ambientalmente como uma nova atividade, seguindo neste caso todo o ritual: órgão ambiental (EIA e RIMA), DNPM (Alvará) etc.

Quadro 1. 2.2.2-b – Quadro orientativo para decisão sobre os tipos de estudos ambientais considerados mais adequados a obras de infraestrutura, no estado do Acre

Empreendimento	Classe	Porte ou Características	Atividade	Localização	Estudo Ambiental
Rodovias	0 e 1	Pista simples ou dupla	Duplicação, implantação, adequação com melhorias	Qualquer área	EIA e RIMA
			Manutenção, restauração	Áreas ambientalmente frágeis; de floresta nativa primária; indígenas; reservas extrativistas; densamente povoadas ou de conflito social	EIA e RIMA
				Outras áreas	PRAD PCA Autorização
	Vicinais (ramais)	Pista simples	Duplicação, implantação, adequação com melhorias	Áreas ambientalmente frágeis; de floresta nativa primária; indígenas; reservas extrativistas; densamente povoadas ou de conflito social	EIA e RIMA
			Implantação e manutenção com ou sem melhorias	Outras áreas	PRAD PCA Autorização
Obras aeroportuárias	Aeroportos	Grande tráfego Linhas regulares Aeronaves ≥ R-3, da classificação da Infraero	Ampliação, implantação, melhorias	Qualquer área	EIA e RIMA
			Manutenção	Qualquer área	PRAD PCA Autorização

Quadro 1. 2.2.2-b – Quadro orientativo para decisão sobre os tipos de estudos ambientais considerados mais adequados a obras de infraestrutura, no estado do Acre (cont.)

Empreendimento	Classe	Porte ou Características	Atividade	Localização	Estudo Ambiental
Rodovias	0 e 1	Pista simples ou dupla	Duplicação, implantação, adequação com melhorias	Qualquer área	EIA e RIMA
			Manutenção, restauração	Áreas ambientalmente frágeis; de floresta nativa primária; indígenas; reservas extrativistas; densamente povoadas ou de conflito social	EIA e RIMA
				Outras áreas	PRAD PCA Autorização
	Vicinais (ramais)	Pista simples	Duplicação, implantação, adequação com melhorias	Áreas ambientalmente frágeis; de floresta nativa primária; indígenas; reservas extrativistas; densamente povoadas ou de conflito social	EIA e RIMA
			Implantação e manutenção com ou sem melhorias	Outras áreas	PRAD PCA Autorização
Obras aeroportuárias	Aeroportos	Grande tráfego Linhas regulares Aeronaves ≥ R-3, da classificação da Infraero	Ampliação, implantação, melhorias	Qualquer área	EIA e RIMA
			Manutenção	Qualquer área	PRAD PCA Autorização

Quadro 1.2.2.2b – Quadro orientativo para decisão sobre os tipos de estudos ambientais considerados mais adequados a obras de infraestrutura, no estado do Acre (cont.)

Empreendimento	Classe	Porte ou Características	Atividade	Localização	Estudo Ambiental
		Abaixo de 10MW	Manutenção	Qualquer área	PRAD PCA Autorização
			Construção, ampliação, mudança de tecnologia	Áreas ambientalmente frágeis; de floresta nativa primária; indígenas; reservas extrativistas; densamente povoadas ou de conflito social	EIA e RIMA
			Manutenção	Qualquer área	PRAD PCA Autorização
	Dieselelétricas	Acima de 10MW	Construção, ampliação, mudança de tecnologia	Qualquer área	EIA e RIMA
		Abaixo de 10MW	Manutenção	Qualquer área	PRAD PCA Autorização
			Construção, ampliação, mudança de tecnologia	Áreas ambientalmente frágeis; de floresta nativa primária; indígenas; reservas extrativistas; densamente povoadas ou de conflito social	EIA e RIMA
			Manutenção	Outras áreas	PRAD PCA Autorização

Fonte: Manual de Licenciamento Ambiental do Estado do Acre.

1.6 Conteúdo Exemplificativo dos Estudos Ambientais

A título ilustrativo, a seguir são apresentados os conteúdos mínimos que costumam ser exigidos em estudos ambientais.

1.6.1 Plano de Controle Ambiental – PCA

1. *Identificação da empresa construtora e da empresa de consultoria ambiental.*
   - Número dos registros legais.
   - Representantes legais (nome, CPF, endereço, fone-fax e e-mail).

2. *Descrição técnica do empreendimento*
   - Descrição geral do empreendimento, apresentando a identificação, os objetivos e as justificativas.
   - Planta de localização e de situação do empreendimento.
   - Planta do projeto geométrico, com representação das curvas de nível, perfis longitudinais, seções transversais típicas, críticas e/ou observações muito importantes, intersecções, passagens de nível, transposições de cursos d'água, dos aglomerados populacionais, quando rodovias, mesmo as vicinais, utilizando escalas entre um 1:5.000 e 1:25.000.
   - Planilha das características do empreendimento:
     ✓ no caso de rodovias – classe, previsão de tráfego, extensão total, topografia, velocidade diretriz, raio mínimo, superelevação máxima, rampa máxima, largura da pista de rolamento e acostamentos, plataforma de aterro, plataforma de corte, faixa de domínio, distâncias mínimas de visibilidade (parada/ultrapassagem), planimetria e altimetria, obras de arte (informações relativas a localização, extensão e largura);
     ✓ no caso de aeroportos – largura, extensão, rampa, previsão de número de decolagens e de pousos, número de passageiros e instalações de tratamento de efluentes e resíduos;
     ✓ no caso de portos – previsão do tipo e volume de cargas, passageiros, destinos, instalações de tratamento de efluentes e resíduos, depósitos de combustível e de outros tipos de cargas;
     ✓ no caso de outras atividades de comércio e serviço, listadas na Resolução CONAMA nº 237 de 1997, tais como indústrias dos mais variados ramos, obras civis, serviços, transporte, turismo, atividades agropecuárias e de uso dos recursos naturais (silvicultura, explo-

ração econômica da madeira ou lenha, atividades de manejo da fauna exótica e criadouro de fauna silvestre, utilização do patrimônio genético natural, manejo de recursos aquáticos vivos, introdução de espécies exóticas e/ou geneticamente modificadas e uso da diversidade biológica pela biotecnologia), também será exigida uma planilha de características similar;

- ✓ se a obra incluir pavimentação (caso, por exemplo, de rodovias, aeroportos e retroportos), deverá ser incluída uma descrição e seção transversal; tipo do pavimento projetado e diagrama linear de implantação, além dos tipos de materiais a serem utilizados e suas origens. O mesmo é exigido para outras atividades como as industriais, por exemplo;
- ✓ ainda no caso de rodovias, deverá ser especificada a introdução e/ou o melhoramento de interseções, terceiras faixas, curvas, duplicação etc., introdução e/ou alargamento de obras de arte especiais, quando se tratar de rodovias;
- ✓ especificar a introdução de reformas, melhorias ou ampliações no caso de obras de infraestrutura ou unidades industriais dos mais variados ramos, obras civis, serviços, transporte, turismo, atividades agropecuárias e de uso dos recursos naturais;
- ✓ descrever ampliações e mudanças de tecnologia principalmente em atividades de natureza energética, como termoelétricas, atividades industriais e, principalmente, as que usam recursos naturais (silvicultura, exploração econômica da madeira ou lenha, atividades de manejo da fauna exótica e criadouro de fauna silvestre, utilização do patrimônio genético natural, manejo de recursos aquáticos vivos, introdução de espécies exóticas e/ou geneticamente modificadas e uso da diversidade biológica pela biotecnologia);
- ✓ planilha de drenagem, indicando quais os dispositivos existentes, bem como os dispositivos a serem implantados (tipo de dispositivo e localização), para qualquer atividade de infraestrutura e industrial;
- ✓ obras complementares, como obras de contenção de encostas, enlevamentos, entre outros procedimentos, para qualquer atividade, obra ou empreendimento de infraestrutura; no caso de estradas, incluir ainda defensas, *new-jersey* etc.;
- ✓ planta baixa do projeto de sinalização, incluindo sinalização específica de interseções, perímetro urbano e áreas ambientalmente sensíveis;

- ✓ quadro de origem/destino dos materiais escavados, necessários para obras de infraestrutura, mesmo que seja para implantação de zonas industriais, polos industriais, subestações etc.;
- ✓ destino final de todos os resíduos gerados na obra (resíduos asfálticos, das instalações do escritório, acampamento e oficinas);
- ✓ mapa de localização de pedreiras, jazida e usinas de asfalto (escalas 1:20.000 a 1:50.000) e situação legal; caso essas fontes de materiais estejam localizadas fora da faixa de domínio das rodovias, ferrovias ou da área de influência direta das obras, deverão estar licenciadas pelo órgão ambiental e, caso estejam dentro, deverão fazer parte do licenciamento da obra, sendo licenciadas pela equipe técnica do órgão ambiental;
- ✓ origem dos insumos e destino dos resíduos, bem como a tecnologia empregada, no caso das atividades que tenham essa característica como termoelétricas;
- ✓ cronograma físico de execução das obras;
- ✓ localização do canteiro de obras, do acampamento e das oficinas de manutenção.

3. Diagnóstico Ambiental

3.1 Meio Físico

- Clima

   Caracterização climática da área: temperaturas, regime de chuvas, insolação etc.; fontes existentes de poluição do ar e produtoras de ruídos.

- Geologia

   Descrição da geologia regional da área onde o empreendimento se insere, quanto aos aspectos litológicos, estratigráficos e estruturais; incluir mapa geológico, em escala mínima de 1:50.000 (o ideal é 1:20.000, ou menor) no caso de estradas, com base na interpretação de fotos aéreas e observações de campo; no caso de aeroportos e portos, a escala mínima aceitável é 1:20.000 (o ideal é 1:10.000), e, no caso de usinas hidrelétricas, costumam ser usadas escalas diferentes para a geologia regional, local e do local da barragem.

   Caracterização geológica da área de influência direta, abordando os aspectos litológicos (composição e grau de alteração das rochas) e estruturais (grau de fraturamento, falhamentos e contatos); geotécnicos (estabilidade de maciços e taludes, presença e delimitação de colúvio e elúvio, propensão à erosão e declividade dos terrenos); geomorfológicos (formas dos modelados dos terrenos); hidrogeológicos (zoneamento das áreas de recarga e descarga dos aquíferos), acompanhada de mapas de detalhe de locais ou sítios importantes em escala mínima de 1:10.000.

- Geomorfologia

  Caracterização da geomorfologia local e regional, contemplando a compartimentação da topografia geral, formas de relevo dominantes e dinâmica dos processos geomorfológicos (presença ou propensão a erosão, movimentos de massa, assoreamentos e inundações). Elaboração de mapa geomorfológico da área de influência direta e indireta (escala mínima de 1:50.000).

- Hidrogeologia

  Regime das águas subterrâneas; dados sobre aquíferos existentes; informações sobre a qualidade dessas águas e fontes de poluição delas.

- Solos

  Descrição dos tipos de solo, estado de conservação e estabilidade, com destaque para solos problemáticos, como solos hidromórficos, solos arenosos e siltosos etc., contendo os seguintes itens:

  ✓ identificação, descrição e localização dos pontos de sensibilidade ambiental que ocorrerem ao longo do trecho no caso de unidades industriais dos mais variados ramos, obras civis, serviços, transporte, turismo, atividades agropecuárias e de uso dos recursos naturais; no caso de aeroportos, portos e termelétricas, sua condição atual e valor ambiental comparados com a estrutura original da região e sua importância atual;

  ✓ mapeamento do uso e ocupação do solo nas áreas de influência direta e indireta das obras de elaboração de mapas pedológicos da área de influência direta e indireta do empreendimento, em escala mínima de 1:50.000.

- Geotecnia

  Avaliação das características dos terrenos atingidos diretamente pelas obras; caracterizando a estabilidade de maciços e taludes; a declividade dos terrenos; a presença e a distribuição, em área, de colúvios e elúvios; a propensão à erosão; a existência de travessias de várzeas com solo orgânico e/ou hidromórficos e os consequentes problemas de fundações de aterros esperados bem como os materiais de construção disponíveis.

- Hidrologia

    Descrição das bacias hidrográficas da área de influência direta e indireta, com apresentação de mapa em escala mínima de 1:50.000; dados sobre vazões, enchentes etc.

    Caracterização hidrogeológica, enfatizando a ocorrência de nascentes na área de influência direta, apresentando estes dados em mapa na escala mínima de 1:10.000.

3.2 Meio Biótico

- Caracterização do enquadramento fitogeográfico regional da área de influência indireta do empreendimento.
- Caracterização da área de influência direta, devendo incluir, no mínimo:
    - ✓ descrição das formas vegetais ocorrentes, com suas respectivas composições florísticas;
    - ✓ esquema linear com a disposição da cobertura vegetal e identificação dos segmentos onde ocorrerem alternativas de traçado, quando se tratar de obras lineares como ferrovias, rodovia ou dutos ou ao redor das unidades industriais dos mais variados ramos, obras civis, serviços, transporte, turismo, atividades agropecuárias e de uso dos recursos naturais;
    - ✓ mapa de vegetação em escala mínima de 1:50.000, destacando áreas de preservação permanentes e áreas protegidas.
- Caracterização da fauna regional (terrestre e aquática, dependendo de cada caso), utilizando dados secundários (dados de relatórios, livros, teses etc.) e incluindo, sempre que possível, dados primários (dados de campo, mais atualizados). Destacar espécies endêmicas, ou ameaçadas de extinção ou de valor científico ou econômico.
- Identificação dos possíveis corredores de fauna que serão interceptados pela obra, precipuamente no caso de obras lineares, como: rodovias, ferrovias, linhas de transmissão, dutos etc.

3.3 Meio Socioeconômico

- Caracterização socioeconômica da área; levantamento do perfil das principais comunidades atingidas pela execução do projeto das obras, empreendimentos ou atividades de serviço, tais como: uso e ocupação do solo, usos da água, componente econômico, componente social. Destacar os sítios e monumentos arqueológicos, históricos e culturais da comunidade, as relações de dependência na sociedade local e com as próximas, os recursos ambientais e a potencial utilização futura desses recursos. Enfatizar as passagens urbanas no caso de rodovias e ferrovias e interferências no caso linhas de transmissão de energia elétrica e também portos, aeroportos, hidrelétricas, termoelétricas etc.

4. *Prognóstico Ambiental*
   - A identificação e a avaliação dos impactos ambientais positivos e negativos devem, fundamentalmente, focalizar as alterações nos processos do meio ambiente (meios físico, biológico e socioeconômico) identificados no diagnóstico e decorrentes da inserção da obra. A metodologia aplicada deve ser compatível e permitir avaliação de impactos ambientais, contemplando as fases de implantação e de operação das obras.

5. *Plano de Medidas Mitigadoras e Compensatórias*
   - Proposição de um plano de medidas preventivas, mitigadoras e compensatórias para execução na fase de implantação das obras, contemplando, no mínimo, os seguintes itens:
     - relação dos impactos previstos com as respectivas caracterizações e qualificações;
     - proposição de medidas a serem adotadas para minimizar os impactos previstos;
     - ações para controle dos impactos e das medidas mitigadoras;
     - proposição de medidas compensatórias;
     - plano de recuperação ambiental das áreas degradadas;
     - plano de recuperação da vegetação; e
     - cronograma de execução.

6. *Plano de Monitoramento*
   - Para a fase de implantação das obras, o plano de monitoramento deverá incluir:
     - diretrizes ambientais para a execução do empreendimento;
     - diretrizes ambientais para a instalação, a operação e a desmobilização do canteiro de obras e das obras temporárias;
     - diretrizes ambientais para as áreas de bota-fora.

- Para a fase de operação, o plano de monitoramento deverá propor ações de controle dos impactos previstos para essa fase e do funcionamento das medidas propostas para sua mitigação, bem como de supervisão e fiscalização dos serviços de manutenção ambiental das obras de infraestrutura. Deverá, ainda, incluir um plano de prevenção e controle de acidentes com cargas tóxicas e/ou perigosas no caso de rodovias, ferrovias, unidades industriais e outras que possam oferecer riscos como portos e aeroportos e possibilidade de acidentes envolvendo as termoelétricas e hidrelétricas.
- No plano de monitoramento deverão estar especificadas as variáveis ambientais a serem monitoradas; os responsáveis pela sua execução (na fase de implantação e de operação); sua duração; a periodicidade das ações de monitoramento e a rede de monitoramento.

7. *Referências Bibliográficas*
- Referenciar toda a bibliografia utilizada e consultada que serviu de subsídio para a elaboração do estudo ambiental, seguindo as normas da ABNT.

8. *Equipe Técnica*
- Apresentar a equipe técnica responsável pelo estudo, indicando a área profissional e o número de registro do respectivo conselho de classe.
- A empresa e a equipe técnica responsável pela elaboração dos estudos deverão estar cadastradas no Cadastro Técnico Federal das Atividades e Instrumentos de Defesa Ambiental, bem como em outros cadastros existentes nos órgãos ambientais estaduais ou municipais.

9. *Anexos*
- Mapas na escala 1:50.000 das áreas de restrição (áreas protegidas por lei federal, estadual e municipal).
- Relatório fotográfico dos levantamentos de campo.
- Anotações de responsabilidade técnica (ART) dos técnicos, devidamente habilitados, responsáveis pelas informações.
- Demais informações consideradas oportunas.

1.6.2 Plano e/ou Projeto de Recuperação de Áreas Degradadas – PRAD

1. Introdução

2. Objetivo

3. Justificativa

4. Caracterização e Localização da Área
- Identificação do empreendedor, da construtora e da empresa de consultoria ambiental.
- Número dos registros legais.
- Representantes legais (nomes, CPF, endereços, fone-fax e e-mail).

5. Descrição Técnica do Empreendimento
- Descrição geral do empreendimento, apresentando sua identificação, os objetivos e as justificativas de sua existência.
- Planta de localização do empreendimento
  ✓ Perfil e planta do projeto geométrico, com representação das curvas de nível, das transposições de cursos d'água, dos aglomerados populacionais, no caso de rodovia. Planta e seções típicas, no caso de portos e aeroportos, e planta detalhada, no caso de termoelétricas.

6. Situação Ambiental e Dominial da Área
- Explicar a situação dominial da área, acrescentando documentos, declarações, mapas, croquis e demais informações que esclareçam o contexto atual da área.

7. Projeto de Recuperação Ambiental
- O projeto de recuperação ambiental deverá detalhar as etapas de implantação e as ações necessárias para se atingir o sucesso desejado. Exemplificando: pode-se exigir o projeto de recuperação de caixas de empréstimo, recuperação de botas-fora, terraplenagem, recuperação paisagística, melhoramento de obras e/ou de equipamentos industriais, recuperação de vias de acesso, recuperação de áreas de usinas de asfalto, de acampamentos, canteiros etc.

8. Cronograma Físico e Financeiro
- Disponibilizar o cronograma, de curto até longo prazo, de implantação das ações que visam à recuperação ambiental, acrescentando aos prazos o valor estimado de custo de cada meta a ser alcançada.

9. *Indicação dos Responsáveis pela Execução e Operação do Projeto*
   - Citar o(s) nome(s) do(s) profissional(ais) habilitado(s) para acompanhar o projeto de recuperação ambiental, bem como o respectivo número do conselho regional de classe.

10. *Plano de Monitoramento*
    - O plano de monitoramento tem como objetivo acompanhar o desempenho das ações de controle ambiental, e nele devem estar claramente expressos a justificativa, o objetivo, as ações previstas, as variáveis a monitorar, a metodologia adotada, os pontos de coleta de dados, o prazo de manutenção, a equipe técnica de acompanhamento, os órgãos e as instituições responsáveis, além de outras informações importantes e específicas para cada caso.

11. *Equipe Técnica*
    - Deve ser apresentada a equipe técnica responsável pelo estudo, indicando a área profissional e o número de registro no respectivo conselho de classe.
    - A empresa e a equipe técnica, responsáveis pela elaboração dos estudos, deverão estar cadastradas no Cadastro Técnico Federal das Atividades e Instrumentos de Defesa Ambiental, bem como em outros cadastros existentes nos órgãos ambientais estaduais ou municipais.

12. *Referências Bibliográficas*
    - Referenciar toda a bibliografia utilizada e consultada, que serviu de subsídio para a elaboração do estudo ambiental, seguindo as normas da ABNT.

13. *Anexos*
    - Mapas na escala 1:50.000 das áreas de restrição (áreas protegidas por lei federal, estadual e municipal).
    - Anotação de responsabilidade técnica (ART) dos técnicos, devidamente habilitados, responsáveis pelas informações.
    - Relatório fotográfico dos levantamentos de campo.

1.6.3 Plano de Contingência

1. Aspectos relativos a riscos ambientais

A gestão de riscos ambientais pode ser iniciada em qualquer etapa do licenciamento ambiental, mesmo quando a atividade já tenha obtido a licença de operação e mesmo quando essa estiver em vigência. O órgão ambiental terá, como em outras situações, que demonstrar que é imprescindível este procedimento por questões técnicas ou legais.

A gestão de riscos de acidentes ambientais teve origem basicamente na observação de riscos tecnológicos, como possibilidade de explosões, incêndios, vazamentos etc., e riscos naturais como acomodações de solo, terremotos, vulcões, enchentes etc., mesmo que os primeiros ocorram normalmente pela ação do homem e, no segundo caso, sejam decorrentes da natureza; em ambos deve o poder público intervir. A gestão de riscos ambientais, portanto, cada vez mais vem sendo associada ao controle ambiental. O que se almeja, na verdade, é antecipar a possibilidade de alguns eventos virem a ocorrer e como forma de mitigar impactos ambientais negativos ou mesmo evitá-los definitivamente.

Deve-se entender que "riscos" sempre estão associados à probabilidade de ocorrência (impactos ambientais, não), portanto, é importante que o gestor sempre estude séries históricas de possibilidade de ocorrência.

Os riscos podem ter efeito agudo, como uma explosão de caldeira, que pode matar os trabalhadores se estes não estiverem preparados para poder combater a explosão. Outras vezes, os riscos são calculados para uma letalidade mais baixa, mas leva-se em consideração inclusive sua magnitude.

Podem ser ainda acumulativos, como envenamento por mercúrio e outros metais pesados ou sinergéticos. Podem ser também de escala local, como um escorregamento da encosta de uma rodovia. De grande escala, como acidentes nucleares ou guerras com produtos radioativos, ou ainda maiores, de ação global, como contaminação dos mares (acidentes com navios petroleiros) ou mudanças climáticas mundiais ou, ainda, queda de meteoro, que são os considerados catastróficos para a humanidade.

Deve ficar bem claro que no Brasil a gestão de produtos radioativos é de competência da CNEM – Comissão Nacional de Energia Nuclear. É importante ressaltar que o Brasil somente utiliza a radioatividade para fins pacíficos, como para uso médico ou energético.

Os riscos normalmente estão associados a:

- produção de produtos químicos em geral;
- transporte de cargas perigosas e tóxicas, como material explosivo, gases, líquidos inflamáveis, sólidos inflamáveis, oxidantes, tóxicos infectantes, material radioativo e corrosivos;
- produção, embalagem e comércio de produtos tóxicos e perigosos;

- gases, quando ocorre aumento da pressão acima da pressão atmosférica normal, como, por exemplo, um tanque pressurizado atingido por grande fluxo de calor proveniente de incêndio na unidade industrial, podendo haver ruptura ou até lançamento de fragmentos daquele ou então de bolas de fogo;
- disposição final de produtos químicos, tóxicos e perigosos, como lixo de indústrias e de resíduos da saúde;
- incêndios, escorregamentos de taludes, deslizamentos de encostas, rupturas, quedas de barreiras, enchentes etc.

De forma simplificada, a análise de risco de uma obra ou atividade costuma iniciar-se com a identificação do perigo, seguindo-se a avaliação de sua magnitude, a avaliação da probabilidade de sua ocorrência e, finalmente, a regulamentação legal pertinente. Segue-se que a avaliação de risco é tarefa para especialistas, e seu gerenciamento, de responsabilidade dos tomadores de decisão. Logo, na fase de licenciamento, é importante avaliar se o risco é tolerável, gerenciável e/ou negligenciável, para que a tomada de decisão não seja incorreta, tendo-se em mente que não se trata, tão somente, de riscos para a população ou para trabalhadores, mas também para os ecossistemas ou os patrimônios históricos e culturais.

O desejável é que os aspectos relativos a riscos não sejam tratados de forma isolada, em um estudo ambiental, mas que estejam integrados ao estudo de impacto ambiental, quando o licenciamento ambiental ainda não tiver sido efetivamente emitido. Em outras situações, como, por exemplo, quando da renovação da licença de operação, estes estudos podem vir isolados em um documento à parte, como, por exemplo, atendendo o Plano de Contingência apresentado no item 1.6.3 deste livro.

Há de se considerar que existem riscos tecnológicos decorrentes das atividades humanas e os riscos naturais, tais como atividades vulcânicas, terremotos, maremotos etc., que na maioria das vezes são consequências de acomodações da crosta ou manto da Terra. Nesse item trabalhar-se-a somente com o primeiro, tendo em vista que contra as "forças da natureza" não se pode agir diretamente, podendo-se, entretanto, planejar a ocupação de tal modo a torná-la compatível com a segurança das pessoas.

A nossa preocupação é com o risco para o ambiente: tratar, nesse caso, o ativo e o passivo ambiental ante a contaminação, poluição, degradação ou devastação dos recursos naturais e dos ecossistemas e, como exemplo, emanação de gases e vapores perigosos ou tóxicos por indústrias, contaminação de mananciais por pesticidas ou metais pesados, efeito estufa de derivados de petróleo (CALDAS, Luiz Querino, *in Gestão e Avaliação de Risco em Saúde Ambiental*, 2002).

2. O Plano de Contingência (PC)

O Plano de Contingência costuma ser exigido quando a atividade a ser licenciada venha oferecer, direta ou indiretamente, risco à população e/ou aos ecossistemas, em qualquer das fases do projeto, ou seja, da implantação à operação. Esse plano constitui-se em parte do procedimento de gerenciamento de riscos que necessita prever, entre outras providências, salvamentos e evacuações de populações humanas e/ou animais.

É interessante ressaltar que os órgãos ambientais estavam anteriormente preocupados, quando do licenciamento ambiental, com o que viria acontecer "da parede para fora" com a implantação de um empreendimento. Atualmente, essa preocupação continua, contudo ela é otimizada, pois há a preocupação com o empreendimento "por dentro" e também com os riscos que ele pode oferecer "para fora". Nessa linha de raciocínio, pode-se constatar que modernos instrumentos de controle ambiental vêm sendo adotados pelo empresariado, até como forma de não perder recursos ou mesmo evitar problemas. Afinal de contas, um acidente acarreta, obviamente, grande prejuízo ambiental, mas também de "imagem", de credibilidade e fatalmente prejuízo financeiro, que nem sempre são recuperados.

Segundo PORTO & TEIXEIRA (2002), o Plano de Contingência é o instrumento que determina os procedimentos operacionais e fornece todas as informações necessárias para atuação, em caso de emergências, em terra e na água, visando à minimização das consequências de possíveis contingências que possam afetar a atividade portuária. Por analogia, esse mesmo conceito pode ser aplicado para outras obras de infraestrutura, como, por exemplo, o caso de incêndios ou acidentes em aeroportos, ou com cargas perigosas em rodovias.

O Plano de Contingência deverá, necessariamente, ser específico para cada atividade, obra ou empreendimento que estiver sendo licenciado. Quando considerado necessário pelo órgão ambiental, o PC deverá ser exigido por ocasião do pedido de licença ambiental de instalação, como um dos documentos necessários para sua concessão, mas poderá ser implementado, completado ou ainda atualizado na fase de operação.

O PC deverá ser composto de, no mínimo, os seguintes itens:

1. Objetivo

O objetivo do Plano de Contingência deve ser claramente especificado, isto é, sua aplicação deve ser referente à situação particular a que se destina.

2. Características do Sistema

Cada situação deve ser caracterizada especificamente, como, por exemplo, a extensão em que a rodovia ou a ferrovia atravessam a área urbana, o manancial ou a área protegida e o tipo e a frequência de transporte das cargas perigosas; o volume e as condições de armazenamento, assim como o tipo de carga no porto, e os tipos, diâmetro, extensão etc. dos dutos que transportam esses materiais para os barcos; os tipos, as condições de armazenamento e o manuseio dos combustíveis nos aeroportos e a densidade de ocupação humana nos seus arredores, particularmente nas cabeceiras das pistas; a existência de zonas alagadiças (que atraem aves aquáticas) ou lixões (que atraem urubus), nas proximidades do aeroporto etc.

Devem ser citadas as normas nacionais e/ou internacionais que foram obedecidas (ou que deveriam ter sido) em cada caso.

3. Conceito de Emergência

Entendendo-se como emergência toda e qualquer ocorrência anormal, não desejada, envolvendo pessoas e/ou equipamentos que podem ter graus variáveis (pequeno, médio ou grande), o Plano de Contingência deve deixar claro o grau e a metodologia para sua determinação.

4. Política de Combate ao Risco

O PC deve deixar clara a política de combate ao risco que é aplicada pelo interessado e que deve identificar os riscos potenciais e estabelecer as medidas de controle para a sua redução.

5. Legislação e Normas Aplicáveis

Não é suficiente o conhecimento dos instrumentos legais, normas etc., nem a exposição de uma lista contendo esses instrumentos: o PC deve expor as diretrizes e os procedimentos a serem seguidos a fim de se obter um resultado satisfatório em caso de acidente.

6. Riscos Potenciais

Entendendo-se por riscos potenciais todas as falhas operacionais e a prática de procedimentos não previstos que possam conduzir a uma situação de emergência, os riscos potenciais que devem se apontados em Planos de Contingências incluem falhas ou deficiências ou ainda fatores subconsiderados ou não, tais como:

- projeto;
- montagem;

- equipamentos;
- transporte;
- armazenamento;
- manuseio;
- operação;
- movimentação;
- fabricação;
- inspeção;
- preservação;
- interferência com equipamento ou instalação;
- ausência de proteção e sinalização de segurança;
- tempo inadequado;
- espera em demasia;
- movimentação de solo;
- sobrecarga;
- queda de objeto;
- ação de terceiros;
- uso de explosivos;
- chuvas;
- ventos;
- flanges, ou pontos em que existirem dúvidas;
- uso de fonte radioativa; e
- falha no monitoramento da área etc.

7. Medidas de Controle

As medidas de controle, minimizadoras dos riscos potenciais oriundos de falhas, como: projeto; montagem; equipamentos; transporte; armazenamento; manuseio; operação; movimentação; manutenção; fabricação; inspeção; preservação; interferência com equipamentos ou instalações; sobrecarga etc. devem estar listadas no PC.

8. Lista de Verificação

O PC deve incluir uma lista de verificação (*check list*), para determinados trabalhos ou para confirmar a operacionalização de máquinas, equipamentos, ferramentas etc., visando à garantia da qualidade do serviço executado para cada tipo de atividade em questão.

Ficará a cargo de cada especialidade estabelecer quais os itens a serem acompanhados através das listas de verificação, ressaltando-se que, quanto mais detalhadas e específicas forem elas, maiores serão as chances de sucesso. Em razão desse fato, os especialistas devem fazer uso das normas, especificações e procedimentos cabíveis, quando da confecção das referidas listas de verificação.

9. Plano Preventivo de Acidentes

O plano preventivo deve estar composto de, no mínimo, os itens que abaixo seguem e que devem, obviamente, ser adequados às especificidades da atividade que estiver sendo licenciada.

O PC deve detalhar o procedimento de verificação da movimentação de carga, citando normas técnicas e/ou legais existentes, como, por exemplo, os Decretos n°s 96.044/88, 98.073/90 e 4.097/02, que regulamentam o transporte de cargas perigosas em rodovias; o Decreto-lei n° 2.063/83, que dispõe sobre multas aplicadas por infrações à regulamentação para execução dos serviços de transporte rodoviário de cargas ou produtos perigosos e, ainda, a Resolução CONAMA n° 23, de 14 de novembro de 1994, que institui procedimentos específicos para o licenciamento ambiental das atividades relacionadas à exploração e lavra de jazidas de combustível líquido e gás natural.

Assim, o PC deve detalhar como serão os procedimentos de:

- verificação da inspeção nos equipamentos;
- monitoramento contínuo das áreas sujeitas à movimentação de solo e/ou sob a influência hidráulica;
- treinamento do pessoal envolvido no trabalho, principalmente no plano de emergência;
- inspeção e manutenção das obras;
- divulgação para a população potencialmente afetada, além da sinalização com placas, piquetes, avisos de segurança, de acordo com o plano de sinalização da obra etc.

10. Plano de Emergência

O plano de emergência deve estar composto de, pelo menos, os itens abaixo citados, ressalvando-se o fato de que, como já referido, deve ser específico e aplicável diretamente à situação particular a que se destina. Cabe, assim, ao interessado, detalhá-lo, a ponto de o órgão ambiental ter informações sobre o nome de cada pessoa responsável pela implementação de cada uma das partes do referido Plano. Algumas funções e atividades devem estar claramente estabelecidas:

- *Comando da Emergência:* chefe da obra ou a pessoa a quem o chefe da obra delegar, deixando claro quais são suas atribuições, como: deflagrar o plano de emergência; acionar o apoio logístico; comunicar aos órgãos oficiais; solicitar apoio de outros órgãos; elaborar o relatório etc.
- *Rotina de Comunicação:* informante, que deverá prestar informações, tais como: local, hora, tipo de ocorrência, equipamento envolvido, causa-efeito, meios de controle, mortos e acidentados etc.
- *Grupo de Ação:* brigadas, que deverão estar aptas a prestar os primeiros socorros, como combate a incêndio; remoção de acidentados; isolamento da área afetada, manutenção do comando de emergência, informado; apoio à recuperação ambiental do dano etc.
- *Apoio Logístico:* destinado ao atendimento aos acidentes, tais como: mão de obra especializada, viaturas, equipamentos, materiais, forma de comunicação etc.

10.1 Métodos Construtivos

Devem estar detalhados os métodos de construção das obras, bem como esclarecidas possíveis atividades ou obras que ofereçam riscos.

10.2. Plano de Ação de Emergência

Deverá conter a identificação e o detalhamento dos diversos níveis de emergência, tais como possibilidades de vazamentos; incêndios ou explosões; rompimento de dutos; inundações; desmoronamentos etc., acompanhados das descrições dos procedimentos a serem adotados em cada situação.

Deverá incluir também um fluxograma das ações de emergência.

10.3. Estrutura Organizacional

Deve estar claramente exposta a estrutura organizacional do empreendimento, bem como o comprometimento com o plano de contingência.

10.4. Procedimentos Emergenciais

Deverá estar bem esclarecido qual o procedimento geral de emergência, contendo pelo menos: o que fazer? quem o fará? quando deverá ser realizado? como se fará (o método adotado)? E, por quê?

Para cada nível de emergência deverá existir um procedimento emergencial, reunido em fichas, tais como:

Procedimento Emergencial
• meios de bloquear vazamentos;
• minimizar área de contaminação;
• interditar e isolar a área;
• não permitir acesso a pessoas na área de risco;
• monitorar a área de risco de explosão;
• iniciar a retirada do produto, por exemplo, tóxico;
• remover o solo e a vegetação contaminada;
• recompor a área atingida etc.

10.5 Participantes

O empreendedor deve esclarecer quem participa do plano de contingência, incluindo nome, função, graduação, telefone, endereço, e-mail etc.

10.6 Procedimentos Gerais

Resumo dos procedimentos gerais de controle de emergências, riscos ou de acidentes, contendo, inclusive, o período de revisão e os responsáveis.

10.7 Matriz de Rotina de Ações de Emergência

A matriz de rotina de ações de emergência deve conter informações sumarizadas sobre: o que fazer, quem o fará, quando será realizado(a), como será efetuado(a), e por quê etc.

10.8 Sistemática de Treinamento

Detalhamento da sistemática de treinamento que será aplicado ao pessoal diretamente afetado, dentro e fora "dos muros" do empreendimento, bem como cronograma, pessoal envolvido, temas abordados etc.

10.9 Equipe Técnica Responsável pela Elaboração do Plano

A equipe técnica responsável pelo estudo deve estar referenciada, indicando-se a área profissional e o número de registro do respectivo conselho de classe.

A empresa e a equipe técnica responsável pela elaboração dos estudos deverão estar cadastradas no Cadastro Técnico Federal das Atividades e Instrumentos de Defesa Ambiental, bem como em outros cadastros existentes nos órgãos ambientais estaduais.

10.10 Anexos

- Lista de chamada de emergência.
- Faixas de domínio, quando estradas; área de influência para os demais empreendimentos, como: aeroportos, portos e usinas termoelétricas; nesses três últimos casos, armazenagem de produtos perigosos.

1.6.4 Programa de Gerenciamento de Risco

Segundo VALLE & LAGE, 2003, em *Meio Ambiente – Acidentes, Lições, Soluções*, empresas, comunidade e "todo mundo" está buscando empresas e produtos seguros ambientalmente corretos e afirmando que é possível garantir riscos mínimos e aceitáveis, por meio da implantação de um Programa de Gerenciamento de Riscos – PGR eficiente e realmente prático.

A seguir, é apresentado, segundo a mesma bibliografia citada, o conteúdo mínimo desse PGR, para a fase de projeto e fase de operação.

O que deveria ser abordado no cronograma do PGR para a fase de pro-jeto:

- Deve ser estabelecido como serão identificados os riscos do negócio, utilizando, para isso, técnicas e equipes de análise de risco nas diferentes etapas do empreendimento.
- No projeto é perfeitamente possível estabelecer quais normas e procedimentos são aplicáveis e seu respectivo plano de implantação. Deve-se fazer mais ainda, ou seja, condicionar certas etapas da nova fábrica à implantação de algumas normas. Por exemplo, se a nova fábrica vai utilizar nitrogênio como insumo, o manuseio desse material deverá ser disciplinado por meio de uma norma, e, portanto, o nitrogênio só entrará na nova fábrica quando a respectiva norma for considerada implantada.
- O programa de treinamento deve estar presente desde o início do projeto e englobar as fases de obra, pré-operação e operação normal. Devem existir pré-requisitos para que alguém trabalhe no empreendimento, e seguramente um deles é o treinamento.
- A manutenção dos equipamentos críticos é parte da tecnologia. Já no projeto, deve-se identificar esses equipamentos e deve-se decidir como será feita a sua manutenção de rotina e os testes iniciais.

- Dados sobre as matérias-primas, insumos e produtos finais são obrigatórios já na fase de projeto. Portanto, as fichas de informações de segurança de produto químico (FISPQs) são dados de projeto.

Outros itens do PGR que devem ser abordados já na fase de projeto:

1. Organização: em certa etapa do projeto o organograma da empresa deve estar definido e a área de saúde do trabalhador, de segurança do processo e de proteção ambiental (SSPA) devem fazer parte desse organograma.
2. Os procedimentos referentes a modificações de processo também devem estar definidos.
3. A organização de emergência e os planos de emergência devem estar prontos e discutidos antes de o empreendimento entrar em operação.

Se o fornecedor da tecnologia de seu empreendimento não considera os tópicos descritos como parte de seu fornecimento é um mau sinal. A tecnologia em questão estará incompleta, e, se não for possível completá-la, verificar se vale a pena continuar com esse projeto ou, no mínimo, com esse fornecedor de tecnologia.

Para se avaliar a saúde do sistema SSPA de uma unidade em operação, o primeiro passo é obter um diagnóstico da situação da empresa em relação a seu PGR e, caso necessário, estabelecer um cronograma de adequação. Esse diagnóstico pode ser feito pela própria empresa.

E chega-se então ao ponto em que é necessário verificar se o PGR realmente está implantado. O processo de checagem é muito parecido tanto quando a decisão partir do diretor responsável pela empresa, como do técnico do órgão ambiental, responsável pela fiscalização do empreendimento. Uma ferramenta de checagem, já prevista no próprio PGR, é a auditoria do sistema.

Essa ferramenta é válida, muito boa e deve ser usada. Mas há algo a mais que pode ser feito: programar uma visita sua à unidade e fazer o teste descrito a seguir:

Inicialmente aplicar o chamado "corte horizontal", no qual é procurado, dentro do PGR-modelo, um ponto que seja importante para a atividade em avaliação. Ao definir esse ponto, partir para o corte na vertical, ou seja, detalhar o item escolhido.

Assim, se no corte horizontal identificar que a atividade manuseia compostos inflamáveis e existem trabalhos a quente, vai-se ao corte vertical.

A empresa possui uma norma para trabalho a quente?

Se não, o primeiro passo é implantar essa norma.

Se a empresa possui uma norma de trabalho a quente, isso é muito bom, mas os treinamentos sobre essa norma foram bem-feitos?

Na visita verificar os registros desse treinamento e perguntar a um soldador se ele conhece a norma e se já foi treinado. Se ambas as respostas forem sim, muito bem.

Verificar, ainda, se essa norma menciona o uso de explosímetro. Se mencionar e a unidade tiver explosímetro, verificar se esse equipamento tem sofrido a manutenção e calibração recomendada pelo fabricante? Se todas as respostas forem positivas, está tudo bem, pode-se ficar tranquilo quanto a esse item analisado, mas deve-se aplicar o teste em um outro corte horizontal.

Tópicos como treinamento, gerenciamento de resíduos, manutenção de equipamentos críticos, entre outros, são excelentes como ponto de partida para esse tipo de avaliação.

Capítulo 2

Avaliação de Impactos Ambientais

2.1 Conceitos

2.1.1 Avaliação de Impactos Ambientais

Instrumento de política ambiental, formada por um conjunto de procedimentos capaz de assegurar, desde o início do processo, que se faça um exame sistemático dos impactos ambientais de uma ação proposta (projeto, programa, plano ou política) e de suas alternativas, e que os resultados sejam apresentados de forma adequada ao público e aos responsáveis pela tomada de decisão, e por eles considerados. Além disso, os procedimentos devem garantir adoção das medidas de proteção do meio ambiente determinadas, no caso de decisão sobre a implantação do projeto (IARA VEROCAI MOREIRA, 1990).

2.1.2 Impacto Ambiental

Antes de se entrar na análise do modelo de Gestão Ambiental proposto pela ISO 14000, há necessidade de se entender o que é *Impacto Ambiental*, uma vez que o modelo a ser analisado visa, sobretudo, evitar ou minimizar a carga negativa que os impactos ambientais provocam no meio ambiente, em termos de danos ecológico e econômico.

Refere a NBR ISO 14001, na sua Introdução, que:

> "as normas de gestão ambiental têm por objetivo prover às organizações os elementos de um sistema ambiental eficaz, passível de integração com outros elementos de gestão, de forma a auxiliá-las a alcançar os seus objetivos ambientais e econômicos".

Ressalta desta afirmativa que o modelo de Gestão Ambiental deve não só estar atento aos possíveis impactos ambientais negativos causados ao meio ambiente e à sociedade, mas também à repercussão econômico-financeira que eles podem representar para a empresa e para a sociedade como um todo.

Assim, e segundo a Resolução n° 001/86 do CONAMA – Conselho Nacional de Meio Ambiente –, podemos conceituar impacto ambiental como "qualquer alteração das propriedades físicas, químicas e biológicas do meio ambiente, causada por qualquer forma de matéria ou energia resultante das atividades humanas, que direta ou indiretamente afeta:

- a saúde;
- a segurança e o bem-estar da população;
- as atividades sociais e econômicas;
- a biota;
- as condições estéticas e sanitárias do meio ambiente;
- a qualidade dos recursos ambientais".

Por sua vez, a NBR ISO 14001, por estar mais voltada à implantação de um modelo de gestão ambiental nas organizações, passível de integração com outros modelos de gestão (ex.: gestão da qualidade), define impacto ambiental como:

> "qualquer modificação do meio ambiente, adversa ou benéfica, que resulte, no todo ou em parte, das atividades, produtos ou serviços de uma organização".

Embora menos abrangente que a definição dada pelo CONAMA, pode-se depreender dela, também, uma preocupação com os aspectos econômicos.

O estudo dos impactos ambientais e mais precisamente, a sua avaliação vêm tomando forma e se implantando gradativamente desde 1986, sendo hoje parte integrante da Política Ambiental dos países.

MACHADO, 1999, cita, de acordo com a Constituição da República Federativa do Brasil, que, "para assegurar a efetividade desse direito (ao meio ambiente ecologicamente equilibrado), incube ao Poder Político: exigir, na forma da lei, para instalação de obra ou atividade potencialmente causadora de significativa degradação do meio ambiente, estudo prévio de impacto ambiental, a que se dará publicidade (art. 225, 1°, IV)".

MOREIRA, 1990, define *Avaliação de Impactos Ambientais* como:

> "instrumento de Política Ambiental, formada por um conjunto de procedimentos capazes de assegurar, desde o início do processo, que se faça um exame sistemático dos impactos ambientais de uma ação proposta (projeto, programa, plano ou política) e de suas

alternativas, e que os resultados sejam apresentados de forma adequada ao público e aos responsáveis pela tomada de decisão, e por eles considerada. Além disso, os procedimentos devem garantir a adoção de medidas de proteção ao meio ambiente determinadas, no caso de decisão sobre a implantação do projeto".

2.1.3 Estudos e Relatórios de Impacto Ambiental – EIA e RIMA

Diferentemente dos outros tipos de estudos ambientais anteriormente discutidos e previstos, inclusive, na Resolução CONAMA nº 237 de 1997, tais como o PCA – Plano de Controle Ambiental e o PRAD – Projeto de Recuperação Ambiental de Áreas Degradadas, ou, ainda, os Planos de Contingência, de Gerenciamento de Risco etc., o Estudo e o Relatório de Impacto Ambiental – EIA e RIMA, respectivamente –, possuem as diretrizes gerais e atividades técnicas explicitadas na Resolução nº 001 do CONAMA de 1986, que deve ser rigorosamente obedecida sob pena de não serem aprovados e, como decorrência, a obra não ser licenciada ambientalmente.

O EIA é um dos elementos do processo de AIA; trata-se da execução por equipe interdisciplinar das tarefas técnicas e científicas destinadas a analisar, sistematicamente, as consequências da implantação de um projeto no meio ambiente, por meio de métodos de AIA e técnicas de previsão dos impactos ambientais. O EIA realiza-se sob a orientação da autoridade ambiental responsável pelo licenciamento ambiental do projeto em questão, que, por meio de instruções técnicas específicas, ou termos de referência, indica a abrangência do estudo e os fatores ambientais a serem considerados detalhadamente. É, portanto, o documento técnico que vai subsidiar a equipe técnica e interdisciplinar do órgão licenciador, o licenciamento ambiental.

O Relatório de Impacto Ambiental – RIMA, também um elemento do processo de AIA, resume em linguagem acessível pública em geral o EIA, porém, com o objetivo diferente do EIA, este visa dar conhecimento à população em geral sobre a obra, atividade ou empreendimento que estão sendo submetidos ao licenciamento ambiental.

2.2 Marco Histórico

A Avaliação de Impacto Ambiental foi introduzida nos Estados Unidos da América com a publicação da National Environmental Policy Act a 1º de janeiro de 1970, passando, a partir daí, a integrar os sistemas jurídicos de um número crescente de países.

A AIA foi introduzida na União Europeia em 1985, com a entrada em vigor da Diretiva Comunitária 85/337/CEE, de 27 de junho, alterada pela Diretiva 97/11/CE do Conselho de 3 de março.

Quadro 2.1 – Evolução da Avaliação de Projetos Ambientais[1]

Período	Evolução do AIA
Anos pré-1970	Utilização de técnicas analíticas; técnicas muito focadas/baseadas em estudos de viabilidade econômica e de engenharia; ênfase focada em critérios de eficiência, segurança de vida e *property*; não era considerada a hipótese de haver discussão pública dos projetos.
1970	Análise custo-benefício; ênfase na sistemática de avaliação de ganhos e perdas e da sua distribuição; especial atenção era dada à análise do planejamento, programação e orçamentos; não eram consideradas as consequências sociais e ambientais.
1970-1975	O foco do AIA era, inicialmente, voltado para a descrição e "predição" das mudanças/alterações ecológicas e do uso do solo; foram estabelecidas as primeiras regras formais para discussão e análise pública; ênfase na contabilidade/correlação e controle do projeto e ações mitigadoras.
1975-1980	A Avaliação do Impacto Ambiental – AIA adquire um aspecto multidimensional, incorporando a Avaliação do Impacto Social – AIS das mudanças/alterações causadas à comunidade (infraestrutura, serviços e estilo de vida); a participação pública tornou-se parte integrante do planejamento do projeto; aumento da ênfase na justificativa do projeto em processos de análise; análise de risco em *hazardous facilities and unproven echnologt in frontier areas*.
1980-1990	Maior atenção aos aspectos de se estabelecerem melhores ligações entre a avaliação do impacto e as fases – planejamento e implantação – gestão.

Há de ser citada a Constituição Nacional de 1988 como um marco histórico, pois prevê a proteção ambiental no Capítulo nº 255. Especificamente SILVA, em 1995, em seu livro sobre direito ambiental brasileiro, também reserva um capítulo para comentar e elucidar o estudo de impacto ambiental: "trata-se de um meio de atuação preventiva, que visa evitar as consequências danosas, sobre o ambiente, de projeto de obras, de urbanização ou de qualquer atividade". Enfatiza, portanto, o caráter preventivo da AIA.

---

[1] Adaptado de EIA: Basic Conceptis; Brian D. Clark (CEMP); 1º Seminário Anual sobre Avaliação de Impacto Ambiental, Albufeira, Portugal, 14-24 de abril de 1991.

2.3 Características da AIA

A Avaliação de Impacto Ambiental possui certas características que devem ser consideradas durante a sua elaboração. Assim, a AIA não é um processo eminentemente técnico-científico. Deve ser considerada, também, a sua vertente política.

A AIA, com o Estudo de Impacto Ambiental e o Relatório de Impacto Ambiental, destina-se a proporcionar informação acerca do potencial de impacto no ambiente do projeto proposto.

A AIA deve considerar:
- alternativas para o projeto de desenvolvimento proposto;
- a política geral e os recursos (*wider policy and resources issues*); e
- os métodos de redução do impacto e custos relacionados.

A Avaliação do Impacto Ambiental deve proporcionar:
- uma interligação entre as partes a serem consultadas;
- A AIA é um mecanismo ou medida de proteção ambiental.

A AIA tem como objetivos (segundo IAIA, 1999):
1. Assegurar que as considerações ambientais sejam explicitamente tratadas e incorporadas ao processo decisório.
2. Antecipar, evitar, minimizar ou compensar os efeitos negativos relevantes biofísicos, sociais e outros.
3. Assegurar que as considerações ambientais sejam explicitamente tratadas e incorporadas ao processo decisório.
4. Antecipar, evitar, minimizar ou compensar os efeitos negativos relevantes biofísicos, sociais e outros.

2.4 Lista Positiva de Obras e Empreendimentos Sujeitos à AIA

Consta da Resolução nº 001 do CONAMA de 1986 uma lista exemplificativa de obras e atividades passíveis de elaboração de EIA e RIMA.
- Ferrovias e estradas de rodagem com duas ou mais faixas de rolamento.
- Aeroportos e portos e terminais de minério, petróleo e produtos químicos.
- Oleodutos, gasodutos, minerodutos.
- Troncos coletores e emissários de esgoto sanitário.

- Linhas de transmissão de energia elétrica acima de 230kw.
- Obras hidráulicas para exploração de recursos hídricos, tais como: barragens para fins hidroelétricos, acima de 10kW, de saneamento ou de irrigação, abertura de canais para navegação, drenagem e irrigação, retificação de cursos d'água, abertura de barras e embocaduras, transposição de bacias, diques.
- Extração de minério.
- Aterros sanitários, processamento e destino final de resíduos tóxicos ou perigosos.
- Usina de geração de eletricidade, qualquer que seja a fonte de energia primária, acima de 10kW.
- Complexos e unidades industriais e agroindustriais (petroquímicos, siderúrgicos, cloroquímicos, destilarias de álcool, hulha e cultivo de recursos hídricos).
- Distritos industriais e zonas estritamente industriais.
- Exploração econômica da madeira ou lenha, em áreas acima de 100ha ou menores, quando atingirem áreas significativas em termos percentuais ou importância do ponto de vista ambiental.
- Projetos urbanísticos acima de 100ha, ou áreas consideradas de relevante interesse ambiental a critério do órgão ambiental competente.
- Qualquer atividade que utilizar carvão vegetal, derivados ou produtos similares, em quantidade superior a dez toneladas por dia.
- Projetos agropecuários que contemplem áreas acima de 1.000ha, ou menores, neste caso, quando se tratar de áreas significativas em termos percentuais ou de importância do ponto de vista ambiental, inclusive nas áreas de proteção ambiental.
- Nos casos de empreendimentos potencialmente lesivos ao Patrimônio Espeleológico Nacional etc.

2.5 Decisão pela Elaboração do EIA e do RIMA

Por outro lado, a Resolução nº 237 do CONAMA de 1997, que disciplina o licenciamento ambiental em território nacional, traz em seu Anexo 1 uma lista exaustiva de obras e atividades, ou seja, todas as obras e atividades ali elencadas são, necessariamente, passíveis de licenciamento ambiental, seja pela esfera federal, estadual ou municipal. Logo, dependendo do porte, da localização ou do tipo (ou natureza) da atividade, o órgão ambiental decidirá pela exigência ou não do EIA e do RIMA, ou de qualquer outro estudo am-biental, aplicado a cada situação, porém, necessariamente, justificando técnica e juridicamente a exigência.

A tomada de decisão pela necessidade de submeter uma obra ou empreendimento à AIA ou outro estudo ambiental é aspecto de extrema importância neste processo. Pode, inclusive, ser subsidiado em outros instrumentos legais, como listas negativas, zoneamento ambiental ou mesmo de caráter político, como pressão popular. Estes aspectos foram bem abordados por SANCHES, 2009, no seu livro *Avaliação e Impactos Ambientais*, ao se referir à triagem e ao campo de aplicação da AIA em que apresentou o gráfico a seguir.

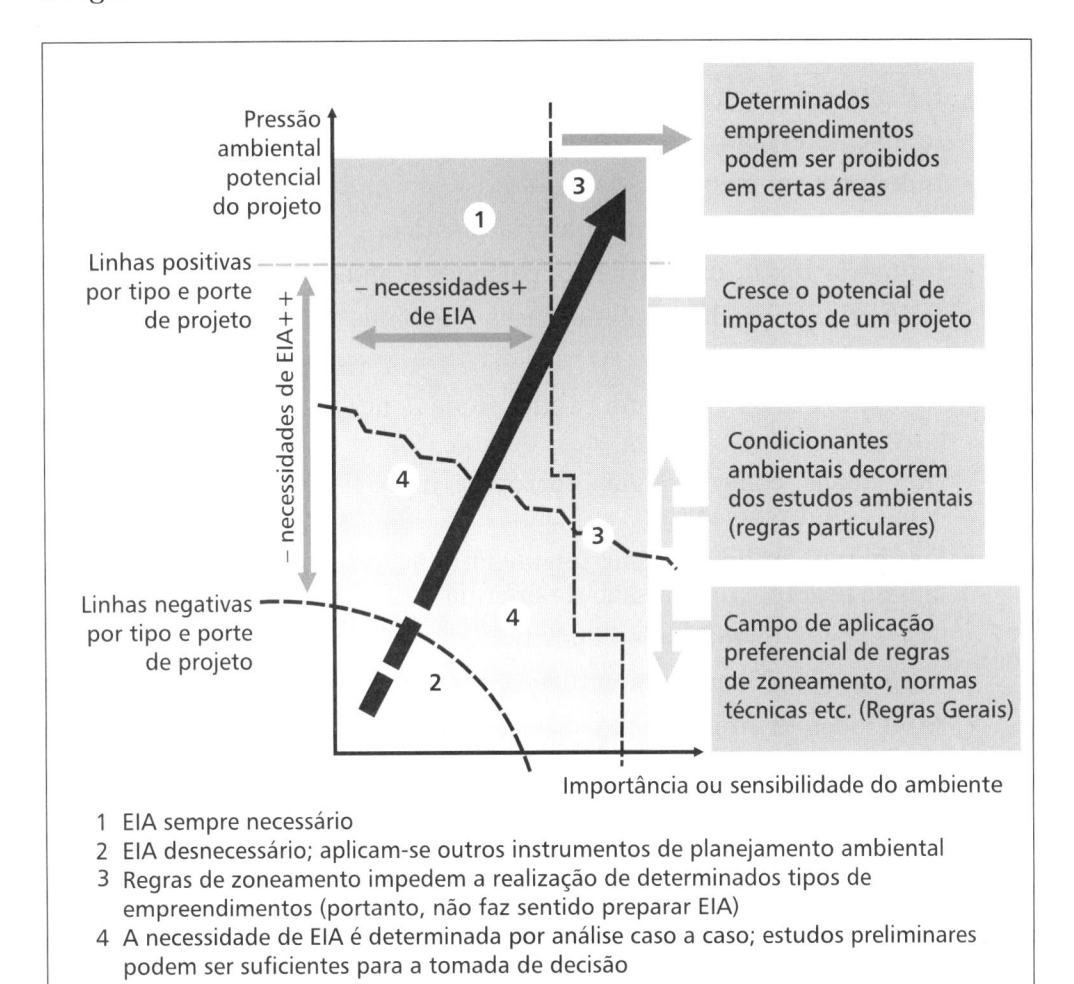

1 EIA sempre necessário
2 EIA desnecessário; aplicam-se outros instrumentos de planejamento ambiental
3 Regras de zoneamento impedem a realização de determinados tipos de empreendimentos (portanto, não faz sentido preparar EIA)
4 A necessidade de EIA é determinada por análise caso a caso; estudos preliminares podem ser suficientes para a tomada de decisão

Gráfico de Tomada de Decisão da AIA

A título de exemplo, são citadas algumas das atividades que devem ser licenciadas segundo a Resolução CONAMA n° 237, de 1997 (que deve ser consultada):

- Extração e tratamento de minerais.
- Indústria de produtos não metálicos.
- Indústria metalúrgica.
- Indústria mecânica.
- Indústria de material elétrico, eletrônico e de comunicações.
- Indústria da material de transporte.
- Indústria da madeira.
- Indústria de papel e celulose.
- Indústria de borracha.
- Indústria de couros e peles.
- Indústria química.
- Indústria de produtos de matéria plástica.
- Indústria têxtil, do vestuário, calçados e artefatos de tecidos.
- Indústria de produtos alimentares e bebidas.
- Indústria do fumo.
- Indústrias diversas, como produção de concreto, usinas de asfalto e galvanoplastia.
- Obras civis, como rodovias, ferrovias, hidrovias, barragens e diques, canais de drenagem etc..
- Serviços de utilidade como termoelétricas, estações de tratamento de água e esgoto, transmissão de energia etc.
- Transporte, terminais e depósitos.
- Turismo, como complexos turísticos; inclusive parques temáticos.
- Atividades diversas, como parcelamento do solo e polos e distritos industriais.
- Atividades agropecuárias.
- Atividades que utilizam recursos naturais, como silvicultura, extração econômica da madeira, utilização do patrimônio genético natural, manejo de recursos aquáticos vivos, introdução de espécies exóticas ou geneticamente modificadas, uso da biodiversidade biológica pela biotecnologia.

2.6 O Conteúdo do Estudo de Impacto Ambiental – EIA

Neste item do trabalho está explicitado o conteúdo mínimo a ser exigido de um EIA, Ele foi concebido com base em textos anteriormente elaborados pelos autores, notadamente, do Manual de Avaliação de Impactos Ambientais – MAIA, do Paraná; no Manual de Instruções Ambientais para Obras Rodoviárias, do DER, Paraná; no Manual de Licenciamento do Estado do Acre, bem como na experiência da edição do livro *Gestão Ambiental em Pequenas e Médias Empresas* (2002), do qual este livro é nova versão com texto ampliado, atualizado e melhorado.

O EIA inicia-se, como todo documento técnico, com uma página de rosto; lista de tabelas ou figuras; discriminação da equipe interdisciplinar (nome, número de registro no respectivo conselho de classe, assinaturas etc.); apresentação do documento, do empreendedor e da empresa de consultoria ambiental, bem como outras informações que o interessado considere importantes para esclarecimento do órgão ambiental, tais como introdução, sumário, histórico do empreendimento, obra ou atividade etc.

Devem ser, a seguir, prestadas as informações gerais do empreendimento, explicitadas: a localização da obra; o seu porte, em termos de quantidade dos principais serviços a executar; os objetivos de sua construção; sua justificativa em termos de importância econômico-social; as etapas de sua implantação; a malha viária que lhe dá acesso; as bacias hidrográficas que serão interceptadas; os núcleos urbanos servidos e/ou próximos; as áreas protegidas atingidas e/ou próximas etc.

De acordo com a Resolução CONAMA nº 001, de 23 de janeiro de 1986, o EIA deve desenvolver as seguintes diretrizes gerais.

2.6.1 Diretrizes Gerais do EIA

1. Contemplar todas as alternativas tecnológicas e de localização de projeto, confrontando-as com a hipótese de não execução do projeto.

Para o atendimento a esta exigência, tem sido solicitado que o empreendedor apresente, no mínimo, três alternativas, incluindo as de localização e de traçado (no caso de ferrovias e rodovias) e tecnológicas. No caso de rodovias e aeroportos são entendidas como de tipo de pavimento adotado, bem como, em casos especiais, de alternativas entre cortes e túneis, aterros e viadutos etc.

Cada uma dessas alternativas deverá ser avaliada do ponto de vista de seus impactos significativos e diferenciais (isto é, que apresentem intensidades diferentes, nas alternativas propostas) com a finalidade de permitir uma comparação, com o máximo de objetividade possível e uma conclusão sobre qual delas se apresenta ambientalmente mais viável.

O mais importante, no entanto, é que se confronte a alternativa escolhida com a alternativa "zero", ou seja, da não construção ou implementação do empreendimento.

2. Identificar e avaliar sistematicamente os impactos ambientais gerados nas fases de implantação e operação da atividade.

Identificar e avaliar sistematicamente os impactos ambientais das diferentes alternativas e o confronto com a alternativa zero é imprescindível para o desenvolvimento das fases que se seguem no EIA. O método mais recomendado, neste caso, é o descritivo.

3. Definir os limites da área geográfica a ser direta e indiretamente afetada pelos impactos, denominada área de influência do projeto, considerando, em todos os casos, a bacia hidrográfica na qual se localiza.

A área de influência é o espaço geográfico ambientalmente afetado pelo empreendimento. Na realidade, o contorno dessa área depende não só do meio (físico, biótico ou antrópico), como da variável ambiental enfocada em cada um desses meios. Em outras palavras, várias áreas de influência podem ser estabelecidas pelo EIA, dependendo da variável ambiental que está sendo estudada. Exemplificando, o solo será influenciado diretamente, quase que exclusivamente, na área de construção da termelétrica; na área terraplenada para localização das instalações portuárias e áreas de dragagem, no caso de portos; nas áreas de corte e aterro, no caso de rodovias e nas áreas de implantação das pistas e das construções aeroportuárias, no caso de aeroportos, acrescentando-se, em todos os casos, as áreas-fonte de materiais, como caixas de empréstimo, jazidas e pedreiras, além de áreas de deposição de materiais inservíveis ou excedentes: botas-fora, no caso de rodovias, aeroportos e termelétricas, e despejos, no caso de portos.

A área de influência indireta, no caso dessa mesma variável, costuma ser mais estendida em vista da possibilidade de contaminação por efluentes oriundos de derrames, acidentes etc., limitando-se, usualmente, a cerca de 100m para cada lado da rodovia e ferrovias, e algo maior para aeroportos e portos, e ainda maior para termoelétricas, devido à possibilidade de contaminação por efluentes gasosos.

Para a variável "vegetação", a área de influência direta, no caso de rodovias, costuma ser admitida igual à faixa de domínio (área que ficará exposta diretamente à ação dos maquinários, dos operários e dos usuários), mais as áreas-fonte de materiais e de deposição de botas-fora. No caso de portos, ela ocupa uma faixa mais ou menos regular ao redor deles, faixa esta que, no caso de aeroportos, será alargada nas cabeceiras de pista, tendo-se em vista as restrições que a segurança de voo faz à altura da vegetação nessas localizações. Do mesmo modo que nos casos anteriores, acrescentam-se as áreas fontes de materiais. No caso de termelétricas, as faixas serão ampliadas de forma assimétrica, em função do tamanho, orientação e significância das "plumas" de poluição, acrescentando-se as áreas que serão ocupadas pela construção de acessos, redes de transmissão de energia etc.

Para a variável fauna terrestre, é difícil estabelecer uma área limitada, visto que ela, a rigor, dependeria muito da mobilidade de cada espécie presente e de suas necessidades territoriais; ela será, entretanto, certamente maior que a da vegetação, tendo-se em vista a interferência da fauna deslocada pelo empreendimento, com a existente *in situ*. Já no que respeita à fauna aquática, a dificuldade é ainda maior, dado que à mobilidade da fauna acrescenta-se, neste caso, a fluidez do meio. A possibilidade de estudo de toda a bacia hidrográfica, obviamente, é inviável, em função da carência de dados secundários e do tempo e do custo que seriam necessários para a obtenção de dados primários em tal extensão. Assim sendo, costuma-se admitir uma região da bacia hidrográfica que possa, efetivamente, ser afetada pelo empreendimento em função de seu porte, efluentes etc., e que, obviamente, se estenderá muito mais para jusante do que para montante dele.

Já no que respeita ao meio socioeconômico, costuma-se considerar a área de influência direta o(s) município(s) onde se localizará a termoelétrica, porto ou aeroporto ou que serão atravessados pela rodovia ou ferrovia. Para este mesmo meio, usualmente se considera área de influência indireta, no caso de rodovias, portos e aeroportos, a microrregião homogênea, agregando-se, no caso de termoelétricas, os que serão atendidos por ela. Algumas vezes, considera-se ainda uma área de influência maior para incluir regiões de onde provêm os insumos e para onde se destinam os produtos e benefícios, e outra, "imediata", para a região diretamente envolvente ao empreendimento que, no caso de aeroportos, devem ser consideradas as curvas isofônicas previstas no projeto.

4. Considerar os planos e programas governamentais, propostos e em implantação na área de influência do projeto, e sua compatibilidade.

Devem ser levantados e estudados todos os planos e programas previstos para a região ou área de influência da obra, a fim de compatibilizar ações e evitar conflitos imediatos e/ou futuros. Assim, se houver, por exemplo, a previsão da criação de uma área protegida que poderá ser atingida pelo empreendimento, o estudo de alternativas deve propor, seja o deslocamento da nova obra, se ela for pontual (caso de unidades industriais, portos, aeroportos e termoelétricas), seja uma alteração, viável, de traçado, no caso de obra linear (como uma rodovia, ferrovia, dutos e linhas de transmissão etc.).

Do mesmo modo, a existência ou previsão de um loteamento pode exigir deslocamento ou mudança de traçado do empreendimento.

2.6.2 Atividades Técnicas do EIA

O estudo de impacto ambiental desenvolverá, no mínimo, as seguintes atividades técnicas:

> 1. *Diagnóstico ambiental da área de influência do projeto, completa descrição e análise dos recursos ambientais e suas interações, tais como existem, de modo a caracterizar a situação ambiental da área, antes da implantação do projeto.*

Consiste em caracterizar a situação ambiental, atual, da área de influência, isto é, sem, ou antes da implantação do empreendimento sob estudo, do ponto de vista físico (ar, água, clima, recursos minerais, relevo etc.), biológico (flora, fauna, áreas de preservação permanente, áreas protegidas etc.) e socioeconômico (atividade econômica, uso de recursos ambientais, uso e ocupação do solo, sítios e monumentos arqueológicos, culturais, históricos etc.).

É importante que a coordenação, antes de iniciar o diagnóstico propriamente dito, deixe claro à equipe interdisciplinar que vai realizar esse trabalho as seguintes questões:

a. Qual é a informação que eu preciso para diagnosticar o meio físico, meio biológico e o meio socioeconômico?

b. Como vou obter esta informação – informações primárias ou secundárias? É o método de obtenção da informação que terei de descrever no EIA e RIMA.

c. Onde serão coletados? Uma lista de entidades ou de especialistas podem me ajudar, como, por exemplo, universidades, centros de pesquisas, outros órgãos estatais, sites, CENSOS e EIA e RIMA que estejam em centros de documentação dos órgãos licenciadores etc.

d. E qual o tempo que tenho para a busca destas informações? Normalmente, o prazo é fator crucial nesses trabalhos. As equipes possuem pouco tempo para a elaboração de trabalhos técnicos.

O diagnóstico ambiental deve ser elaborado por equipe interdisciplinar, utilizando dados e informações secundários (de cartas topográficas, temáticas, artigos científicos, teses, estatísticas oficiais e publicações fidedignas em geral), complementados por dados primários, obtidos nos trabalhos de campo (levantamentos, pesquisas, mapeamentos etc.) e de elementos de sensoriamento remoto como fotos aéreas e imagens de satélite.

Abaixo estão discriminadas as exigências para os diversos meios – físico, biológico e socioeconômico – que não necessitam de comentários, pois são autoexplicativos. Porém, é importante esclarecer que há necessidade de que no EIA estejam claramente expostas as metodologias usadas para cada levantamento:

- o meio físico – o subsolo, as águas, o ar e o clima, destacando os recursos minerais, a topografia, os tipos e a aptidão do solo, os corpos de água, o regime hidrológico, as correntes marinhas, as correntes atmosféricas;
- o meio biológico e os ecossistemas naturais – a fauna e a flora, destacando as espécies indicadoras da qualidade ambiental, de valor científico e econômico, raras e ameaçadas de extinção e as áreas de preservação permanente;
- o meio socioeconômico – o uso e a ocupação do solo, os usos da água e a so-cioeconomia, destacando os sítios e os monumentos arqueológicos, históricos e culturais da comunidade, as relações de dependência entre a sociedade local, os recursos ambientais e a potencial utilização futura desses recursos.

2. Análise dos impactos ambientais do projeto e suas alternativas, através de identificação, previsão de magnitude e interpretação da importância dos prováveis impactos relevantes, discriminando: os impactos positivos e negativos (benéficos e adversos), diretos e indiretos, imediatos e a médio e longo prazos, temporários e permanentes; seu grau de reversibilidade, suas propriedades cumulativas e sinergéticas; a distribuição dos ônus e benefícios sociais.

Dispondo do conhecimento proporcionado pelo diagnóstico ambiental anteriormente citado, deve a equipe interdisciplinar avaliar quais os efeitos benéficos e maléficos que o empreendimento trará, isto é, quais as modificações que ele deverá introduzir no meio onde se prevê sua instalação. Essas modificações, decorrentes da obra e denominadas "impactos ambientais", são de diversas naturezas, podendo citar-se como exemplos:

a. a remoção da vegetação para a execução da terraplenagem, necessária à implantação das obras, prejudica a vegetação que é derrubada e, consequentemente, a fauna, que perde seus abrigos, fontes alimentares etc., e o solo, que perde sua proteção contra os processos erosivos etc.;

b. a execução da terraplenagem facilita a remoção dos solos, pela ação das águas da chuva, que os transportam para os rios, turvando-os, assoreando-os e prejudicando posturas e larvas da fauna aquática;

c. a construção da rodovia aumenta o conforto dos usuários; reduz o tempo e aumenta a segurança das viagens; facilita o transporte de mercadorias, máquinas etc.; promovendo, desse modo, o desenvolvimento e a melhoria de renda de quem produz e a redução do custo para quem compra etc.

Os impactos descritos em (a) e (b) prejudicam a qualidade ambiental e por isso são denominados "negativos, maléficos, adversos ou deletérios", enquanto o descrito no item (c), melhora a condição da sociedade humana, e, por isso, é classificado como "positivo, favorável ou benéfico".

Além dessa qualificação "de sinal", os impactos são qualificáveis como diretos, quando a ação causa o impacto diretamente – como é o caso da redução da vegetação, ou indiretos, quando o empreendimento dá origem, indiretamente, aos impactos como no caso de assoreamento dos córregos, pela ação do solo transportado pela água, a partir da sua exposição pela terraplenagem.

Os impactos devem ser também caracterizados quanto à sua temporaneidade, em imediatos (quando à ação se segue imediatamente o impacto, como é o caso da emissão de ruídos, gases e poeiras a partir do funcionamento das máquinas de terraplenagem, durante a construção de uma obra e dos veículos que nela trafegarão após sua abertura) ou, de curto, médio ou longo prazos, como o prejuízo à fauna aquática pelo assoreamento e/ou acidentes com derramamento de cargas tóxicas ou perigosas.

Esses mesmos impactos podem ter ação de curta duração, isto é, serem temporários, como é o caso dos ganhos auferidos pelos trabalhadores na construção do empreendimento, ou serem permanentes, como os benefícios causados à região e aos usuários, pela operação do porto, aeroporto ou termoelétrica.

Alguns impactos podem ser reversíveis, isto é, uma vez cessada a causa, cessa o impacto e a variável ambiental impactada retorna a uma qualidade próxima da original (tal é o caso da qualidade do ar, prejudicada pelas emissões das máquinas e pelos ruídos, da fase de construção de diversas obras), ou irreversíveis, quando, mesmo cessando a causa, a variável não retorna à sua qualidade original, como, por exemplo, a modificação da paisagem, alterada para permitir a implantação da obra.

Alguns impactos têm efeitos cumulativos, como a absorção, pela fauna, de alguns produtos tóxicos, oriundos, por exemplo, de acidentes com carregamento desses produtos, que se vão acumulando nos organismos, e outros possuem propriedades sinergéticas, isto é, o derramamento de diversas substâncias químicas em um corpo d'água pode resultar em reação entre elas, de tal de forma que o prejuízo causado é superior à soma dos efeitos individuais de cada uma delas.

Os impactos podem ainda ter influência local, reversível ou estratégica, dependendo da área afetada: um impacto forte, que afete uma unidade de conservação, será considerado um impacto estratégico.

Duas qualidades importantes dos impactos e que resultam de uma ponderação, mais ou menos objetiva, são magnitude e importância. Entende-se por magnitude a grandeza do impacto dentro da escala de valores possíveis. Assim, a erosão provocada pela terraplenagem, em um solo arenoso, numa região de alta densidade de chuvas concentradas, representará um impacto de grande magnitude, enquanto a mesma ação, em uma região de solo argiloso e clima de pluviosidade baixa e bem distribuída, representará um impacto de baixa magnitude.

Entende-se por importância de um impacto o grau de significância que ele tem em relação não só ao fator ambiental impactado, como aos demais impactos considerados. Assim, no caso de uma termoelétrica, o impacto mais importante será, usualmente, o provocado pela "pluma" oriunda da chaminé que, por sua vez, terá gradações, na dependência do tipo de combustível utilizado: lenha, carvão, óleo diesel, gás natural etc., e de acordo com a localização dessas termoelétricas em termos de áreas habitadas, áreas protegidas etc. Do mesmo modo, no caso de aeroportos, o impacto mais significante costuma ser o ruído provocado pelas aeronaves.

Não basta, portanto, prever os impactos: é preciso estimar a sua grandeza absoluta e relativa, isto é, hierarquizá-los e, de preferência, valorá-los, para permitir comparação entre as alternativas de localização, tecnológicas etc., bem como para balancear a sua implantação com a não implementação (alternativa zero). Em outras palavras, há necessidade de se verificar se o empreendimento representa, no cômputo de ganhos e perdas, um elemento ambiental positivo ou negativo.

Diversas metodologias têm sido propostas, desde o início dos EIA, para consecução desses objetivos vistos: dessas, as mais usadas para a detecção dos impactos são os *check-lists* e as matrizes. Os *check-lists* são listagens de impactos comumente associados a cada tipo de obras e que são consultadas como "ajuda à memória".

As matrizes tipo "Leopold" são montadas, opondo-se às diversas atividades que irão ser desenvolvidas para o planejamento, a implantação, a operação do empreendimento aos fatores (variáveis) ambientais, consideradas importantes para cada caso. Essas são utilizadas também como "matrizes de detecção" de impactos.

As "matrizes de qualificação" representam um passo adiante em relação às "de detecção" na tentativa de caracterizar os impactos. Elas são construídas a partir da oposição entre os impactos detectados e as diversas qualificações de referência – tipo, periodicidade, abrangência etc. –, desses mesmos impactos, atribuindo-se conceitos tais como: pequeno, local, regional, reversível, permanente etc.

Finalmente, a fim de permitir uma avaliação mais objetiva das significâncias relativas, são construídas as matrizes "de hierarquização", em que as "qualificações" são opostas aos impactos e estes últimos, valorados numericamente, adotando-se escalas do tipo: pequeno; médio; grande; permanente; cíclico; temporário etc.

A partir da execução dos produtos de cada coluna (que representa cada impacto), obtém-se um número que representa a "significância" relativa de cada impacto em relação aos demais. Essas significâncias podem, a seguir, ser transformadas em conceitos – como "fraco", "moderado", "forte" e "muito forte", utilizando-se, para isso, uma tabela convencional.

De posse dessas "significâncias", é possível verificar-se não só qual a alternativa é mais viável ambientalmente, como se elas representam ou não um avanço ambiental em termos da "alternativa zero".

Esta metodologia de trabalho é exposta com maior detalhe no Capítulo 4.

Algumas equipes preferem, também, a partir de suas próprias experiências individuais e conjuntas, detectar, identificar, caracterizar e hierarquizar os impactos, a partir de *brainstorms* e discussões sucessivas, o que torna a questão extremamente subjetiva, mas aceitável, desde que respaldada por grande experiência individual e coletiva, tanto no aspecto ambiental propriamente dito, como no trato com os diversos tipos de obras. Este tipo de metodologia tem sido conhecido como *ad hoc*.

Outras metodologias usuais são: as chamadas "redes de interação", em que os impactos são representados em cadeias sucessivas; o método da "sobreposição de cartas", em que diversas cartas temáticas são sobrepostas, deduzindo-se as interações entre os fatores e, finalmente, os "modelos matemáticos", que tentam representar o funcionamento de sistemas ambientais.

Para efeito didático, apresenta-se um *check-list* de impactos mais prováveis decorrentes da implantação de rodovias, pois este tipo de empreendimento comporta-se, de forma geral, do mesmo modo em todo território.

Impactos comumente associados a rodovias:

- Emissão de ruídos, poeiras e gases.
- Início e/ou aceleração de processos erosivos.
- Carreamento de sólidos e assoreamento da rede de drenagem.
- Interferências com a qualidade das águas superficiais e subterrâneas.
- Extração, movimentação e deposição de solos moles e outros materiais inservíveis.
- Alteração da cobertura vegetal.
- Alteração da paisagem natural.
- Modificação da condição de estabilidade dos taludes.
- Alteração na composição, *habitats* e hábitos da fauna terrestre.
- Prejuízos à fauna aquática.
- Interferência com unidades de conservação.
- Geração de emprego e renda.
- Efeitos sobre atividades econômicas.
- Aumento da arrecadação municipal e estadual.
- Modificação do tráfego urbano na AID.
- Possibilidade de acidentes, inclusive com cargas perigosas.
- Atração da população para a faixa lindeira à obra e possível adensamento populacional nessa faixa direta.
- Modificação do uso e ocupação do solo na área de influência.
- Interferência com o patrimônio arqueológico.
- Aumento da demanda de insumos, matérias-primas, máquinas e equipamentos.

- Interferência na vida comunitária.
- Danos às ruas e vias de transporte existentes na AID.
- Sobrecarga da infraestrutura física e social da cidade.
- Alteração na acessibilidade aos equipamentos sociais existentes.

3. *Definição das medidas mitigadoras dos impactos negativos, entre elas os equipamentos de controle e sistemas de tratamento de despejos, avaliando a eficiência de cada uma delas.*

O conhecimento dos impactos do empreendimento e de suas características permite, quase que automaticamente, a proposição de medidas tendentes a evitá-los, mitigá-los, compensá-los ou fortalecê-los. Deve ser observado, entretanto, que podem ocorrer impactos adversos que, por sua natureza, não podem ser evitados, eliminados ou mitigados, exigindo, então, a adoção de medidas de compensação.

É importante também sempre lembrar que a alternativa de nada fazer, isto é, de não executar a obra, pode, em determinadas situações, constituir-se na opção mais racional, considerando a magnitude de alguns impactos adversos ou pouco mitigáveis.

Segundo LOPES & QUEIROZ (MAIA, 1993), as medidas mitigadoras agrupam-se em três conjuntos:

- Medidas que fazem (ou pelo menos devem fazer) parte da boa técnica construtiva e das especificações técnicas das obras.
- Medidas especialmente desenvolvidas para reduzir os danos ambientais de uma determinada obra, que, entretanto, podem ser incluídas dentro do próprio âmbito da obra.
- Programas de mitigação e/ou compensação de danos, que representam pequenos projetos paralelos aos da obra principal.

Ao executar-se um estudo ambiental, estes grupos devem estar perfeitamente identificados e receber tratamentos diferenciados. Assim, quando se tratar de simples medidas que podem ser adotadas em nível de especificações técnicas, pode ocorrer que elas já façam parte das especificações gerais ou particulares da obra ou que não tenham sido contempladas em nemhum desses documentos: no primeiro caso, bastará uma referência ou ênfase, e, no segundo, uma sugestão de especificação particular.

As medidas mitigadoras visam atender exigências legais, técnicas, e nestas cabem também aspectos estéticos (recuperação da paisagem, por exemplo) e éticos (recuperar ou conservar a cultura ou a religião local) e também, com a mesma importância dos aspectos anteriores, a vontade política regional ou local ou de apelo da sociedade onde será inserido o projeto.

As medidas mitigadoras e/ou compensatórias propriamente ditas são medidas adotadas a mais daquelas que podem ser desenvolvidas em nível de especificações de obra, com vistas a minimizar impactos importantes; elas representam um acréscimo ao que é (ou deveria ser) usualmente obedecido quando da execução das obras, para atender às especificidades encontradas.

Finalmente, os "programas de mitigação", que usualmente resultam do agrupamento de medidas que visam à mitigação e/ou à potencialização e/ou à compensação de um ou mais impactos importantes, são medidas mais complexas que envolvem metodologias específicas, de trabalho. Quando houver necessidade de tais programas, eles deverão constar do item "programas de mitigação e/ou potencialização e/ou compensação de impactos" e incluir, pelo menos: objetivos, justificativas, atividades previstas, equipe mínima, responsabilidades, cronograma e estimativa de custos.

Também, com objetivo de exemplificar, apresentam-se algumas medidas mitigadoras frequentemente aplicadas para obras rodoviárias:

- Utilização de equipamentos antipoluentes e redutores de ruídos nas usinas de solo, asfalto e instalações de britagem; regulagem de equipamentos e máquinas, fiscalização da regulagem dos motores e escapamentos dos veículos.

- Exploração racional das áreas fontes de materiais seguindo-se sua posterior recomposição; utilização de corretas técnicas construtivas e execução de estruturas convenientes de drenagem e proteção; elaboração de projeto de drenagem eficiente e revestimento vegetal de áreas degradadas.

- Conservação e/ou recomposição da vegetação ciliar e recuperação de áreas degradadas.

- Conscientização dos funcionários da construtora, do órgão rodoviário e dos usuários; construção de fossas sépticas e deposição ordenada de resíduos.

- Elaboração de projetos de destinação, deposição e conformação de materiais inservíveis e/ou excedentes do empreendimento (bota-foras).

- Execução do desmatamento apenas na faixa necessária, utilizando-se equipamentos e técnicas adequados; aproveitamento da madeira para suprimento das necessidades da obra e reintegração progressiva da faixa afetada segundo projeto paisagístico que utilize vegetação autóctone.

- Reenquadramento da área de influência direta dentro das características paisagísticas originais.
- Drenagem e revegetação de taludes e, em casos particulares, desenvolvimento de projetos especiais, de estabilização.
- Evitar qualquer tipo de uso ou ação, potencialmente deletério, próximo a ambientes florestados; controlar a entrada de pessoas da obra nas áreas de mata e reprimir caça e agressões à fauna.
- Aproveitamento da mão de obra local, sem descuidar da legislação trabalhista.
- Utilização da infraestrutura local de serviços e distribuição para o reaquecimento da atividade econômica local.
- Aprimoramento de medidas de ordem fiscal e tributária e estabelecimento de incentivos à instalação de empreendimentos adequados à região, onde deverá ser instalada a rodovia.
- Estabelecimento de um sistema adequado de comunicação social e adequação da área central das cidades às funções administrativas, financeiras, culturais e de lazer características dos centros urbanos.
- Ordenamento do uso do solo, regulando atividades comerciais e de serviços na área de influência direta.
- Salvamento de sítios arqueológicos com o acompanhamento das frentes de serviços e estabelecimento de medidas de salvamento.
- Cálculo e atribuição de indenizações justas aos proprietários desapropriados.
- Estabelecimento de um plano de prevenção e/ou correção da infraestrutura existente.
- Introdução de modificações e aprimoramentos no projeto da obra, atividade ou empreendimento.

4. *Elaboração do programa de acompanhamento e monitoramento dos impactos positivos e negativos, indicando os fatores e parâmetros a serem considerados.*

Os programas de monitoramento e acompanhamento têm por finalidade a verificação do comportamento real da obra, em comparação com as previsões efetuadas no EIA, em termos de impactos e de eficiência e eficácia das medidas mitigadoras propostas.

Cada programa define os seus objetivos; prepara, se necessário, projetos a serem implementados, como, por exemplo, a concepção da forma de tratamento de efluentes; estabelece o cronograma de implantação; define as condições do monitoramento, como a seleção das variáveis a serem monitoradas, os parâmetros físico-químicos que devem ser observados, a faixa de valores esperados (subsidiando-se na legislação vigente), o período e a frequência das atividades de monitoramento, os locais onde serão realizadas as coletas e/ou as medições, as medidas de correção, se necessárias, a equipe técnica requerida (quantidade, especialidades, períodos de atuação), o custo de implantação e operação de cada programa e ainda os parceiros.

Os programas de acompanhamento e monitoramento, geralmente agrupados em um Plano de Gestão Ambiental, juntamente com as medidas e programas de mitigação, constituirão a base do futuro Plano Básico Ambiental (PBA) da obra, a ser desenvolvido para obtenção da Licença de Instalação (LI).

Os programas de acompanhamento podem conter como conteúdo os itens a seguir sugeridos para conteúdo mínimo de um programa de monitoramento de controle ambiental:

- Características gerais do programa.
- Objetivo do programa.
- Período a que se refere o programa.
- Objeto do programa de monitoramento.
- Ações de controle ambiental, adotadas no período.
- Avaliação das ações de controle adotadas no período.
- Ações previstas para o próximo período, com cronograma físico-financeiro e responsáveis.
- Equipe técnica, contendo o nome e a função de cada um no desenvolvimento dos trabalhos.
- Referências bibliográficas.

2.7 Conteúdo do Relatório de Impacto Ambiental (RIMA)

A formatação e o conteúdo do Relatório de Impacto Ambiental são diferentes do EIA e devem atender, obrigatoriamente, às exigências a seguir. Estas diferenças devem-se ao fato de que o RIMA tem função diferente da do EIA, pois se o primeiro serve para subsidiar o poder público no que diz respeito ao licenciamento ambiental, este último tem a função de repassar, à população em geral, informações sobre os impactos ambientais decorrentes da implantação da obra, bem como sobre as medidas propostas para sua mitigação e/ou potencialização e/ou compensação. Segundo a Resolução CONAMA n° 001 de 1986, em seu artigo 9°, que trata do RIMA, ele deve ser apresentado de forma escrita, como um documento à parte do EIA. Nada impede, porém, que, além deste documento, o empreendedor apresente outros meios de comunicação, como filmes, vídeos, maquetes, "mosquitinhos", *folders* etc.

O Relatório de Impacto Ambiental (RIMA) refletirá as conclusões do estudo de impacto ambiental e conterá no mínimo:

1. *Os objetivos e as justificativas do projeto, sua relação e compatibilidade com as políticas setoriais, os planos e os programas governamentais.*

    - Este item já foi comentado anteriormente no EIA, porém, para facilitar o entendimento, volta-se a aprofundar as explicações. Devem ser estudados todos os planos e programas previstos para a região ou área de influência da atividade, a fim de compatibilizar ações e evitar futuras interferências conflitivas. Assim, se houver previsão de criação de uma barragem na área, o projeto rodoviário, ou porto, deverá prever essa situação.

2. *A descrição do projeto e suas alternativas tecnológicas e locacionais, especificando para cada uma delas, nas fases de construção e operação, a área de influência, as matérias-primas e mão de obra, as fontes de energia, os processos e as técnicas operacionais, os prováveis efluentes, as emissões, os resíduos de energia, os empregos diretos e indiretos a serem gerados.*

    - A exemplo do que foi comentado, este item também já foi enfocado, esclarecendo-se, no entanto, que aqui, embora o conteúdo seja um resumo do contido no EIA, a linguagem utilizada tem de ser acessível ao público em geral. Isto equivale dizer que não serão aprovadas cópias ou simples resumos do EIA.

3. *A síntese dos estudos de diagnóstico ambiental da área de influência do projeto.*

    - Deve ser apresentada uma síntese dos resultados do diagnóstico dos meios físico, biológico e socioeconômico da área de influência da obra, adotando-se, entretanto, técnicas "jornalísticas", isto é, com abundância de ilustrações e redação simples e atraente.

4. *A descrição dos prováveis impactos ambientais da implantação e operação da atividade, considerando o projeto, suas alternativas, os horizontes de tempo de incidência dos impactos e indicando os métodos, técnicas e critérios adotados para sua identificação, quantificação e interpretação.*
   - Este item também já foi comentado antes e isso ocorre porque o RIMA reflete as conclusões do EIA. Mesmo assim, deve-se observar que a estrutura não é a mesma: devem ser deixadas de lado as questões metodológicas e referir, caracterizar e qualificar e enfatizar os impactos importantes e suas implicações.

5. *A caracterização da qualidade ambiental futura da área de influência, comparando as situações da adoção do projeto e suas alternativas, bem como a hipótese de sua não realização.*
   - Neste item, o RIMA deve expor, claramente, quais os "cenários evolutivos" da área, com e sem o empreendimento para o conhecimento dos interessados, principalmente daqueles que serão atingidos diretamente.

6. *A descrição do efeito esperado das medidas mitigadoras previstas em relação aos impactos negativos, mencionando aqueles que não puderem ser evitados, e o grau de alteração esperado.*
   - Não basta, consequentemente, enumerar as medidas mitigadoras, mas também os seus efeitos mitigadores e/ou potencializadores delas esperados, bem como os impactos que não poderão ser evitados, além do grau de alteração esperado, no meio ambiente local.

7. *O programa de acompanhamento e monitoramento dos impactos.*
   - Deve constar um resumo do programa de acompanhamento e monitoramento dos impactos, dando-se destaque aos parceiros nesse trabalho, pois é importante que as pessoas estejam esclarecidas sobre as atividades que serão desenvolvidas e como podem participar delas, adotando-se um monitoramento participativo.

8. *Recomendação quanto à alternativa mais favorável (conclusões e comentários de ordem geral).*
   - Novamente deve ser enfatizada a alternativa escolhida e as razões que levaram à sua escolha.

Segundo a Resolução CONAMA nº 001, de 1986, ao se referir à acessibilidade: o RIMA deve ser apresentado de forma objetiva e adequada à sua compreensão. As informações devem ser traduzidas em linguagem acessível,

RIMA
Relatório de Impacto Ambiental

Pequena Central Hidrelétrica
RIO FACHADA

Luis Filipe Sousa Dias Reis • Sandra Mara Pereira de Queiroz • José Antonio Urroz Lopes

IMPACTOS NEGATIVOS

ALTERAÇÃO DAS CONDIÇÕES DA QUALIDADE DE VIDA

Com a aglomeração de operários também ocorrerá acúmulo de lixo e e outros dejetos que, além de atrair animais causadores de doenças, podem poluir os rios da região, o que pode incomodar a população local. Além disso, toda a movimentação e poluição atmosférica (fumaça de caminhão, poeira, barulho etc.) podem causar problemas de saúde na população residente.

ALTERAÇÃO DAS ATIVIDADES AGRÍCOLAS E PESQUEIRAS

Não há atividades pesqueiras comerciais na região, apenas artesanais e agrícolas que, em virtude de a área alagada ser relativamente pequena, não devem ser muito prejudicadas.

ALTERAÇÃO DO SISTEMA VIÁRIO, INCLUINDO RODOVIAS, FERROVIAS, HIDROVIAS E AEROPORTOS

Atualmente não há rodovias, ferrovias ou hidrovias, ou seja, trata-se de uma região tranquila com relação à circulação de veículos. Mais isto deve mudar, pois serão construídas estradas por onde passarão caminhões e tratores para construir a usina e que devem continuar com menor intensidade durante a operação.

POTENCIALIDADE DE ACIDENTES COM A POPULAÇÃO LOCAL E TEMPORÁRIA

Atualmente não há muitas pessoas vivendo na região, porém, com o aumento da carros, caminhões e tratores na construção da usina, deve aumentar também o risco de acidentes e atropelamentos.

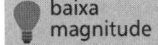

---

baixa magnitude | média magnitude | alta magnitude | fase de construção | fase de operação

IMPACTOS NEGATIVOS

CONTRIBUIÇÃO PARA EXTINÇÃO DE ESPÉCIES

Tanto as obras como a operação da usina devem trazer intensa movimentação de pessoas e veículos, além de revolvimento de terra e desmatamento, o que deve espantar para longe animais como abelhas, besouros, aves e outros que polinizam e espalham sementes das espécies nativas. Sem reproduzir, elas podem ser extintas localmente.

FRAGMENTAÇÃO DE *HABITATS*, INSULARIZAÇÃO, PERDA DE CONEXÃO ENTRE FRAGMENTOS E REDUÇÃO DA VARIABILIDADE GENÉTICA

Quando for retirada parte da vegetação para construir estradas, usina ou reservatório, vai acontecer de isolar partes de mata que eram unidas. Assim, espécies vegetais de um lado não poderão se reproduzir com as do outro, reduzindo a diversidade de indivíduos de cada espécie (biodiversidade) de ambos os lados e assim torná-la geneticamente pobre.

MUDANÇA DE PAISAGEM (AMBIENTE)

Imagine a construção da usina: carros, tratores, caminhões e pessoas circulando. A paisagem deverá mudar bastante em relação ao que é hoje.

PERDA DA DIVERSIDADE BIOLÓGICA

Se a área de vegetação nativa vai ficar menor (pelo desmatamento), haverá menor quantidade de espécies e assim reduzirá a biodiversidade.

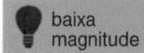

baixa magnitude • média magnitude • alta magnitude • fase de construção • fase de operação

LUIS FILIPE SOUSA DIAS REIS • SANDRA MARA PEREIRA DE QUEIROZ • JOSÉ ANTONIO URROZ LOPES

IMPACTOS POSITIVOS

AUMENTO DO CONHECIMENTO CIENTÍFICO SOBRE A FLORA E A FAUNA

Os estudos realizados e ainda a serem realizados devido à construção desta usina já ajudam a conhecer melhor os animais e os vegetais da região, o que pode vir a ser útil na hora de criar novas áreas de conservação.

ALTERAÇÃO DA PRODUÇÃO DE UNIDADES INDUSTRIAIS

A construção da usina necessitará de cimento, areia, pedras, outros materiais e operários. Assim, quem é envolvido na fabricação deste tipo de material deve ser beneficiado com empregos e renda.

ALTERAÇÃO DAS ATIVIDADES COMERCIAIS E DE SERVIÇOS

Será necessária muita mão de obra para construir a usina, principalmente operários com melhor qualificação e alguns especializados. Assim, a oferta de empregos deve aumentar, o que será muito benéfico em se considerando ser uma região empobrecida. Cada emprego gerado deverá estimular a economia local, e, assim, a geração de empregos indiretos. Com emprego, a população local terá mais dinheiro e acesso a bens de consumo, melhorando sua qualidade de vida.

ALTERAÇÃO DAS FINANÇAS MUNICIPAIS

Com mais dinheiro circulando na economia local, mais impostos serão arrecadados pelas prefeituras que, assim, terão mais para investir em educação, saúde e infraestrutura, e desta forma a vida da população tenderá a melhorar.

ALTERAÇÃO DO SISTEMA DE TRANSMISSÃO E DISTRIBUIÇÃO DE ENERGIA ELÉTRICA

O objetivo da usina é gerar energia para o Brasil crescer, causando o menor impacto possível. Assim, a disponibilidade de energia deve ser um impacto positivo.

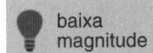

baixa magnitude | média magnitude | alta magnitude | fase de construção | fase de operação

IMPACTOS NEGATIVOS

Impacto	Magnitude	Fase
ALTERAÇÃO DA DINÂMICA DO AMBIENTE	média	construção e operação
ALTERAÇÃO DA QUALIDADE DE ÁGUA SUBTERRÂNEA (REFERÊNCIA RESOLUÇÕES CONAMA E POTABILIDADE)	baixa	operação
ALTERAÇÃO DA QUALIDADE DE ÁGUA SUPERFICIAL (REFERÊNCIA RESOLUÇÕES CONAMA)	baixa	operação
ALTERAÇÃO DA QUANTIDADE DE ÁGUA SUBTERRÂNEA	média	operação
ALTERAÇÃO DA QUANTIDADE DE ÁGUA SUPERFICIAL	alta	operação
ALTERAÇÃO DO FLUXO DE RECARGA DE ÁGUA SUBTERRÂNEA	média	operação
ALTERAÇÃO DO NÍVEL DO AQUÍFERO LIVRE	baixa	operação
ALTERAÇÃO NOS USOS DA ÁGUA	baixa	construção e operação
AUMENTO DO ASSOREAMENTO DAS ÁGUAS SUPERFICIAIS	alta	construção e operação
ALTERAÇÃO DAS CONDIÇÕES GEOTÉCNICAS	alta	construção e operação
SISMICIDADE	baixa	operação
ALTERAÇÃO DO USO DO SOLO	média	construção e operação
EROSÃO NAS ENCOSTAS	alta	construção e operação
EROSÃO SUPERFICIAL	alta	construção e operação

Legenda: baixa magnitude, média magnitude, alta magnitude, fase de construção, fase de operação

Luis Filipe Sousa Dias Reis • Sandra Mara Pereira de Queiroz • José Antonio Urroz Lopes

ilustradas por mapas, cartas, gráficos e demais técnicas de comunicação visual, de modo que se possam entender as vantagens e as desvantagens do projeto, bem como todas as consequências ambientais de sua implementação.

Como exemplo didático, a seguir são apresentadas ilustrações de um RIMA hipotético. As contribuições foram do médico veterinário Fernão Diego de Souza Lopes, que vem trabalhando na área de educação e saúde pública e se responsabiliza pelos resumos do EIA e consequentemente pela "linguagem acessível" do RIMA; a parte gráfica é de autoria de Rafael Jaime Sunyé Guinart, artista plástico e responsável pelo *design* gráfico; *webdesign*; projeto gráfico; criação; editoração eletrônica; tratamento de imagens; pré-impressão e também pela publicidade e apoio didático.

2.8 Audiências Públicas[2]

As audiências públicas têm caráter consultivo e estão previstas na Resolução do CONAMA nº 009 de 1987. Elas devem ocorrer após um prazo mínimo de 45 dias contados da data da entrada oficial do EIA e do RIMA no órgão ambiental responsável pela condução do processo de licenciamento ambiental. Este procedimento tem por finalidade assegurar que haja prazo hábil para que as pessoas possam conhecer esses documentos.

As audiências públicas são, sempre, exigidas pelos poderes públicos das esferas federal, estadual ou municipal (órgãos licenciadores), ou Ministério Público, podendo, também, ser requeridas por organizações não governamentais (ONGs), ou através dos pedidos formais de 50 ou mais cidadãos.

Após receber o EIA e o RIMA, o órgão ambiental fixará em edital, publicado no Diário Oficial do Estado e em jornal de grande circulação regional ou local, a data das audiências públicas ou a abertura de prazo para sua solicitação pelos interessados, observando, em qualquer das hipóteses, prazo não inferior a 45 dias a partir da data da publicação do mesmo edital. É importante ressaltar que, se houver um pedido protocolado de audiências públicas), anterior à emissão da licença ambiental, esta não terá validade.

As audiências públicas serão realizadas sempre nos municípios ou área de influência direta do empreendimento, atividade ou obra, em local acessível aos interessados, dando-se prioridade, no caso de escolha, ao município onde os impactos ambientais forem mais significativos. Em função da

---

[2] A audiência pública é um procedimento usual quando o processo de licenciamento ambiental foi submetido à AIA, no entanto, a critério do órgão licenciador, poderá ser realizada reunião pública anterior à audiência pública, para debater planos, programas e projetos e demais aspectos do EIA e do RIMA.

localização geográfica dos solicitantes da audiência pública ou da complexidade do tema, poderão ser marcadas mais de uma audiência pública; isto é, particularmente, verdadeiro, no caso de obras lineares, como rodovias e ferrovias. A divulgação do evento deve ser ampla, com data e horário adequados a fim de motivar a participação pública, isto é, de todos os cidadãos, especialmente daqueles que, de forma direta ou indireta, poderão vir a ser afetados ou beneficiados pelo empreendimento, atividade ou obra, bem como representantes de órgãos e instituições envolvidos ou interessados no projeto.

Em função da complexidade do tema, da insuficiência de elementos administrativos, técnicos ou científicos, da exiguidade do tempo, ou da existência de outros fatores que transtornem ou prejudiquem a conclusão dos trabalhos, a audiência pública poderá ser suspensa. Superados os problemas, ela terá continuidade, preferencialmente no mesmo local, em data e hora a serem fixadas pelo órgão ambiental, com a mesma publicidade da primeira convocação.

Os assuntos ou questionamentos não esclarecidos durante a realização das audiências públicas serão encaminhados pela coordenação dela a quem de direito, solicitando que os esclarecimentos necessários sejam enviados diretamente ao interessado, com cópia para o órgão ambiental.

As audiências públicas costumam ser gravadas por meios sonoros e visuais, sendo que as fitas de vídeo, contendo a gravação sonora e as imagens, constituirão memória integral das audiências públicas realizadas e ficarão à disposição dos interessados para consulta. Ao final de cada audiência pública, é lavrada uma ata sucinta, à qual serão anexados os documentos, escritos e assinados, que forem entregues ao coordenador dos trabalhos durante a seção, juntamente com as gravações realizadas. Também é usual haver à disposição uma lista de presença dos participantes para que estes a assinem se o desejarem.

Todos esses documentos costumam fazer parte do processo de licenciamento ambiental e subsidiarão, juntamente com o EIA e o RIMA, a análise e a decisão final do órgão ambiental quanto à aprovação ou não do projeto.

A convocação para as audiências públicas deverá ocorrer com antecedência de pelo menos 20 dias, havendo ampla divulgação, nos meios de comunicação e junto à comunidade diretamente afetada, e, em caso de solicitação, através de correspondência registrada ao solicitante.

Os convidados à participação nas audiências públicas através de convites enviados pelo Correio deverão ser feitos por carta registrada. Os registros de cada um dos envelopes enviados também constituirão parte da documentação que estará compondo o processo administrativo do licenciamento ambiental.

2.9 Principais Diferenças entre EIA e RIMA

O EIA e o RIMA, embora sejam peças fundamentais da Avaliação do Impacto Ambiental (AIA), apresentam, entre si, algumas diferenças, apesar de serem documentos complementares, isto é, documentos que só são efetivos em conjunto.

Assim, segundo MACHADO (1999), destacam-se alguns aspectos que convém enumerar:

> "O EIA é de maior abrangência que o RIMA e o engloba a si mesmo;
>
> (1) Refere, ainda MACHADO que 'a partir de 22.12.97, quando entrou em vigência a Resolução CONAMA nº 237/97, quem tem responsabilidade pela elaboração do Estudo Prévio de Impacto Ambiental é o empreendedor'. Pela Resolução CONAMA nº 001/86, esta responsabilidade era da competência da equipe multidisciplinar, passando, agora, o empreendedor a responder criminalmente pela idoneidade do Estudo Prévio de Impacto Ambiental (EPIA)".

O EIA compreende o levantamento da literatura científica e legal pertinente, trabalhos de campo, análises laboratoriais e a própria redação do relatório; segundo o autor, e citando a Resolução CONAMA nº 001/86, art. 9º, o Relatório de Impacto Ambiental (RIMA) refletirá as conclusões do estudo de impacto ambiental, ficando patenteado que o EIA precede o RIMA e é seu alicerce de natureza imprescindível. O RIMA expressa, por escrito, as atividades totais do EIA e, dissociado deste, perde a validade.

2.10 Procedimentos de Condução do Processo de AIA

É evidente que o processo de avaliação de impactos ambientais é uma poderosa ferramenta de controle ambiental, principalmente porque a ela está atrelado o licenciamento ambiental. Ele é exigido, como já referido, sempre na fase de planejamento da obra, atividade ou empreendimento e, portanto, antes da emissão da LP.

Inicia-se quando o interessado dá entrada no pedido de Licença Prévia. O processo de AIA deverá ser exigido em função das características da atividade ou do local onde será implantado, ou de ambos.

O interessado costuma ser comunicado, através de ofício, da exigência do EIA e do RIMA, bem como dos motivos que levaram o órgão ambiental a exigi-los.

Após a entrega ao órgão ambiental do EIA e do RIMA, a este cabem as tarefas a seguir:

- Avaliar se o que está sendo entregue está de acordo com as exigências do órgão ambiental, ou seja, se a equipe interdisciplinar assinou as cópias do EIA e do RIMA; se as páginas estão todas rubricadas pelo coordenador do trabalho; se está discriminado o número do Conselho de Classe de toda a equipe interdisciplinar etc. Caso isso não se verifique, o EIA e o RIMA serão devolvidos ao interessado, indicando as não conformidades.
- Iniciar o processo de avaliação do EIA e do RIMA, por uma equipe interdisciplinar do órgão ambiental, designada através da portaria do presidente.
- Remeter cópias do EIA e do RIMA, para as prefeituras envolvidas no processo de AIA para posteriormente colher seus pareceres finais que serão utilizados para a tomada de decisão e que deverão constar do processo de licenciamento ambiental da atividade.
- Remeter cópias do EIA e do RIMA aos outros órgãos oficiais que poderão ser afetados pelo empreendimento para posteriormente colher seus pareceres finais, que serão utilizados para tomada da decisão, que deverão ambém constar do processo de licenciamento ambiental da atividade.
- Proceder vistorias técnicas ao local onde está sendo pleiteada a implantação e/ou construção do empreendimento.
- Realizar reuniões de discussão interna e com a comunidade para colher subsídios para a decisão final.
- O órgão ambiental será responsável por todo o processo de audiências públicas que for necessário, para assegurar transparência e participação popular.
- Elaborar o parecer final conclusivo, do processo de AIA, com assinatura de todos os técnicos responsáveis por sua elaboração e encaminhamento à decisão final, do qual deve constar no mínimo:
    - ✓ Nome do empreendimento, objetivo, justificativa e histórico do processo.

- ✓ As medidas mitigadoras aprovadas pelo órgão ambiental e que deverão ser implementadas pelo empreendedor.
- ✓ Os programas aprovados.
- ✓ As medidas de compensação que serão implementadas e as demais exigências.
- ✓ Prazos e responsáveis.
- ✓ A equipe interdisciplinar que analisou o EIA e o RIMA.
- ✓ A conclusão.

Para análise e avaliação do EIA e do RIMA, o órgão ambiental tem, usualmente, um prazo igual a um terço do utilizado para a elaboração deles, não podendo, entretanto, de acordo com a Resolução do CONAMA n° 001, de 1986, ser menor que 45 dias para a manifestação conclusiva sobre os estudos apresentados.

Nos termos da Resolução do CONAMA n° 001/86, o EIA e o RIMA deverão ser acessíveis à consulta pública. As cópias do EIA deverão estar à disposição dos interessados, nos centros de documentação ou biblioteca da sede do órgão licenciador, inclusive durante o período de análise técnica e da Prefeitura que sediará o projeto. Por outro lado, para a obtenção do direito de "sigilo industrial", reconhecido pela mesma Resolução do CONAMA, o interessado deverá explicitá-lo formalmente. Não basta haver um capítulo do EIA descrevendo "algo" sigiloso (e/ou anotado "SIGILOSO", no corpo do EIA). Deverá existir, no processo administrativo de licenciamento ambiental da atividade, a declaração formal deste pedido de sigilo.

Os órgãos públicos que manifestarem interesse, ou tiverem relação direta com o projeto (IPHAN, FUNAI, IBAMA, INFRAERO etc.), receberão, do interessado, a cópia do RIMA para seu conhecimento e eventual manifestação, o que impõe que o número de cópias do RIMA seja, consequentemente, maior, para atender a toda essa demanda. Por outro lado, ao determinar a execução do EIA e apresentação do RIMA, o órgão ambiental determinará o prazo para recebimento dos comentários a serem feitos pelos órgãos públicos e demais interessados e, sempre que julgar necessário, promoverá a realização de audiências públicas para informação sobre o projeto e seus impactos ambientais e discussão do RIMA. Essa fase de comentários, que é aquela que precede à homologação da licença ambiental, deverá ser de, no mínimo, 45 dias antes da audiência pública, de acordo com a Resolução n° 009/87 do CONAMA. Ela tem por finalidade fornecer subsídios às manifestações das pessoas que eventualmente queiram se fazer presentes no processo de licenciamento ambiental.

2.11 Envolvidos no processo de AIA

Num processo de AIA envolvendo, obrigatoriamente, EIA (Estudo de Impacto Ambiental) e RIMA (Relatório de Impacto Ambiental), diversos são os personagens/entidades/atores envolvidos. LOPES (1999), no Seminário Nacional sobre a Variável Ambiental em Obras Rodoviárias, abordou esta questão e apontou outros participantes deste processo que complementaram a primeira lista apresentada na primeira edição deste livro:

ÓRGÃO AMBIENTAL LICENCIADOR: federal, estadual ou municipal, responsável pela condução do processo de licenciamento ambiental, bem como do processo de condução do AIA.

MINISTÉRIO PÚBLICO: Promotoria e Procuradoria Pública, responsáveis pela fiscalização do exercício da lei, e que fiscalizam o processo de licenciamento e avaliação de impactos ambientais.

EMPREENDEDOR OU PROPRIETÁRIO: entidade, jurídica ou física, interessada pelo licenciamento ambiental que pode ser uma entidade pública ou privada e que é quem contrata o EIA e o RIMA e que será responsável pela implementarção da obra ou atividade, caso esta venha a ser licenciada.

EQUIPE INTERDISCIPLINAR: consultores envolvidos no processo de avaliação, que podem ser independentes ou vinculados a uma pessoa jurídica e que constituem a equipe responsável pela elaboração do EIA e do RIMA. O art. 7º da Resolução CONAMA nº 001/86 preconizava a necessidade de o EIA ser realizado por uma equipe técnica independente, direta ou indiretamente, do proponente do projeto e que seria responsável tecnicamente pelos resultados apresentados. A Resolução CONAMA nº 237/97 em seu art. 21º revogou essa disposição. Conforme cita MACHADO (1999), com a revogação do art. 7º da Resolução CONAMA 001/86 deve ser aplicado o Decreto nº 99.274 de 6/6/90, que diz em seu art. 17º, *caput* 2º:

> "O Estudo de Impacto Ambiental será realizado por técnicos habilitados e constituirá o Relatório de Impacto Ambiental (RIMA)", correndo as despesas à conta do proponente do projeto.

ENTIDADES NÃO GOVERNAMENTAIS: grupos sociais organizados com a finalidade de proteger os ecossistemas, as espécies (flora e fauna), sítios ou outros grupos de riqueza cultural, costumam ser bastante atuantes no processo de AIA, incluindo participação na audiência pública.

POPULAÇÃO AFETADA: grupo de pessoas que, direta ou indiretamente, será afetado pela implantação do projeto, obra ou atividade.

INSTITUIÇÕES GOVERNAMENTAIS: outros órgãos do governo que devem ser ouvidos quando necessário: IBAMA, SEMA, Secretarias Municipais do Meio Ambiente, órgão responsável pelo saneamento do Estado ou Município, órgão responsável pelo serviço público de moradias, pela distribuição de energia, pelo setor de transporte etc.

CONSULTORES AUTÔNOMOS: especialistas que podem ser contratados para auxiliar na elaboração e/ou análise do EIA e do RIMA.

AGÊNCIA FINANCEIRA: alguns empreendimentos, usualmente de infraestrutura, recebem apoio financeiro de bancos internacionais como BIRD e o BID. Estes, por sua vez, participam ativamente do processo de AIA e também do controle ambiental das obras por eles financiadas.

EMPREITEIRO: o construtor da obra ou atividade é o agente que deve implantar as obras de controle ambiental, incluindo as medidas mitigadoras.

POLÍTICOS: os que participam normalmente são aqueles da região onde estará sendo desenvolvido o projeto ou a obra.

MÍDIA EM GERAL: jornalistas, publicitários, comunicadores que estarão se referindo ao público em geral através de notícias de rádio e televisão (imprensa falada), ou ainda publicando notícias sobre a obra, projeto ou empreendimento em jornais e revistas.

Capítulo 3

Supervisão Ambiental

Embora a contratação de supervisão técnica seja um procedimento bastante utilizado no Brasil desde a década de 1970 em obras de infraestrutura (notadamente em serviços de engenharia viária e energética), a supervisão contratada é relativamente nova quando aplicada à área ambiental. Esse fato se deve, precipuamente, a que a importância da própria questão ambiental em obras é também relativamente recente (final do século passado). Quando da implantação da Linha Verde, em Curitiba (2007 a 2010), uma experiência nesse sentido foi levada a cabo pela Prefeitura Municipal que a exigiu, *pari-passu* com a Supervisão Técnica. A partir da elaboração de um EIA-RIMA que serviu como instrumento para a primeira fase do licenciamento ambiental (LP), foi elaborado um Plano Básico Ambiental (PBA), para dar suporte à Licença de Instalação (LI). Durante a fase de execução da obra, a implantação dos programas constantes do PBA foi acompanhada e monitorada diariamente por técnicos da área, o que permitiu, em última análise, o cumprimento de uma exigência básica da legislação para a concessão da Licença de Operação (LO) da via.

Para o atendimento ao dia a dia da obra e, com base nos programas constantes do PBA, foi elaborado um *check-list* que permitiu a verificação do atendimento aos quesitos previstos. Este *check-list* é apresentado a seguir como exemplo de um tal tipo de trabalho. Por outro lado, para permitir uma avaliação da qualidade dos trabalhos (e não somente de sua execução ou não), foi adaptada uma metodologia de avaliação da qualidade ambiental da obra que, sob o título *Uma Metodologia Semiquantitativa Aplicada ao Processo de AIA, à Supervisão Ambiental e Outros Trabalhos Técnicos na Área*, é exposta em detalhe no Capítulo 4.

3.1 Atendimento aos Aspectos Legais

Verificar:
- o licenciamento ambiental, bem como os prazos de validade, possíveis necessidades de renovação ou novos licenciamentos;

- o atendimento e a compatibilização com as conclusões do EIA e RIMA;
- o atendimento e a compatibilização com as conclusões do PBA;
- o atendimento às exigências de autorizações ambientais decorrentes do licenciamento ambiental;
- o atendimento às indenizações;
- os procedimentos de salvamento arqueológico;
- o atendimento ao plano de ataque da obra;
- o atendimento ao plano de controle ambiental da empreiteira; e
- o atendimento ao plano de comunicação para a população de entorno.

3.2 Atendimento às Exigências do Licenciamento Ambiental

Verificar:
- se as cópias das licenças ambientais decorrentes das obras estão na obra;
- o prazo de validade e o atendimento ao conteúdo das licenças ambientais de fontes de materiais como jazidas e pedreiras;
- o prazo de validade e o atendimento ao conteúdo da licença ambiental do canteiro central da empreiteira;
- o prazo de validade e o atendimento às exigências da licença ambiental dos locais para onde serão destinados os materiais decorrentes das demolições: solos, agregados, camada asfáltica etc.; e
- o prazo de validade e o atendimento ao conteúdo das autorizações ambientais.

3.3 Programa de Comunicação Social

Verificar se estão sendo realizados reuniões e/ou outros eventos de Comunicação Social a fim de interagir com a população diretamente afetada pelas obras.

3.4 Programa de Educação Ambiental

Verificar se a Secretaria Municipal de Meio Ambiente (SMMA) está realizando os subprogramas de:

- Educação ambiental para multiplicadores.
- Educação ambiental para a comunidade.
- Educação ambiental para trabalhadores da obra, que deveriam abordar temas tais como:
  - conservação da faixa de domínio;
  - relação com a comunidade;
  - controle de erosão;
  - recursos locais;
  - prevenção, contenção e controle de derramamentos;
  - proteção de flora e fauna;
  - proteção dos recursos culturais;
  - atendimento ao programa de contingência a acidentes ambientais; e
  - qualidade ambiental do meio físico.

3.5 Programa de Supervisão Ambiental

Verificar:

- as ações desenvolvidas para minimizar o desconforto dos usuários;
- o efetivo controle da qualidade das águas superficiais, através de atividades, como, por exemplo: implantação de mantas de contenção de resíduos; coleta de lançamento ou derrames de óleos, graxas e materiais betuminosos; coleta de efluentes industriais etc.;
- a adequação dos procedimentos na remoção de camada vegetal e de árvores;
- a correta movimentação de materiais;
- a eliminação de passivos ambientais; e
- o controle de emissões sonoras.

3.5.1 Subprograma de Gerenciamento Ambiental do Canteiro de Obras

Verificar:

- a localização adequada do canteiro principal de obras;
- a adequação da localização dos canteiros móveis de obras;
- a presença de lixo no canteiro e no entorno do acampamento (separação, transporte e disposição final);

- a alteração da qualidade das águas dos locais de canteiros (captação e disposição final);
- a queima de materiais não degradáveis (lixo e/ou resíduos de obras);
- se a emissão de ruídos, gases e poeiras estava de acordo com a legislação ambiental vigente;
- a implantação de equipamentos para coleta e separação de graxas; óleos etc. (caixas de separação);
- a coleta e disposição de resíduos dos canteiros móveis.
- a interferência com equipamentos urbanos;
- o abastecimento dos canteiros (comida, água etc.);
- a qualidade do transporte dos trabalhadores;
- a contratação de mão de obra local e a infraestrutura disponível para mão de obra de fora;
- o desenvolvimento do código de conduta dos trabalhadores;
- a excelência do relacionamento com as comunidades lindeiras;
- a perturbação do cotidiano das comunidades vizinhas;
- o lançamento de esgotos e também das unidades móveis; verificar também a implantação de caixas coletoras;
- a movimentação de solos (turbidez e cor), verificando se a empreiteira instalou barreiras de siltagem, caixas de retenção, valas provisórias, cobrimento de taludes com lona plástica etc.;
- a implantação de obras para proteção de taludes; e
- a implantação do sistema de drenagem.

3.5.2 Subprograma de Gerenciamento da Manutenção de Veículos, Manipulação de Combustíveis e Materiais Betuminosos e Disposição de Óleos Usados

Verificar:
- a experiência e treinamento do pessoal da obra;
- a comunicação visual (cartazes, *folders* etc.);
- a manutenção de emergência como convênios com hospitais e ambulâncias locais;
- a utilização correta de EPIs;
- os procedimentos de segurança;

- o atendimento ao plano operacional da empresa para gerenciamento de resíduos;
- a manutenção preventiva e o controle dos equipamentos e veículos, como limpeza das máquinas antes de sua movimentação para outras frentes ou canteiros;
- a utilização de veículos especializados para abastecimento e lubrificação;
- o planejamento de locais, que não ofereçam riscos de contaminação, para paradas e abastecimento de veículos e equipamentos;
- o uso de vasilhas, aparadores etc. para evitar pequenos vazamentos;
- a lavagem de caminhões concreteiros em locais adequados;
- a reciclagem de materiais, resíduos de concreto, óleos, materiais asfálticos etc.;
- a preparação de materiais;
- o destino dos materiais (venda, troca, doação, reaproveitamento, disposição temporária e final);
- o local de armazenamento dos materiais, entre os intervalos da retirada;
- os contratos com empresas e/ou pessoas responsáveis por coleta – reciclagem de materiais;
- o modo de separação dos materiais, verificando se possuem contêineres especialmente adaptados aos escritórios da empreiteira; e
- se os caminhões da empreiteira estão cobrindo as cargas de resíduos com lona plástica, para evitar poluição, poeiras ou queda de resíduos (solo, argila, restos de materiais de construção civil, restos de árvores etc.).

3.5.3 Subprograma de Saúde e Segurança no Trabalho

Verificar:
- convênios com instituições e planos de saúde;
- posto de atendimento de primeiros socorros nos canteiros móveis;
- educação para saúde a fim de prevenir:
    - ✓ acidentes no trabalho;
    - ✓ acidentes no trânsito;
    - ✓ acidentes com animais peçonhentos;

- ✓ doenças sexualmente transmissíveis;
- ✓ doenças e endemias da área de influência.

- o desenvolvimento de ações para manutenção de hábitos de higiene, prevenção de alcoolismo, drogas etc.;
- o serviço de resgate e atendimento de emergência;
- a implantação de instalações saudáveis;
- a realização de exames clínicos e laboratoriais para admissão;
- a elaboração de mapas de risco (Portaria nº 25 de 29/12/94 do MT – Responsabilidade da CIPA) e afixação em locais de fácil visualização;
- a instalação de programas de vacinação dos trabalhadores;
- a manutenção de um sistema de consultas com médicos e dentistas;
- o fornecimento de medicamentos necessários ao controle de doenças dos trabalhadores;
- o encaminhamento de pacientes à rede de saúde;
- a elaboração e implantação do PMSCO (Programa de Controle Médico de Saúde Ocupacional);
- a elaboração e implantação do PPRA (Programa de Prevenção de Riscos Ambientais);
- a elaboração e implantação do PCMAT (Programa de Controle das Condições e Meio Ambiente de Trabalho);
- a criação e manutenção (20 anos) do prontuário médico;
- a criação de banco de dados de acidentes de trabalho, doenças ocupacionais e agentes de insalubridade;
- o desenvolvimento e implantação de planos de controle de catástrofes, combate a incêndios e atenção a vítimas de acidentes;
- a implantação da sinalização de segurança;
- o treinamento para o uso de máquinas e equipamentos;
- o treinamento para o uso de EPIs; e
- o controle de roedores e vetores.

3.5.4 Subprograma de Segurança Operacional no Período de Obras

Verificar:

- o atendimento ao horário de trabalho proposto pelo órgão oficial, respeitando o horário de descanso da população;

- o programa de trabalho, que deverá incluir:
  - ✓ horários de interrupção de tráfego;
  - ✓ opções de acesso aos desvios;
  - ✓ rotas alternativas; e
  - ✓ trechos perigosos.
- o cronograma de intervenções;
- em caso de detonações: sinalização, avisos etc.;
- a orientação à população: Programa de Comunicação e Integração Social;
- a indicação de locais e períodos críticos;
- a sinalização das obras, verificando:
  - ✓ a submissão aos órgãos responsáveis, dos projetos de sinalização provisória, antes do início das obras;
  - ✓ a instalação de sinais antes do início das obras e sua manutenção pelo tempo necessário, verificando também sua remoção após o término da tarefa, obra, restrição etc. a que ele se referia;
  - ✓ se a sinalização não interfere nas distâncias de visibilidade e não limita as condições operacionais do segmento, utilizando como por exemplo: cercas plásticas, passarelas provisórias, barreiras plásticas;
- se há o necessário reforço do pavimento em desvios.

3.5.5 Subprograma de Contingência a Acidentes Ambientais

Verificar:
- a análise e o cadastro das infraestruturas;
- a identificação das instituições públicas e privadas envolvidas e/ou interessadas;
- a identificação das possíveis ocorrências que possam sinalizar eventuais acidentes (odor, vazamentos, mudanças de cor de água etc.);
- a identificação dos procedimentos emergenciais;
- o detalhamento desses procedimentos;
- a elaboração do plano de remanejamentos;
- dar conhecimento do plano de contingência às pessoas envolvidas e/ou interessadas;

- elaborar plano prévio de resgate dos produtos vazados e da descontaminação do meio; e
- elaborar plano de monitoramento e controle para a situação inicial.

3.6 Programa de Recuperação Ambiental

- Acompanhar a implantação das obras e atividades de paisagismo, bem como de implantação e revitalização de parques, através do desenvolvimento de atividades, tais como:
  - ✓ o retaludamento e a conformação de superfícies erodidas;
  - ✓ a execução de valetas de proteção e outras obras de drenagem;
  - ✓ o revestimento vegetal por hidrossemeadura ou enleivamento;
  - ✓ a plantação de árvores e arbustos preferencialmente nativos da região; e
  - ✓ o acompanhamento e monitoramento da eliminação de passivos ambientais.

3.7 Projeto Básico Ambiental

3.7.1 Desenvolvimento de obras e atividades temporárias de proteção ambiental.

Verificar:

1. A proteção ambiental do canteiro de obras, através da aplicação de:
- saneamento;
- tratamento do lixo:
  - ✓ lixo do canteiro;
  - ✓ resíduos das usinas de solo, asfalto e concreto;
  - ✓ resíduos das instalações de britagem;
  - ✓ resíduos das oficinas;
  - ✓ resíduos das remoções de pavimentos; e
  - ✓ resíduos das remoções de camadas de solos.

2. O manejo ambiental das unidades administrativas.

Verificar:
- o licenciamento de usinas de asfalto, solos, concreto e instalações de britagem;
- o tratamento de efluentes ou sua correta ligação à rede pública de esgotos;

- a coleta e seleção de resíduos sólidos;
- o encaminhamento dos resíduos sólidos para reciclagem;
- o uso adequado de sanitários químicos para canteiros móveis;
- a utilização de caixas coletoras e separadoras de óleos e graxas;
- a utilização de caixas de areias para lavagem de betoneiras;
- a reciclagem da areia das caixas de lavagem;
- a instalação de coletores de resíduos sólidos com cores padrão:
  - ✓ papel/papelão – azul;
  - ✓ metais – amarelo;
  - ✓ vidro – verde; e
  - ✓ plástico – vermelho.
- o acondicionamento em contêineres caracterizados por cores padrão;
- a identificação dos coletores e locais de armazenagem (nº NBR 7.500);
- a identificação dos recipientes, contêineres e abrigos para contêineres segundo a Resolução CONAMA nº 275/01;
- a coleta de resíduos orgânicos por empresa especializada;
- a devolução de pilhas, baterias etc. aos fabricantes;
- a seleção e a deposição de madeiras para reaproveitamento ou doação;
- a seleção e a deposição de metais para reaproveitamento ou doação; e
- o encaminhamento de restos de fresagem, concreto e de agregados para os bota-foras licenciados.

3.7.2 Projeto de Obras e Atividades Temporárias de Proteção Ambiental

Verificar a existência de:
- valas provisórias nas cristas e pés de cortes e pés de aterros;
- bueiros provisórios em caminhos de serviço e acessos necessários;
- barreiras de siltagem com geotêxtil, visando à proteção de:
  - ✓ áreas de solos decobertos;
  - ✓ áreas de bosque;
  - ✓ cursos d'água; e
  - ✓ áreas desvegetadas.
- caixas de retenção;

- cobertura de taludes com revestimento em lona de polietileno;
- cobertura vegetal com hidrossemeadura;
- remoção, transporte e estocagem de camada vegetal e solo;
- estocagem de materiais granulares;
- remoção, transporte e deposição de árvores e outros materiais vegetais, buscando:
  ✓ priorizar o transplante;
  ✓ efetuar desbaste, selecionando copa e tronco; e
  ✓ avisar a prefeitura para a remoção.
- instalação de passarela provisória de madeira sobre valas de drenagem;
- instalação de cerca provisória em tela plástica;
- instalação de barreira plástica; e
- cerca plástica desmontável.

3.7.3 Projeto de Obras e Atividades Permanentes de Proteção Ambiental

Verificar:
- bueiros tubulares de concreto;
- sarjetas de concreto simples;
- valetas de proteção;
- descidas d'água em degraus;
- enrocamentos de pedra arrumada;
- limpeza de superfícies de taludes;
- conformação e regularização das superfícies e arredondamento de crista de taludes;
- espalhamento de solo orgânico em taludes de cortes;
- espalhamento e conformação de solo;
- carregamento, transporte e disposição de material granular;
- paisagismo – revestimento vegetal e plantio de árvores e arbustos;
- instalação de placas de sinalização ambiental:
- atendimento a acidentes com cargas perigosas;
- valoração de áreas verdes.

Capítulo 4

Metodologia Semiquantitativa Aplicável ao Processo de AIA, à Supervisão Ambiental e a Trabalhos Técnicos na Área

Como consta da Introdução, e pelas razões ali expostas, foi sistematizada por dois dos autores e é aqui descrita, em razão de sua importância para os objetivos deste livro, uma metodologia de avaliação semiquantitativa de impactos ambientais aplicável ao processo de AIA em estudos de impacto ambiental, mas que se mostrou também um instrumento valioso em outros trabalhos tais como avaliação comparada de impactos de alternativas e avaliação da qualidade ambiental na implantação de obras de engenharia.

4.1 Metodologia Desenvolvida para Estudos de Impacto Ambiental

Para o processo de detecção dos impactos importantes (passo inicial de qualquer processo de AIA), após a análise das metodologias disponíveis (descritas brevemente no Item 2 do Capítulo 3), optou-se pelo emprego de uma matriz tipo "Leopold", cujo ponto crucial reside na seleção das "atividades" importantes que serão desenvolvidas para a execução da obra e dos "fatores" ambientais impactáveis que, a elas, serão expostos, o que exige colaboração de toda a equipe envolvida e a utilização de outros métodos usuais, como: *ad hoc*, *check-lists* etc. Por razões óbvias, essa matriz foi chamada de "matriz de identificação", uma vez que dela resulta, apenas, uma listagem de impactos espectáveis.

Um exemplo desse tipo de matriz é apresentado em anexo (Quadro 4.1), retirado de um estudo de impacto ambiental elaborado para ampliação e modernização de uma estrutura portuária.

No Quadro 4.2 são explicitados os impactos correspondentes aos números constantes do Quadro 4.1:

Capítulo 4: Metodologia Semiquantitativa

Quadro 4.1: Matriz de identificação dos impactos ambientais *(continua)*

Ações potencialmente impactantes → / Fatores ambientais impactantes ↓	Construção								Operação						Desativação
	Instalação do canteiro de obras	Mobilização do pessoal, equipamento, máquinas e veículos	Prolongamento do cais oeste	Dragagem e aterramento do retroporto	Dragagem da bacia de evolução	Dragagem de aprofundamento do canal de acesso	Derrocamento da Pedra de Palangana	Execução de obras civis	Navegação pelos canais da Galheta e Antonina	Acostamento de navios	Carga e descarga de navios	Serviços de retroporto	Movimentação de cargas nos acessos	Dragagens de manutenção	Encerramento das atividades
1. Paisagem	1		1					1							1
2. Nível de vibrações e qualidade do ar	2	2	2	3	2		2	2	2	2	2	2	2		2
3. Dinâmica das águas da baía			3	3	3	3	3								
4. Qualidade das águas da baía	4	4	4		4	4	4		4	4	4			4	4
5. Qualidade das águas costeiras				5	5	5	5							5	5
6. Morfologia do fundo da baía e da região costeira			6	6	6	6	6							6	

Gestão Ambiental de Empreendimentos

Quadro 4.1: Matriz de identificação dos impactos ambientais (continua)

Fatores ambientais impactantes \ Ações potencialmente impactantes	Construção – Instalação do canteiro de obras	Construção – Mobilização do pessoal, equipamento, máquinas e veículos	Construção – Prolongamento do cais oeste	Construção – Dragagem e aterramento do retroporto	Construção – Dragagem da bacia de evolução	Construção – Dragagem de aprofundamento do canal de acesso	Construção – Derrocamento da Pedra de Palangana	Construção – Execução de obras civis	Construção – Navegação pelos canais da Galheta e Antonina	Operação – Acostamento de navios	Operação – Carga e descarga de navios	Operação – Serviços de retroporto	Operação – Movimentação de cargas nos acessos	Operação – Dragagens de manutenção	Desativação – Encerramento das atividades
7. Processos de erosão e sedimentação costeira			7	7	7	7	7							7	7
8. Condição do solo e subsolo	8	8									8	8	8		8
9. Ecossistemas terrestres	9	9								15	15		9		9/15
10. Ecossistemas fluviais	10	10											10		10
11. Ecossistemas alagados		11	11	11			11			11	11	11	11		11
12. Bentos			12	12	12	12	12			12/15	12/15			12	12/15

Ações potencialmente impactantes / Fatores ambientais impactantes	Construção								Operação						Desativação
	Instalação do canteiro de obras	Mobilização do pessoal, equipamento, máquinas e veículos	Prolongamento do cais oeste	Dragagem e aterramento do retroporto	Dragagem da bacia de evolução	Dragagem de aprofundamento do canal de acesso	Derrocamento da Pedra de Palangana	Execução de obras civis	Navegação pelos canais da Galheta e Antonina	Acostamento de navios	Carga e descarga de navios	Serviços de retroporto	Movimentação de cargas nos acessos	Dragagens de manutenção	Encerramento das atividades
13. Ictiofauna da baía	13	13	13	13	13	13	13		13	13/15	13/15			13	13/15
14. Plâncton			14	14	14	14	14		14	14/15	14/15			14	14/15
15. População humana	16	16	16	16	16	16	16	16		16/19	16/19	16/19	16/19	16	16/19
16. Uso do solo	17		17	17											
17. Infraestrutura física	18	18	18					18		24	18/24	18/24	18/24		18
18. Infraestrutura social	20	20	20	20	20	20	20	20			20	20	20	20	20
19. Economia	21	21	21	21	21	21	21	21						21	21
20. Comércio e serviços	22	22	22/24	22/24	22/24	22/24	22/24	22/24	24	24	22/24	24	22/24	22/24	22/24

Quadro 4.1: Matriz de identificação dos impactos ambientais (continua)

GESTÃO AMBIENTAL DE EMPREENDIMENTOS

Quadro 4.1: Matriz de identificação dos impactos ambientais (*continuação*)

Fatores ambientais impactantes \ Ações potencialmente impactantes	Construção: Instalação do canteiro de obras	Mobilização do pessoal, equipamento, máquinas e veículos	Prolongamento do cais oeste	Dragagem e aterramento do retroporto	Dragagem da bacia de evolução	Dragagem de aprofundamento do canal de acesso	Derrocamento da Pedra de Palangana	Execução de obras civis	Operação: Navegação pelos canais da Galheta e Antonina	Acostamento de navios	Carga e descarga de navios	Serviços de retroporto	Movimentação de cargas nos acessos	Dragagens de manutenção	Desativação: Encerramento das atividades
21. Finanças públicas	23	23	23		23			23			23	23	23		23
22. Emprego e renda	25	25	25	25	25	25	25	25	25	25	25	25	25	25	25
23. Patrimônio histórico e cultural	26	26	26										26		26
24. Patrimônio arqueológico		27	27	27	27	27	27	27					27	27	27
25. Qualidade ambiental geral				28	28	28	28		28	28					28

Meio Físico	1. Interferências na paisagem natural e constituída
	2. Aumento do nível de ruídos e vibrações e comprometimento da qualidade do ar
	3. Modificação na dinâmica das correntes
	4. Redução na qualidade das águas da baía
	5. Redução na qualidade das águas das costeiras
	6. Alteração na morfologia e características do fundo da baía e de áreas costeiras e alteração nos processos de erosão/sedimentação aí ocorrentes
	7. Alteração nos processos de erosão e sedimentação costeira
	8. Contaminação do solo e subsolo
Meio Biótico	9. Prejuízos aos ecossistemas terrestres
	10. Prejuízos à fauna associada a cursos d'água e/ou às suas margens
	11. Prejuízos aos ecossistemas alagados
	12. Alteração na condição da associação bêntica
	13. Prejuízos à ictiofauna da baía
	14. Prejuízos à vida planctônica
	15. Proliferação de espécies invasoras e introdução de espécies exóticas
Meio Socioeconômico	16. Interferência na vida comunitária
	17. Modificação no uso do solo
	18. Aumento dos riscos de danos à infraestrutura física
	19. Aumento da probabilidade de acidentes nas vias terrestres e operação portuária
	20. Sobrecarga da infraestrutura social e dos serviços prestados à população
	21. Realização de investimentos – fortalecimento da economia
	22. Fortalecimento das atividades comerciais e de serviços
	23. Geração de impostos – efeitos positivos sobre as finanças públicas
	24. Melhoria e aumento da capacidade dos serviços portuários
	25. Geração de empregos e renda
	26. Prejuízos ao patrimônio histórico, cultural e arquitetônico
	27. Prejuízos ao patrimônio arqueológico
Meio Ambiente Total	28. Redução na probabilidade da ocorrência de acidentes ambientais

Quadro 4.2: Matriz de identificação dos impactos ambientais

Em sequência, um segundo tipo de matriz foi desenvolvido, na qual os impactos detectados na primeira passaram a ser "qualificados" em termos de suas características, consideradas importantes e/ou decisivas. Essa matriz foi denominada "matriz de qualificação" e para sua montagem foram confrontados os impactos detectados na "matriz de identificação" com essas diversas qualificações: fase de ocorrência (construção, operação ou desativação); tipo (adverso, benéfico ou nulo); atributos (evitável, inevitável atenuável ou inevitável não atenuável); probabilidade de ocorrência (incerta, provável ou certa); periodicidade (permanente, cíclico ou temporário); abrangência (local, regional ou estratégica); reversibilidade (reversível ou irreversível); magnitude (grande, média ou pequena) e importância (grande, média ou pequena). Essa escala conceitual está incluída no exemplo correspondente ao Quadro 4.3.

No terceiro tipo de matriz elaborado e denominado "matriz de hierarquização", cada um dos impactos detectados na "matriz de identificação" foi confrontado com suas características constantes da "matriz de qualificação", transformadas em valores numéricos, utilizando-se uma escala de 1 a 3 que, em princípio, corresponde aos conceitos de "pequeno", "médio" e "grande". Assim, o tipo do impacto foi representado por + (benéfico), – (adverso) ou 0 (nulo) e seus atributos, por 3 (impactos negativos inevitáveis e não atenuáveis ou positivos potencializáveis); 2 (impactos negativos inevitáveis mas atenuáveis) e 1 (impactos negativos evitáveis ou positivos não potencializáveis). Do mesmo modo, foi utilizado o valor 3 para "ocorrência certa", "impacto permanente", "abrangência estratégica", "impacto irreversível", "magnitude grande" e "importância grande"; 2, para "ocorrência provável", "impacto cíclico", "abrangência regional", "magnitude média" e "importância média"; e 1, para "ocorrência incerta", "impacto temporário", "abrangência local", "impacto reversível", "magnitude pequena" e "importância pequena", tal como mostrado nos exemplos apresentados no Quadro 4.3.

Para a obtenção do "valor numérico relativo", representativo da importância hierárquica de cada impacto previsto, optou-se pelo cálculo do produto dos valores atribuídos às diversas características de cada um deles, tal como mostrado nos Quadros 4.4 a 4.6.

Assim procedeu-se porque o emprego, por exemplo, do somatório dos valores admitidos para cada impacto, além de parecer pouco representativo dos efeitos reais deles (uma vez que omite os efeitos sinérgicos das diversas características dos impactos sobre o seu potencial impactante), tornaria mais difícil o estabelecimento de escalas de retransformação de valores em conceitos.

Qualificação / Impactos	Fase	Tipo	Atributos	Ocorrência	Periodicidade	Abrangência	Reversibilidade	Magnitude	Importância
1. Interferências na paisagem natural construída	Construção	A	Ina	C	Pe	R	—	Pq	Pq
	Operação	A	Iat	C	Pe	R	—	M	M
	Desativação	Nulo							
2. Aumento do nível de ruídos e vibrações e comprometimento da qualidade do ar	Construção	A	Iat	C	T	L	Re	M	M
	Operação	A	Iat	C	Pe	L	Re	Pq	Pq
	Desativação	B	Iat	—	Pe	L	Re	Pq	Pq
3. Modificação na dinâmica das correntes	Construção	A	Iat	C	Pe	L	Re	Pq	Pq
	Operação	Nulo							
	Desativação	Nulo							
4. Contaminação do solo e subsolo	Construção	A	Iat	C	T	L	Re	M	M
	Operação	A	Iat	C	Ci	L	Re	M	M
	Desativação	Nulo							
5. Redução da qualidade das águas costeiras	Construção	A	Iat	C	T	L	Re	M	M
	Operação	A	Iat	C	Ci	L	Re	M	M
	Desativação	Nulo							
6. Alteração na morfologia e características do fundo da baía e de áreas costeiras e alteração nos processos de erosão/sedimentação aí ocorrentes	Construção	A	Ina	C	Pe	L	—	M	M
	Operação	A	Ina	C	Pe	L	—	M	M
	Desativação	B	Pt	—	Pe	L	Re	M	M

Legenda:
A - Adverso
B - Benéfico
Ina - Inevitável não atenuável
Iat - Inevitável atenuável
Pt - potenciável
C - Certo
I - Incerta
P - Provável
Pe - Permanente
T - Temporário
Ci - Cíclico
R - Regional
L - Local
E - Estratégico
I - Irreversível
Re - Reversível
Pq - Pequeno
M - Médio
G - Grande

Quadro 4.3: Matriz de qualificação dos impactos ambientais detectados (*continua*)

GESTÃO AMBIENTAL DE EMPREENDIMENTOS

Impactos / Qualificação	Fase	Tipo	Atributos	Ocorrência	Periodicidade	Abrangência	Reversibilidade	Magnitude	Importância
7. Alteração nos processos de erosão e sedimentação de costeira	Construção	A	lat	C	T	R	–	M	M
	Operação	A	lat	C	Pe	R	–	M	M
	Desativação	B	Pt	–	Pe	R	–	M	M
8. Contaminação do solo e subsolo	Construção	A	lat	P	T	L	Re	Pq	Pq
	Operação	A	lat	P	Pe	L	Re	Pq	Pq
	Desativação	B	Pt	–	Pe	L	–	Pq	Pq
9. Prejuízos aos ecossistemas terrestres	Construção	A	lat	C	Pe	L	Re	M	M
	Operação	A	Pt	C	Pe	L	Re	M	M
	Desativação	B	Pt	–	Pe	L	Re	Pq	Pq
10. Prejuízos à fauna associado a cursos d'água ou às suas margens	Construção	A	lat	C	T	L	Re	M	M
	Operação	A	lat	C	Pe	L	Re	Pq	Pq
	Desativação	B	Pt	–	Pe	L	Re	Pq	Pq
11. Prejuízos aos ecossistemas alagados	Construção	A	Ina	P	T	L	Re	M	M
	Operação	A	lat	P	Pe	–	Re	M	M
	Desativação	B	Pt	–	Pe	–	Re	M	M
12. Alteração na condição das associações bênticas	Construção	A	Ina	C	T	L	Re	M	M
	Operação	A	lat	C	Pe	–	Re	Pq	Pq
	Desativação	B	Ina	–	Pe	–	Re	Pq	Pq

Legenda:
A - Adverso   B - Benéfico
Ina - Inevitável não atenuável   Iat - Inevitável atenuável   Pt - potenciável
C - Certo   I - Incerta   P - Provável
Pe - Permanente   T - Temporário   Ci - Cíclico
R - Regional   L - Local   E - Estratégico
I - Irreversível   Re - Reversível
Pq - Pequeno   M - Médio   G - Grande

Quadro 4.3: Matriz de qualificação dos impactos ambientais detectados (*continua*)

Impactos / Qualificação	Fase	Tipo	Atributos	Ocorrência	Periodicidade	Abrangência	Reversibilidade	Magnitude	Importância
13. Prejuízos à ictiofauna da baía	Construção	A	Iat	C	T	L	Re	M	M
	Operação	A	Iat	C	Ci	L	Re	Pq	Pq
	Desativação	B	Ina	–	Pe	L	Re	Pq	Pq
14. Prejuízos à vida planctônica	Construção	A	Ina	C	T	L	Re	M	M
	Operação	A	Iat	C	Ci	L	Re	M	M
	Desativação	B	Ina	–	Pe	L	Re	M	M
15. Proliferação de espécies invasoras e introdução de espécies exóticas	Construção	A	E	–	T	L	Re	Pq	Pq
	Operação	A	Iat	P	Ci	L	Re	M	G
	Desativação	B	Ina	–	Pe	L	Re	M	M
16. Interferência na vida comunitária	Construção	A	Iat	C	T	L	Re	Pq	M
	Operação	A	Iat	C	Pe	L	–	Pq	M
	Desativação	B	Pt	–	Pe	L	Re	Pq	Pq
17. Modificação do uso do solo	Construção	A	Iat	C	Pe	L	–	Pq	M
	Operação	A	Iat	C	Pe	L	–	M	G
	Desativação	B	Pt	–	Pe	–	Re	M	M
18. Aumento dos riscos de danos à infraestrutura física	Construção	A	E	P	T	L	Re	M	M
	Operação	A	E	P	Pe	–	Re	Pq	M
	Desativação	B	Pt	–	Pe	–	–	Pq	Pq

Legenda:
A - Adverso   Ina - Inevitável não atenuável   C - Certo   Pe - Permanente   R - Regional   I - Irreversível   Pq - Pequeno
B - Benéfico   Iat - Inevitável atenuável   I - Incerta   T - Temporário   L - Local   Re - Reversível   M - Médio
              Pt - potenciável   P - Provável   Ci - Cíclico   E - Estratégico   G - Grande

Quadro 4.3: Matriz de qualificação dos impactos ambientais detectados (*continua*)

GESTÃO AMBIENTAL DE EMPREENDIMENTOS

Impactos / Qualificação	Fase	Tipo	Atributos	Ocorrência	Periodicidade	Abrangência	Reversibilidade	Magnitude	Importância
19. Aumento da probabilidade de acidentes nas vias terrestres e operação portuária	Construção	A	Iat	P	Ci	L	Re	Pq	Pq
	Operação	A	Iat	P	Ci	R	Re	M	M
	Desativação	B	Pt	I	Pe	R	Re	M	M
20. Sobrecarga da infraestrutura social e dos serviços prestados à população	Construção	A	Lat	C	T	L	Re	Pq	Pq
	Operação	A	Iat	C	T	L	Re	Pq	Pq
	Desativação	A	Pt	I	Pe	L	Re	Pq	Pq
21. Realização de investimentos – fortalecimento da economia	Construção	B	Pt	C	T	R	—	G	G
	Operação	B	Pt	C	Ci	R	—	G	G
	Desativação	A	Iat	I	Pe	R	Re	G	G
22. Fortalecimento das atividades comerciais e de serviços	Construção	B	Pt	C	T	R	Re	M	G
	Operação	B	Pt	C	Pe	R	—	G	G
	Desativação	A	Ina	I	Pe	R	Re	G	G
23. Geração de impostos – efeitos positivos sobre as finanças públicas	Construção	B	Pt	C	T	R	Re	Pq	M
	Operação	B	Pt	C	Pe	R	—	Pq	G
	Desativação	A	Ina	I	Pe	R	Re	Pq	G
24. Melhoria e aumento da capacidade dos serviços portuários	Construção	Nulo							
	Operação	B	Pt	C	Pe	L	—	G	G
	Desativação	A	Ina	I	Pe	L	Re	G	G

Quadro 4.3: Matriz de qualificação dos impactos ambientais detectados (*continua*)

Legenda:
A - Adverso   B - Benéfico
Ina - Inevitável não atenuável   Iat - Inevitável atenuável   Pt - potenciável
C - Certo   I - Incerta   P - Provável
Pe - Permanente   T - Temporário   Ci - Cíclico
R - Regional   L - Local   E - Estratégico
I - Irreversível   Re - Reversível
Pq - Pequeno   M - Médio   G - Grande

Impactos	Qualificação - Fase	Tipo	Atributos	Ocorrência	Periodicidade	Abrangência	Reversibilidade	Magnitude	Importância
25. Geração de emprego e renda	Construção	B	Pt	C	T	R	Re	G	G
	Operação	B	Pt	C	Pe	R	–	M	M
	Desativação	A	Ina	–	Pe	R	Re	G	G
26. Prejuízos ao patrimônio histórico, cultural e arquitetônico	Construção	A	Iat	C	T	L	–	M	G
	Operação	A	Iat	C	Pe	L	–	M	G
	Desativação	B	Pt	–	Pe	L	Re	M	G
27. Prejuízos ao patrimônio arqueológico	Construção	A	Iat	–	T	L	–	M	G
	Operação	A	Iat	–	Pe	L	–	M	G
	Desativação	Nulo							
28. Redução na probabilidade da ocorrência de acidentes ambientais	Construção	A	Iat	–	Ci	Es	–	G	G
	Operação	B	Pt	C	Ci	Es	–	G	G
	Desativação	B	Pt	–	Ci	Es	–	G	G

Legenda:
A - Adverso Ina - Inevitável não atenuável C - Certo Pe - Permanente R - Regional I - Irreversível Pq - Pequeno
B - Benéfico Iat - Inevitável atenuável I - Incerta T - Temporário L - Local Re - Reversível M - Médio
Pt - potenciável P - Provável Ci - Cíclico E - Estratégico G - Grande

Quadro 4.3: Matriz de qualificação dos impactos ambientais detectados (*continua*)

Impacto	1	2	3	4	5	6	7	8	9	10	11	12	13	14
Tipo	−	−	−	−	−	−	−	−	−	−	−	−	−	−
Atributos	3	2	2	2	2	3	2	2	2	2	3	3	2	3
Ocorrência	3	3	3	3	3	3	3	2	3	3	2	3	3	3
Periodicidade	3	1	3	1	1	3	1	1	1	1	1	1	1	1
Abrangência	2	1	1	1	1	1	2	1	1	1	1	1	1	1
Reversibilidade	3	1	1	1	1	3	3	1	1	1	1	1	1	1
Magnitude	1	2	1	2	2	2	2	1	2	2	2	2	2	2
Importância	1	2	1	2	2	2	2	1	2	2	2	2	2	2
Produtos	162	24	18	24	24	324	144	4	24	24	24	36	24	36
Significância	Fo	M	M	M	M	Fo	Fo	Fr	M	M	M	M	M	M

Impacto	15	16	17	18	19	20	21	22	23	24	25	26	27	28
Tipo	−	−	−	−	−	−	+	+	+	0	+	−	−	−
Atributos	1	2	2	1	2	2	3	3	3		3	2	2	2
Ocorrência	1	3	3	2	2	3	3	3	3		3	3	1	1
Periodicidade	1	1	3	1	2	1	1	1	1		1	1	1	2
Abrangência	1	1	1	1	1	1	2	2	2		2	1	1	3
Reversibilidade	1	1	3	1	1	1	3	1	1		1	3	3	3
Magnitude	1	1	1	2	1	1	3	2	1		3	2	2	3
Importância	1	2	2	2	1	1	3	3	2		3	3	3	3
Produtos	1	12	108	8	8	6	486	108	36	0	162	108	36	324
Significância	Fr	Fr	M	Fr	Fr	Fr	Fo	M	M	I	Fo	M	M	Fo

Convenções:

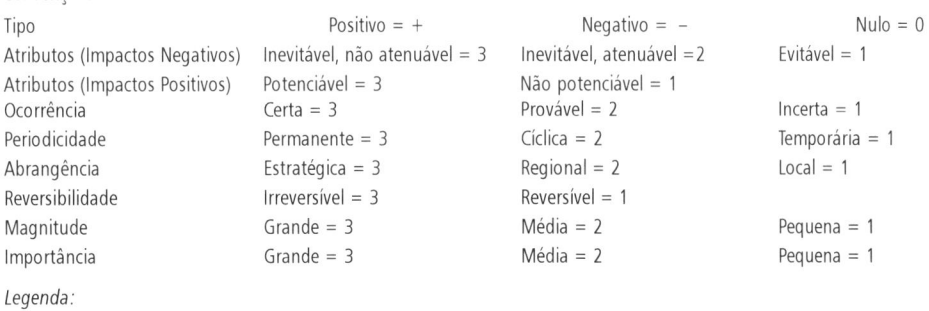

Tipo	Positivo = +	Negativo = −	Nulo = 0
Atributos (Impactos Negativos)	Inevitável, não atenuável = 3	Inevitável, atenuável = 2	Evitável = 1
Atributos (Impactos Positivos)	Potenciável = 3	Não potenciável = 1	
Ocorrência	Certa = 3	Provável = 2	Incerta = 1
Periodicidade	Permanente = 3	Cíclica = 2	Temporária = 1
Abrangência	Estratégica = 3	Regional = 2	Local = 1
Reversibilidade	Irreversível = 3	Reversível = 1	
Magnitude	Grande = 3	Média = 2	Pequena = 1
Importância	Grande = 3	Média = 2	Pequena = 1

Legenda:

I	Inexistente = 0	M	Moderado: > 12 a < 120	MF	Muito Forte: > 1.200
Fr	Fraco: > 0 a < 12	Fo	Forte: > 120 a < 1.200		

Quadro 4.4: Matriz de hierarquização dos impactos
na fase de construção do empreendimento

Impacto	1	2	3	4	5	6	7	8	9	10	11	12	13	14
Tipo	−	−	−	−	−	−	−	−	−	−	−	−	−	−
Atributos	2	2		2	2	3	2	2	2	2	2	2	2	2
Ocorrência	3	3		3	3	3	3	2	3	3	2	3	3	3
Periodicidade	3	3		2	2	3	3	3	3	3	3	3	2	2
Abrangência	2	1		1	1	1	2	1	1	1	1	1	1	1
Reversibilidade	3	1		1	1	3	3	1	1	1	1	1	1	1
Magnitude	2	1		2	2	2	2	1	2	2	2	1	1	2
Importância	2	1		2	2	2	2	1	2	2	2	1	1	2
Produtos	432	18	0	48	48	324	432	12	72	72	48	18	12	48
Significância	Fo	M	I	M	M	Fo	Fo	Fr	M	M	M	M	Fr	M

Impacto	15	16	17	18	19	20	21	22	23	24	25	26	27	28
Tipo	−	−	−	−	−	−	+	+	+	+	+	−	−	+
Atributos	2	2	2	1	2	2	3	3	3	3	3	2	2	3
Ocorrência	2	3	3	2	2	3	3	3	3	3	3	3	1	3
Periodicidade	2	3	3	3	2	1	2	3	3	3	3	3	3	2
Abrangência	1	1	1	1	2	1	2	2	2	1	2	1	1	3
Reversibilidade	1	3	3	1	1	1	3	3	3	3	3	3	3	3
Magnitude	2	1	2	1	2	1	3	3	1	3	2	2	2	3
Importância	3	2	3	2	2	1	3	3	3	3	2	3	3	3
Produtos	48	108	324	12	64	6	972	1.458	486	729	648	324	108	1.458
Significância	M	M	Fo	Fr	M	Fr	Fo	Mf	Fo	Fo	Fo	Fo	M	Mf

Convenções:

Tipo	Positivo = +	Negativo = −	Nulo = 0
Atributos (Impactos Negativos)	Inevitável, não atenuável = 3	Inevitável, atenuável = 2	Evitável = 1
Atributos (Impactos Positivos)	Potenciável = 3	Não potenciável = 1	
Ocorrência	Certa = 3	Provável = 2	Incerta = 1
Periodicidade	Permanente = 3	Cíclica = 2	Temporária = 1
Abrangência	Estratégica = 3	Regional = 2	Local = 1
Reversibilidade	Irreversível = 3	Reversível = 1	
Magnitude	Grande = 3	Média = 2	Pequena = 1
Importância	Grande = 3	Média = 2	Pequena = 1

Legenda:

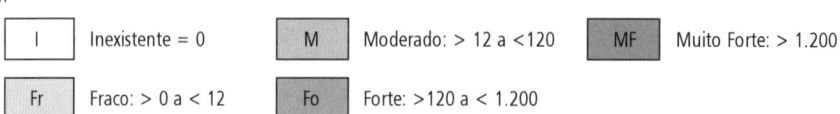

- I Inexistente = 0
- M Moderado: > 12 a < 120
- MF Muito Forte: > 1.200
- Fr Fraco: > 0 a < 12
- Fo Forte: > 120 a < 1.200

Quadro 4.5: Matriz de hierarquização dos impactos na fase de operação do empreendimento

Gestão Ambiental de Empreendimentos

Impacto	1	2	3	4	5	6	7	8	9	10	11	12	13	14
Tipo	0	+	0	0	+	+	+	+	+	+	+	+	+	+
Atributos		2			3	3	3	3	3	3	3	3	3	3
Ocorrência		1			1	1	1	1	1	1	1	1	1	1
Periodicidade		3			3	3	3	3	3	3	3	3	3	3
Abrangência		1			1	1	1	1	1	1	1	1	1	1
Reversibilidade		1			1	1	3	3	1	1	1	1	1	1
Magnitude		1			2	2	2	1	1	1	2	1	1	2
Importância		1			2	2	2	1	1	1	2	1	1	2
Produtos	0	6	0	0	36	36	216	27	9	9	36	9	9	36
Significância	I	Fr	I	I	M	M	Fo	M	Fr	Fr	M	Fr	Fr	M

Impacto	15	16	17	18	19	20	21	22	23	24	25	26	27	28
Tipo	+	+	+	+	+	+	−	−	−	−	+	0	+	
Atributos	3	3	3	3	3	3	2	3	3	3	3	3		3
Ocorrência	1	1	1	1	1	1	1	1	1	1	1	1		1
Periodicidade	3	3	3	3	3	3	3	3	3	3	3	3		2
Abrangência	1	1	1	1	2	1	2	2	2	1	2	1		3
Reversibilidade	1	1	1	3	3	1	1	1	1	1	1	1		1
Magnitude	2	1	2	1	2	1	3	3	1	3	3	2		3
Importância	2	1	2	1	2	1	3	3	3	3	3	3		3
Produtos	36	9	36	27	72	9	108	162	54	81	162	54	0	486
Significância	M	Fr	M	M	M	Fr	M	Fo	M	M	Fo	M	I	Fo

Convenções:

Tipo	Positivo = +	Negativo = −	Nulo = 0
Atributos (Impactos Negativos)	Inevitável, não atenuável = 3	Inevitável, atenuável = 2	Evitável = 1
Atributos (Impactos Positivos)	Potenciável = 3	Não potenciável = 1	
Ocorrência	Certa = 3	Provável = 2	Incerta = 1
Periodicidade	Permanente = 3	Cíclica = 2	Temporária = 1
Abrangência	Estratégica = 3	Regional = 2	Local = 1
Reversibilidade	Irreversível = 3	Reversível = 1	
Magnitude	Grande = 3	Média = 2	Pequena = 1
Importância	Grande = 3	Média = 2	Pequena = 1

Legenda:

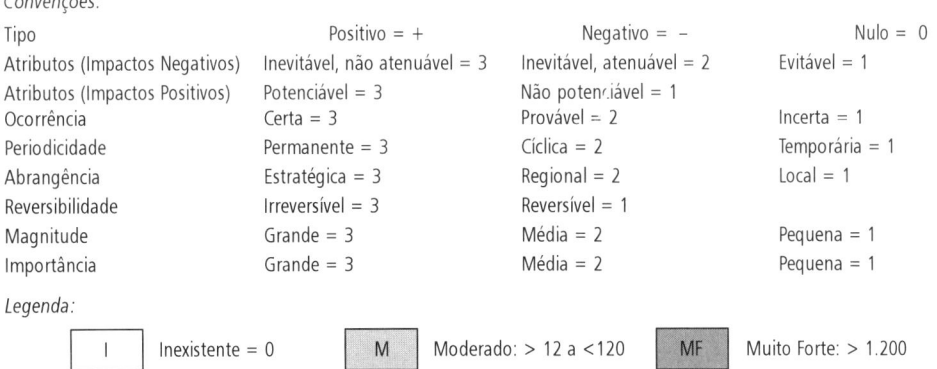

I	Inexistente = 0	M	Moderado: > 12 a <120	MF	Muito Forte: > 1.200
Fr	Fraco: > 0 a < 12	Fo	Forte: >120 a < 1.200		

Quadro 4.6: Matriz de hierarquização dos impactos na fase de desativação do empreendimento

Finalmente, nas mesmas "matrizes de hierarquização", os valores dos produtos foram, transformados, outra vez, nos conceitos habitualmente utilizados para qualificar impactos, tais como: "inexistente" (quando o valor numérico do produto foi igual a 0); "fraco" (quando o valor numérico do produto se situou entre 0 e 12); "moderado" (quando o valor numérico do produto se situou entre 12 e 120); "forte" (quando o valor numérico do produto se situou entre 120 e 1.200); e "muito forte" (quando o valor numérico do produto se situou acima de 1.200, sendo o valor máximo, possível, no caso, igual a 2.187).

Com base nesse conjunto de matrizes, no caso examinado, foi possível concluir-se que:

- a fase de construção abrigava a totalidade dos impactos negativos fracos e a maioria dos negativos moderados e fortes;
- a fase de operação abrigava a totalidade dos impactos negativos fracos e moderados, havendo um quase equilíbrio entre positivos e negativos fortes, e nela ocorriam os dois únicos impactos muito fortes detectados e que eram positivos; e
- a fase de desativação abrigava a totalidade dos impactos positivos fracos, a maioria dos moderados e um igual número de positivos e negativos fortes, mas nenhum muito forte.

Assim sendo, a conclusão foi que o empreendimento iria se apresentar bastante negativo, em termos ambientais, durante a fase de construção (que é relativamente curta) e muito positivo durante toda a sua vida útil e que a sua eventual desativação não representaria melhorias ambientais que a justificassem *vis-à-vis* a sua manutenção em operação dentro do quadro de contorno atualmente vislumbrável.

Para testar essas conclusões, calcularam-se as médias e as somatórias dos produtos dos impactos (isto é, de seus "valores numéricos relativos") nas três fases (construção, operação e desativação), tendo-se obtido os valores constantes do Quadro 4.7 – "Matriz de Somatórias e Médias"), que as referendaram, uma vez que na fase de construção (utilizando-se a escala de transformação de valores numéricos em conceituais antes referida) o valor médio dos impactos se apresentou como "moderadamente negativo" e sua somatória resultou em um valor "fortemente negativo"; na fase de operação, o valor médio dos impactos apresentou-se "moderadamente positivo" e "muito fortemente positivo" em seu somatório e, finalmente, na fase de desativação, o valor médio foi "moderadamente positivo", e seu somatório algébrico, "fortemente positivo".

Fase		Soma		
	Construção	Soma	Tipo de Impacto	Significância
		– 711	Negativo	Fo
		Média		
		Média	Tipo de Impacto	Significância
		– 26,33333333	Negativo	M
	Operação	Soma		
		Soma	Tipo de Impacto	Significância
		3173	Positivo	MF
		Média		
		Média	Tipo de Impacto	Significância
		117,51855185	Positivo	M
	Desativação	Soma		
		Soma	Tipo de Impacto	Significância
		591	Positivo	Fo
		Média		
		Média	Tipo de Impacto	Significância
		24,625	Positivo	M

Quadro 4.7: Matriz de "somatórios e médias" de valores de impactos por fase do empreendimento

4.2 Adaptação da Metodologia para Estudos de Avaliação Comparada de Impactos de Alternativas

Como exemplo da adaptação da metodologia anterior para o caso de avaliação comparada de impactos entre alternativas possíveis (de traçado, localização e/ou tecnologia) será utilizado o caso de um estudo comparativo entre duas alternativas de traçado de um contorno ferroviário. O EIA original havia optado por um traçado de menor extensão sob a alegação de que "os impactos seriam proporcionais à extensão impactada e, consequentemente, o traçado mais extenso representaria uma condição pior". Entretanto, entidades ambientalistas se opunham a esse traçado, em razão de que ele atravessava, por extensões consideráveis, áreas protegidas. Por essa razão, decidiu-se realizar um estudo comparativo que levasse em consideração os impactos diferenciais (isto é, que tivessem atributos e grandezas diferentes nas duas alternativas) ocorrentes nas porções não comuns dos dois traçados.

Os Quadros 4.1 e 4.2, retiradas do estudo executado, comparam, em termos da problemática ambiental envolvida, a porção não comum das duas alternativas. No primeiro caso, desconsiderando a ocorrência nelas de áreas protegidas e não protegidas (Quadro 4.8), tal como fora feito no EIA; e no segundo, considerando apenas as áreas protegidas atravessadas (Quadro 4.9).

Alternativa Oeste	Alternativa Extremo Oeste
1. Modificação da paisagem em 28km	1. Modificação da paisagem em 40km
2. Média tendência à aceleração de processos de instabilização de solos: erosão e escorregamentos (traçado de divisor)	2. Grande tendência à aceleração de processos de instabilização de solos: erosão e escorregamentos (traçados e meia encosta)
3. 9,12km de vegetação florestal atingida	3. 16,31km de vegetação florestal atingida
4. 8,5km de área rural atravessada	4. 15,02km de área rural atravessada
5. 9,83km de área de ocupação humana geral atravessada	5. 14,765km de área de ocupação humana geral atravessada
6. 0km de área industrial beneficiada	6. 6,35km de área industrial beneficiada
7. 9,85km de zona residencial atravessada	7. 3,43km de zona residencial atravessada
8. Construções atingidas: 2 galpões	8. Construções atingidas: 10 casas e 1 pista de pouso de aeronaves
9. Cruzamento com rodovias rurais: 30	9. Cruzamento com rodovias rurais: 47
10. Cruzamento com BRs e PRs: • BR-277 (uma vez)	10. Cruzamento com BRs e PRs: • BR-277 (duas vezes) • PR-090 e PR-510
11. Cruzamento com cursos d'água pequenos: 46	11. Cruzamento com cursos d'águas pequenos: 74
12. Cruzamento com o Rio Verde	12. Cruzamento com o Rio Itaqui
13. Traçado quase totalmente em divisor de bacias	13. Traçado acompanhando o Rio Itaqui por 16,5km
14. 28km a serem desapropriados	14. 40km a serem desapropriados
15. Custos de implantação cerca de 1/3 menores que a segunda alternativa	15. Custos de implantação cerca de 1/3 maiores que a primeira alternativa
16. Menor investimento em empregos e renda	16. Maior investimento em empregos e renda

Quadro 4.8: Quadro comparativo entre as duas alternativas propostas, desconsiderando-se a existência de áreas protegidas e não protegidas

Características	Oeste	Extremo Oeste
1. Travessia em Áreas de Proteção Ambiental – APAs	• Rio Passaúna: 10,13km • Rio Verde: 6,1km	• Rio Passaúna: 2,1km • Rio Verde: 3,2km • Escarpa devoniana: 0,95km
2. Travessia em Áreas de Preservação Parcial – APPAs		• Rio Itaqui: 3,5Km
3. Travessia em Zonas de Conservação da Vida Silvestre – ZVVSs	• 0,64Km	• 0,35Km
4. Passagens em áreas de influência direta de barragens de abastecimento público e/ou rios utilizados como mananciais	• Barragem do Passaúna: 13,6km • Barragem do Rio Verde: 9,8km	• Rio Itaqui (manancial): 16,6km

Quadro 4.9: Quadro comparativo entre as duas alternativas propostas considerando-se apenas as extensões de áreas protegidas impactadas

Do mesmo modo que no caso anterior, os impactos foram valorados utilizando-se a escala de 1 a 3, positivos ou negativos, e 0 (zero) no caso de inexistirem, adotando-se "fatores de correção" relativos às características dos impactos esperados. Para o caso da comparação sem se considerar a existência de áreas protegidas (Quadro 4.8), os fatores de correção variaram de 1 (impacto permanente e irreversível) a 0,25 (impacto temporário e reversível), passando por 0,75 (impacto permanente mas com possibilidade de reversão) e 0,5 (impacto temporário mas sem possibilidade de reversão). Esse procedimento resultou na matriz do Quadro 4.10. Nessa matriz fica evidente que, se não forem efetuadas distinções entre impactos sobre áreas "normais" e "protegidas", a alternativa de menor extensão resulta em menor agressividade ao meio ambiente, tal como assumido no EIA.

Para o caso da comparação envolvendo apenas áreas protegidas, uma vez que, em princípio, áreas protegidas não devem ser impactadas, considerou-se que todo o impacto sobre elas seria de valor elevado e, por isso, foi sempre assumido, para eles, um valor numérico igual a 3, corrigido por fatores convenientes, em acordância com a categoria (hierarquia) e extensão das áreas impactadas, bem como com posição da alternativa, no interior da(s) área(s) protegida(s) impactada(s).

Os valores dos "fatores de correção relativos à categoria das áreas protegidas" (FCrc) variaram de 1 (áreas de proteção ambiental criadas por de-creto e reconhecidas pelo Sistema Nacional de Áreas Protegidas) a 0,25 (rios utilizados como manancial de abastecimento público), passando por 0,75 (zonas de conservação da vida silvestre criadas pelo zoneamento municipal) e 0,5 Áreas de Proteção Parcial – APPAs e barragens de abastecimento criadas pelo zoneamento municipal). A diferença de 0,25 adotada entre rios mananciais e barragens de abastecimento deveu-se à consideração do tempo de residência (e, consequentemente, de depuração) da água em caso de acidentes.

Impactos	Fator de Correção	Alternativa Oeste		Alternativa Extremo Oeste	
		Pontuação	Pontuação Corrigida	Pontuação	Pontuação Corrigida
1	1,0	– 2,0	–2,0	– 3,0	– 3,0
2	0,25	– 2,0	– 0,50	– 3,0	– 0,75
3	1,0	– 2,0	– 2,0	– 3,0	– 3,0
4	1,0	– 1,0	– 1,0	– 2,0	– 2,0
5	0,75	– 1,0	– 0,75	– 2,0	– 1,5
6	0,75	0	0	+ 3,0	+ 2,25
7	0,75	– 3	– 2,25	– 2,0	– 1,5
8	1,0	– 1,0	– 1,0	– 2,0	– 2,0
9	1,0	– 1,0	– 1,0	– 2,0	– 2,0
10	1,0	– 2,0	– 2,0	– 3,0	– 3,0
11	1,0	– 2,0	– 2,0	– 3,0	– 3,0
12	1,0	– 3,0	– 3,0	– 3,0	– 3,0
13	1,0	+ 3,0	+ 3,0	– 2,0	– 2,0
14	1,0	– 2,0	– 2,0	– 3,0	– 3,0
15	1,0	– 2,0	– 2,0	– 3,0	– 3,0
16	0,50	+ 2,0	+ 1,0	+ 3,0	+ 1,5
Total	–	– 19,0	– 17,5	– 30,0	– 29,0

Quadro 4.10: Matriz de valoração dos impactos ambientais diferenciais nas duas alternativas propostas, desconsiderando-se a existência de "áreas protegidas" e "não protegidas" e utilizando-se um fator de correção relativo às características dos impactos esperados

As somas das extensões por categoria de área protegida, foram utilizadas como "fatores de correção relativos à extensão de áreas protegidas impactadas" (FCre) para cada uma das alternativas, e o "fator de correção relativo à posição da alternativa no interior da área protegida" (FCrp) assumiu valores iguais a 1, no caso de ser marginal a ela(s); 3, no caso de ocupar uma posição central; e 2, no caso de ocupar posição intermediária entre as duas anteriores.

O Quadro 4.11 apresenta o resultado da comparação entre as extensões não comuns das duas alternativas, considerando-se apenas as áreas protegidas impactadas e utilizando-se os diversos fatores de correção definidos. O exame dessa figura mostra, claramente, que a alternativa mais longa se torna menos agressiva ao meio ambiente se considerados apenas os impactos sobre as áreas protegidas.

Como consequência do estudo concluiu-se que, se não forem considerados diferentemente os impactos sobre áreas protegidas e não protegidas, a alternativa mais curta se apresenta, realmente, menos agressiva que a alternativa mais longa (cerca de 1,4 vez), mas, se forem considerados apenas os impactos sobre as áreas protegidas, a situação se inverte: a mais longa torna-se cerca de 5 vezes menos agressiva que a mais curta.

Por outro lado, como exercício adicional (ainda que esse procedimento não seja de todo correto), utilizando-se os valores pontuados para as duas alternativas sem se distinguir áreas protegidas de não protegidas (Quadro 4.12) combinados com as obtidas do Quadro 4.11 (somente áreas protegidas), obtém-se uma vantagem, em termos ambientais, para a alternativa mais longa superior a 3 vezes em relação à mais curta.

4.3 Adaptação da Metodologia para Acompanhamento da Qualidade Ambiental de Obras de Engenharia em Execução

Os autores, trabalhando como supervisores ambientais de dois trechos contíguos de uma importante obra viária urbana, depararam-se com a necessidade de avaliar e acompanhar sistematicamente a evolução da conformidade entre os trabalhos desenvolvidos pelas empresas construtoras e as exigências contidas no plano básico ambiental desenvolvido anteriormente para a obra, que era uma exigência da instituição financiadora. Diante dessa perspectiva, partiu-se também para uma adaptação da mesma metodologia, que será exposta em sequência.

Inicialmente, os programas ambientais, constituintes do PBA, foram transformados em *check-lists* de procedimentos (tal como exposto no Capítulo 3) e dados a observar, de modo a permitir uma comparação com detalhe entre o previsto e o executado em cada programa. O passo seguinte consistiu no estabelecimento de conceitos de conformidade e inconformidade entre o previsto e o executado e na qualificação dos tipos de inconformidades possíveis de ocor-

Impactos	Fator de Correção relativo à categoria (FCrc)	Alternativa Oeste					Alternativa Extremo Oeste			
		Fator de Correção relativo à extensão FCre)	Fator de Correção relativo à posição (FCrp)	Pontuação	Pontuação Corrigida	Fator de Correção relativo à extensão (FCre)	Fator de Correção relativo à posição (FCrp)	Pontuação	Pontuação Corrigida
1 APAs	1,0	16,23	3	−3	−146,070	6,25	1	−3	−18,750
2 APPAs	0,5	0,00	0	0	0,000	3,50	2	−3	−10,500
3 ZCVSs	0,75	0,64	2	−3	−3,840	0,35	2	−3	−1,575
4 Barragens de abastecimento	0,5	23,40	2	−3	−140,400	0,00	0	0	0,000
Rios utilizados como mananciais	0,25	0,00	0	0	0,000	16,60	2	3	−24,900
Totais	−	−	−	−9,0	−290,310	−	−	−12,0	−55,725

Quadro 4.11: Matriz de comparação entre as duas alternativas propostas, considerando-se apenas as áreas protegidas e utilizando-se o fator de correção relativo à categoria (FCrc) à extensão da AP (FCre) representado pela extensão real das alternativas situadas no interior da área protegida

rerem. Estabeleceu-se que as inconformidades deveriam ser qualificadas quanto à sua abrangência, tipo e magnitude: quanto à abrangência, elas foram classificadas como totais ou parciais; quanto ao tipo, como ativas, passivas ou pendências e quanto à magnitude, como sérias, médias ou leves. Na sequência, do mesmo modo que nos casos anteriores, valores numéricos entre -1 e -3 foram adotados para cada um desses conceitos: incompatibilidades totais e/ou ativas e/ou sérias obtiveram valor -3; incompatibilidades parciais e/ou passivas e/ou médias obtiveram valor -2 e pendências e/ou incompatibilidades leves, valor -1. Do mesmo modo como no caso de EIAs, utilizou-se o produto dos conceitos valorados (abrangência × tipo × magnitude) para a obtenção dos valores numéricos de cada uma das inconformidades e, como o maior valor possível seria -27, este mesmo valor absoluto, mas com sinal positivo, passou a caracterizar as conformidades.

O passo seguinte consistiu na elaboração de matrizes, por programa ambiental, em que os itens do *check-list* foram confrontados com os valores numéricos atribuídos às conformidades e às inconformidades encontradas mensalmente, tal como exemplificado no Quadro 4.12.

Item	Conformidade	Inconformidade			Pontuação
		Abrangência	Tipo	Magnitude	
Saneamento	27				27
Tratamento de lixo		– 2	– 1	– 2	– 4
Seleção e deposição de madeiras para reaproveitamento ou doação	27				27
Estocagem de materiais granulares	27				27
Remoção e transporte de árvores e outros materiais vegetais	27				27
Cerca provisória em tela plástica/barreira plástica/ cerca plástica desmontável	27				27
Total máximo possível					162
Total atingido					158
Índice de conformidade					0,97

Quadro 4.12: Modelo de matriz de avaliação de desempenho do construtor em um projeto/programa ambiental integrante do PBA: projeto de obras e atividades temporárias de proteção ambiental

A partir da relação entre o valor numérico obtido do somatório algébrico dos valores alcançados nos diversos itens do *check-list* e o valor máximo possível por programa (correspondente ao número de itens do *check-list* multiplicado por 27), estabeleceu-se um "índice de conformidade" por programa ambiental (conforme pode ser observado no Quadro 4.12) e um "índice de conformidade global" da obra, correspondente à relação entre os somatórios de todos os totais atingidos e o total máximo possível, correspondente, este último, ao somatório de todos os valores máximos possíveis dos diversos programas. Esses índices permitiram uma avaliação mensal do desempenho ambiental da obra e do construtor, que serviu como parâmetro para liberação das medições para pagamento pelo órgão empreendedor, bem como municiou a fiscalização em termos de reforçar suas exigências de qualidade ambiental durante os trabalhos.

Finalmente, com base na elaboração mensal desses índices, foi montado um gráfico de evolução da situação ambiental da obra, atualizado mensalmente até o final da obra, que permitiu concluir que o desempenho da obra e, consequentemente, do construtor se dividiu em quatro fases distintas:

- uma fase inicial, caracterizada como de "implantação", não só da obra como dos planos/programas ambientais, que se estendeu desde o início até o mês de agosto de 2007, quando vários programas apresentaram sérias deficiências que foram sendo, gradativamente, corrigidas e cujas consequências se refletiram no índice de conformidade global, que se iniciou entre 0,86 e 0,87 e foi crescendo até atingir 0,98;

- uma fase seguinte, que se estendeu de setembro de 2007 até abril de 2008, caracterizada como "de plena atividade", quando o consórcio desenvolveu seu máximo esforço, tanto na construção como nas ações de cunho ambiental, refletida na produção máxima, em termos de obras e na manutenção de uma qualidade ambiental boa, desempenho este que se refletiu no Índice de Conformidade Global, que oscilou entre 0,97 e 0,99, no período;

- uma terceira fase, caracterizada como de "conclusão das obras principais e ataque às obras complementares", quando, concluída a implantação do sistema viário, passaram a ser predominantes estas últimas; nesse período, que mediou entre maio e setembro de 2008, houve um sensível decréscimo da qualidade ambiental, que se refletiu num rebaixamento do índice de conformidade global, situado então entre 0,96 e 0,97;

- finalmente, nos três últimos meses de obras, fase caracterizada como de conclusão e desativação, em parte pela real melhoria em alguns dos itens e, em parte, pelo encerramento de diversos planos/programas, em razão da própria conclusão das obras que eram a causa de sua existência, houve nova melhoria na questão ambiental, e como consequência foi mantido um alto índice de conformidade global: 0,99.

Capítulo 5

A Gestão Ambiental e a ISO 14000

5.1 Normas da Série ISO 14000

Depois das normas da série ISO 9000, as normas da série ISO 14000 têm vindo chamar a atenção da classe empresarial, principalmente a industrial, em que o aspecto ambiental e o dos impactos provocados ao meio ambiente são, sobremaneira, preocupantes, tendo-se como base, a sustentabilidade empresarial.

Podemos considerar como ponto de partida a ECO-92, realizada no Rio de Janeiro, que teve como resultado a criação do SAGE – *Strategic Action Group on the Environment* (Grupo de Ação Estratégica sobre o Meio Ambiente)[1].

O SAGE foi encarregado de fazer a primeira avaliação daquilo que seria necessário, tendo, entre outras, a missão de desenvolver e elaborar proposta de recomendações relativas às normas ambientais. Assim, sua missão teve como objetivo:

- elaborar uma proposta de abordagem para a gestão ambiental, semelhante à utilizada na gestão da qualidade, ou seja, as normas da série ISO 9000;
- desenvolver a capacidade das organizações de alcançar e medir as melhorias no desempenho ambiental;
- facilitar o comércio e remover as barreiras comerciais.

O SAGE representou o embrião daquilo que a ISO viria a constituir posteriormente, ou seja, o TC-207 (*Technical Committee* 207) instituído oficialmente em maio de 1993.

---

[1] Durante a preparação da Conferência Internacional Rio-92 foi solicitada a colaboração de Sthephan Schmidlheiny e sua atuação na assessoria do evento. Sthephan criou, então, o Conselho Empresarial para o Desenvolvimento Sustentável (*Business Council for Sustaintable Development*).

5.2 Fator Ambiental

Há um crescente aumento de preocupação da sociedade com a diminuição da qualidade do nosso meio ambiente/meio envolvente. A utilização indiscriminada de materiais, matérias-primas, insumos, produtos, processos e serviços e a forma como eles impactam negativamente o nosso meio ambiente/meio envolvente é algo que tem preocupado toda a sociedade, principalmente devido aos impactos negativos causados em toda a cadeia, desde a extração da matéria-prima até a disposição final do produto após o uso.

Este é, entre outros, um dos motivos por que não podemos tratar a gestão ambiental nas indústrias separadamente da Gestão da Qualidade, desde que tenhamos conceituado QUALIDADE como uma nova forma de administração, em que a gestão de pessoas e processos deve ter um único objetivo: O CLIENTE.

De nada vale satisfazer parcialmente o cliente, deixando-o com uma "bomba" que estourará posteriormente, seja ela provocada pela devastação e/ou impactos negativos (exemplo: alterações climáticas) provocados pela extração das matérias-primas, pela industrialização dos produtos com o consequente aumento da poluição e produção de gases de efeito estufa (GEEs) ou durante a disposição final do produto após o uso.

A Gestão da Qualidade Total (TQM) passa hoje, obrigatoriamente, pela inclusão de modelos de gestão ambiental, de segurança e higiene no trabalho e de responsabilidade social da empresa ao modelo da gestão da qualidade, conforme pretendemos exemplificar no Quadro 5.1.

No novo milênio as empresas começarão a ser vistas através de outra dimensão ou perspectiva, diferentemente da dos dias de hoje, em que, basicamente, a qualidade dos produtos e a qualidade dos serviços não serão mais o grande diferencial.

Podemos colocar a questão:

- E se minha empresa tiver um produto excelente, mas cujo impacto negativo no meio ambiente, após o uso, for grande?
- E se a extração da matéria-prima utilizada causar grande impacto ao meio ambiente?
- Qual a contribuição do produto ou da sua produção para o aquecimento global?
- Como irá reagir a sociedade?
- Como reagirão os consumidores e clientes?
- O que faço para poder minimizar o impacto a jusante e a montante?

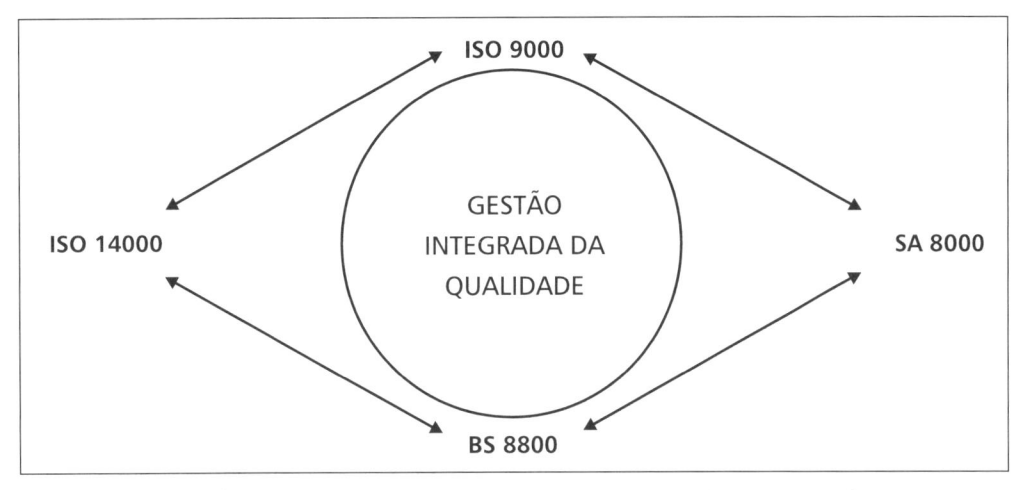

```
                    ISO 9000
                       ↕
ISO 14000  ←→   GESTÃO         ←→  SA 8000
                INTEGRADA DA
                QUALIDADE
                       ↕
                    BS 8800
```

Quadro 5.1: Modelo de gestão integrada da qualidade, no qual se contemplam os diversos aspectos da gestão da qualidade empresarial[2]

PURI afirma que geralmente as premissas ambientais estão em torno daquelas atividades associadas com os estágios do ciclo de vida dos produtos e serviços. Estas atividades podem incluir:

- Aquisição e utilização de matérias-primas.
- Geração de processos.
- Manufatura de material e produtos.
- Provisão de serviços.
- Uso de produtos, processos e serviços, incluindo manutenção, reparação, reutilização e distribuição.
- Gerenciamento de desperdício, incluindo reciclagem, disposição e processos de recuperação.

As empresas estão inseridas dentro de um ambiente que recebe diretamente o impacto de suas ações e que, por outro lado, as submete a um apertado controle e/ou regulamentação, exigindo o seu pleno cumprimento.

---

[2] É comum, hoje em dia, ouvirmos falar de sistemas de gestão integrada que nada mais são do que um modelo de gestão da qualidade integrando todos os conceitos referidos, ou seja, a gestão da qualidade como hoje ela é entendida, a gestão ambiental, a gestão dos aspectos relativos à segurança e higiene dos trabalhadores e a própria gestão social, que se refere à responsabilidade social da empresa perante a própria comunidade onde está inserida. Estamos, assim, caminhando para um modelo de gestão da sustentabilidade.

O Quadro 5.2 pretende dar uma ideia do ambiente onde está inserida uma empresa, o qual deve ser avaliado e considerado no momento do planejamento da implantação da ISO 14001, com o sentido de entender os aspectos e impactos ambientais relacionados a montante e a jusante. Estes aspectos devem ser considerados na avaliação ambiental inicial do SGA (vide Quadro 5.2).

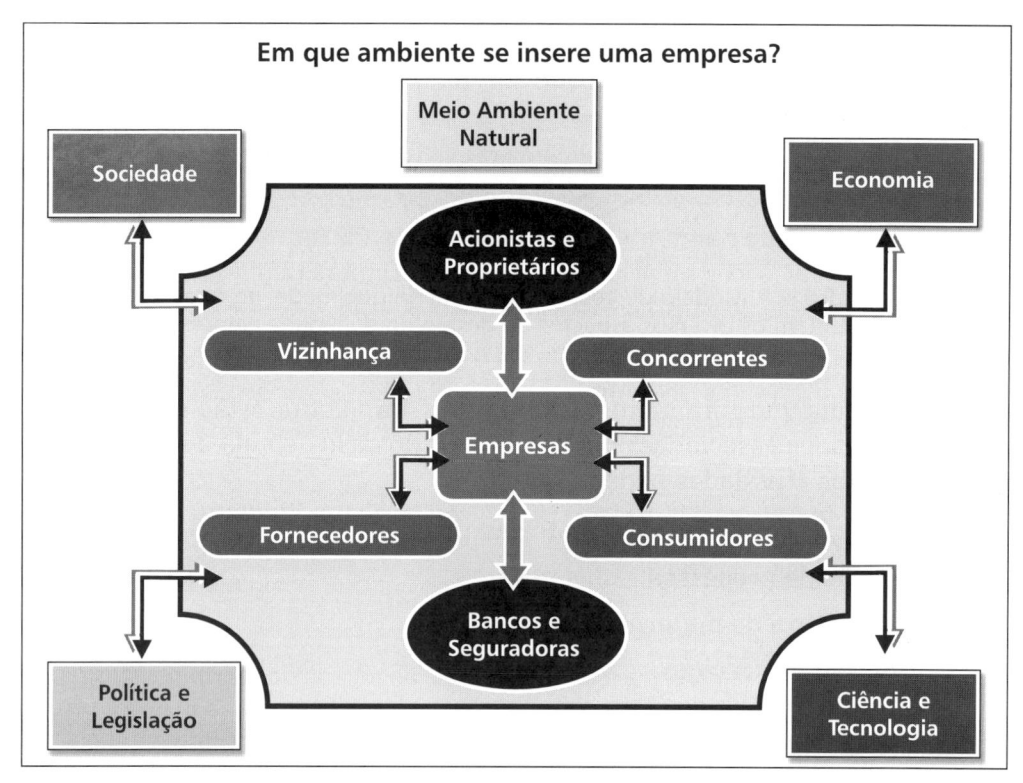

Em que ambiente se insere uma empresa?

- Meio Ambiente Natural
- Sociedade
- Economia
- Acionistas e Proprietários
- Vizinhança
- Concorrentes
- Empresas
- Fornecedores
- Consumidores
- Bancos e Seguradoras
- Política e Legislação
- Ciência e Tecnologia

Quadro 5.2: O ambiente em que se insere a empresa

Já fizemos referência à crescente preocupação da sociedade relativamente ao aspecto ambiental. Essa preocupação é mais latente no hemisfério norte, fortemente industrializado e consciente da importância do meio ambiente para a sobrevivência humana, do que no hemisfério sul, onde se situa a grande maioria dos países considerados do Terceiro Mundo.

Este aspecto, entretanto, não tem impedido que em países do Terceiro Mundo, nomeadamente o Brasil, a consciência ambiental venha em crescimento progressivo e tenhamos observado algumas ações governamentais nesse sentido (veja-se a obrigatoriedade de EIA e RIMA para uma série de atividades industriais e/ou comerciais e/ou a legislação recente sobre as questões da mudança climática). Inclusive o Brasil possui, hoje, uma das Constituições em que o aspecto da preservação e conservação ambiental é considerado um dos mais avançados do mundo.

Porém, como país em desenvolvimento, o Brasil tem visto a sua infraestrutura industrial crescer mais rápido do que a consciência ambiental das populações/sociedade, e poucas têm sido as ações dos governos estaduais e/ou governo federal no intuito de aumentar essa mesma consciência através de programas de educação ambiental das populações, principalmente daquelas desenraizadas do seu meio original.

Diversas ONGs (Organizações Não Governamentais) espalhadas pelo país têm tentado desenvolver atividades, com algum êxito, no sentido de coibir atividades/projetos que resultem numa série de impactos negativos ao meio ambiente e têm, com isso, despertado a atenção de algumas camadas da sociedade para a importância de se preservar o meio ambiente.

Desta forma, a baixa conscientização no que diz respeito à proteção do ecossistema ambiental e, consequentemente, da saúde e segurança do homem tornou-se um aspecto crítico que tem chamado a atenção do mundo para as questões ambientais.

No início dos anos 1990 surgiu o conceito "Desenvolvimento Sustentável", o qual se pode traduzir numa fonte conceitual extremamente importante para a humanidade. Em sua concepção mais abrangente, ele pode ser entendido como:

> "O desenvolvimento que satisfaz as necessidades do presente, sem comprometer as habilidades das futuras gerações em satisfazer as suas necessidades" (Comissão Brundtland, *apud* Gladwin, Kennelly e Krause, 1995).

Gladwin, Kennelly e Krause (1995) definem desenvolvimento sustentável como sendo:

> "um processo de atendimento do desenvolvimento humano (ampliando ou aumentando a gama de escolha das pessoas), de uma forma inclusiva, conectada, equilibrada, prudente e segura".

Segundo cita JUNIOR (1998),

> "o conceito de desenvolvimento sustentável tomou tanto corpo que, nos anos 90, foi fundada uma organização denominada World Business Council for Sustainable Development – WBCSD, desti-

nada a promover a adoção de tecnologias limpas, a alavancar o aumento da ecoeficiência e a difundir o conceito de desenvolvimento sustentável por organizações, empresas e entidades governamentais, visando à preservação da qualidade de vida das próximas gerações".

De acordo com o mesmo autor, o Brasil respondeu de imediato a este movimento e criou o CEBDS – Conselho Empresarial Brasileiro para o Desenvolvimento Sustentável –, o qual tem atuado, juntamente com a indústria, no desenvolvimento deste conceito.

Os gestores empresariais devem ter presente que a sobrevivência das organizações por eles comandadas está diretamente relacionada com o conceito e as diretrizes do desenvolvimento sustentável existente em seus planejamentos estratégicos e nas suas formas de atuação. A sociedade está cada vez menos disposta a aceitar ou tolerar agressões ao meio ambiente e, certamente, num futuro bem mais próximo do que muitos imaginam, *ela demitirá as empresas irresponsáveis do mercado*.

De acordo com JÚNIOR (1998) e segundo uma pesquisa realizada em 300 PMEs das regiões Sul – Sudeste do Brasil pelo SEBRAE, INEM (*International Network of Environmental Management)* e GTZ (uma associação alemã que investe em educação ambiental em países em desenvolvimento), os dados colhidos são alarmantes e demonstram o nível de consciência e de educação ambiental do empresariado médio brasileiro. Assim:

- 70% das empresas não controlam as emissões para a atmosfera;
- 67% das empresas não têm tratamento de efluentes;
- 54% das empresas não fazem inventário de geração e destinação final dos resíduos;
- 76% das empresas não se preocupam com o treinamento de seus colaboradores;
- 59% das empresas não possuem um responsável por questões relacionadas com o meio ambiente.

Estes dados parecem bastante esclarecedores sobre o estágio de conscientização e de responsabilidade ambiental destas empresas, pelo que programas com o objetivo de elevar a conscientização ambiental e estabelecer o compromisso de implantar um modelo da sua gestão devem ser estabelecidos urgentemente e a sua implantação confiada a organizações/associações qualificadas que possuam em seus estatutos o objetivo principal de apoiar a implantação destes modelos.

5.3 O QUE É A ISO 14000

As normas da série ISO 14000 são um conjunto de normas ou padrões de gerenciamento ambiental, de caráter voluntário, que podem ser utilizadas pelas empresas para demonstrar que possuem e operam um sistema de gestão ambiental. Estas normas foram desenvolvidas pelo Comitê Técnico 207 da ISO (ISO TC-207) e foca os seguintes aspectos da gestão ambiental:

- Sistemas de gerenciamento ambiental (*Environmental Management Systems*).
- Auditoria ambiental e investigações relacionadas.
- Rotulagem e declarações ambientais.
- Avaliação de desempenho ambiental.
- Termos e definições.

Desta forma, o conjunto de normas da série ISO 14000 reflete e atende às necessidades das empresas, proporcionando-lhes uma base comum para o gerenciamento das suas questões ou aspectos ambientais.

Com a implantação de um sistema de gestão ambiental baseado nas premissas das normas ISO 14000, além de se garantir um efetivo gerenciamento e melhorias ambientais, as empresas garantem a seus clientes que atendem e respeitam a legislação ambiental e, com isso, estão em condições de ultrapassar uma série de barreiras comerciais impostas por diversos países.

De qualquer forma, pode-se colocar a seguinte questão: quais os princípios que estão por trás das normas ISO 14000?

As normas da série ISO 14000 foram desenvolvidas tendo como principais objetivos:

- Proporcionar meios ou condições para um melhor gerenciamento ambiental.
- Serem aplicáveis a todos os países.
- Promoverem, da forma mais abrangente possível, a harmonia entre o interesse público e os dos usuários das normas.
- Permitirem atender as diferentes necessidades das organizações em todo o mundo, independentemente do seu tamanho.
- Possuírem uma base científica.
- Serem práticas, úteis e utilizáveis.

Cabe aqui levantar algumas questões para serem analisadas e/ou respondidas pelos empresários. Entre elas destacamos:

- Como as atividades da sua empresa impactam o meio ambiente?
- Como são conservados os recursos?
- Como o hipotético risco ambiental é gerido?
- Como produzir produtos ou serviços ambientalmente responsáveis?
- Como motivar os colaboradores a terem um papel protetor do ambiente?
- Como é realizada a avaliação do desempenho ambiental dos fornecedores e da matéria-prima utilizada?
- Como vemos a questão da sustentabilidade empresarial? O que estamos fazendo ou o que vamos fazer?

A norma de gestão ambiental é, portanto, um instrumento de gerenciamento que proporciona às empresas que a utilizam os elementos de um sistema de gestão ambiental eficaz, passível de integração com outros elementos de gestão (por exemplo, com a norma ISO 9000:2008, com a OHSAS 18000 ou com a norma ISO 26000), de forma a auxiliá-las a alcançar suas metas ambientais e econômicas, ou seja, garantir a sua sustentabilidade.

Desta forma, um sistema de gestão ambiental estabelece a adoção de ações preventivas, privilegiando a não ocorrência de impactos ambientais adversos ou, quando tal não for possível, a minimização desses impactos. O meio ambiente aqui considerado é aquele no qual a entidade atua, desde o seu próprio local físico interno até o local onde os produtos serão consumidos.

Põe-se, então, outra questão: quais são os benefícios de um Sistema de Gestão Ambiental?

Apesar de muitos empresários ainda pensarem que o negócio do meio ambiente é "coisa de americano e europeu" e, como tal, o Brasil nada tem a ver com isso, a verdade é que este negócio não é apenas coisa de americano ou de europeu, mas de todo o mundo.

Não vamos, aqui, discorrer sobre a importância da preservação ambiental e suas vantagens, na medida em que tal seria tema para um longo e extenso trabalho. Limitaremos nossa observação aos benefícios da implantação de um SGA (sistema de gestão ambiental) como ferramenta para a sustentabilidade da empresa. Assim:

- Demonstrar aos clientes o comprometimento com a gestão ambiental – *inputs* e *outputs*.
- Manter e/ou melhorar as relações com a comunidade e público em geral.
- Facilitar o acesso a novos investimentos.

- Obter diminuição dos custos de seguro.
- Melhorar a imagem da empresa e aumentar o *market share*.
- Melhorar o controle de custos.
- Diminuir custos via redução de desperdícios de fatores produtivos.
- Reduzir e/ou eliminar os impactos negativos.
- Cumprir a legislação ambiental aplicável.
- Reduzir o número de auditorias dos clientes.

Estas são algumas das vantagens da implantação e implementação de um SGA. E quanto aos custos da implantação?

De início, podemos considerar como principais custos o tempo utilizado pelos colaboradores da empresa na formatação e na implantação do sistema, o tempo utilizado em treinamento e a assistência de uma empresa de consultoria, quando aplicável. Porém, deixamos aqui a seguinte reflexão: será que isto é custo ou investimento?

Se o empresário encarar os recursos utilizados na implantação e certificação do SGA como um custo, acreditamos que ele está partindo da premissa errada. Os recursos utilizados neste processo têm de ser encarados como um investimento, na medida em que a partir da implantação do SGA surgirão inúmeras oportunidades para a redução de custos e a otimização dos processos de produção.

5.3.1 Quais são os elementos-chave de um SGA baseado na Norma ISO 14001?

Embora mais à frente este assunto seja analisado e debatido com maior profundidade, queremos, para uma melhor compreensão deste trabalho, deixar agora expressos os elementos-chave da ISO 14001.

Assim:

- **Política ambiental**
  Aborda a política ambiental e os requisitos para atender a esta política, através dos objetivos, das metas e dos programas ambientais.

- **Planejamento**
  A análise dos aspectos ambientais da organização, incluindo seus processos, produtos e serviços, assim como os bens e serviços usados por essa organização.

- **Implementação e operação**
  Implementação e organização dos processos para controlar e melhorar as atividades operacionais que são críticas do ponto de vista am-

biental. Devem ser considerados os produtos e serviços da organização.

- **Verificação e ação corretiva**
  Verificação e ação corretiva incluindo o monitoramento, a medição e o registro das características e atividades que podem ter um impacto significativo no ambiente.

- **Análise crítica pela administração**
  Análise crítica do SGA pela administração para assegurar a contínua adequação e a efetividade do sistema.

- **Melhoria contínua**
  O conceito de melhoria contínua é um componente-chave do sistema de gestão ambiental, pois através dele a Norma ISO 14001 pretende estimular a melhoria do desempenho. Este conceito completa o processo do PDCA (*Plan, Do, Check, Review and Continually Improve* – planejamento, implementação, verificação, análise crítica e melhoria contínua).

O Quadro 5.3 demonstra claramente como a filosofia do PDCA está inserida no contexto da Norma ISO 14000:

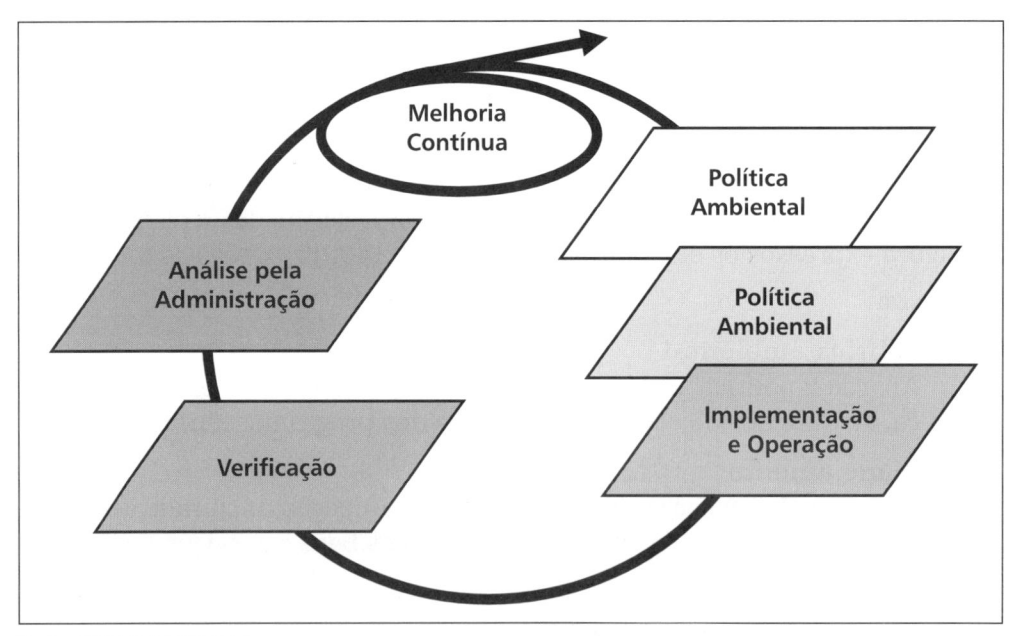

Fonte: NBR ISO 14001:2004.

Quadro 5.3: A filosofia do PDCA incluída na ISO 14000

GESTÃO AMBIENTAL DE EMPREENDIMENTOS

153

Cabe ressaltar que o processo de implementação de um SGA (sistema de gestão ambiental) deve ser entendido como uma metodologia que nos permite implantar cada um dos requisitos da norma aplicável (ISO 14001).

Esta metodologia está fundamentada no ciclo PDCA (*Plan-Do-Check-Action*) ou ciclo de Deming, que prevê o "planejamento" como a fase inicial (Quadro 5.4) e que deve ser muito bem executado para evitar transtornos e retrabalhos nas fases subsequentes.

Quadro 5.4: O ciclo de Deming ou PDCA

Se o leitor olhar atentamente para a figura acima e comparar com a Seção 4 da Norma ISO 14001:2004, rapidamente concluirá que a fase de planejamento está contemplada no ciclo de Deming. Chamamos a atenção dos leitores para o fato de existirem na fase de planejamento três requisitos da norma que, se não atendidos, impedem a continuação, isto é, impedem que se rode o PDCA.

Estamos nos referindo a:

- identificação e avaliação de aspectos ambientais significativos;
- identificação de requisitos legais e outros que a organização subscreva;
- definição de objectivos e metas sob a forma de programas que permitam a minimização dos impactos dos aspectos ambientais mais significativos e o cumprimento legal.

Analisando o Quadro 5.5, o leitor compreenderá melhor o que acabamos de comentar.

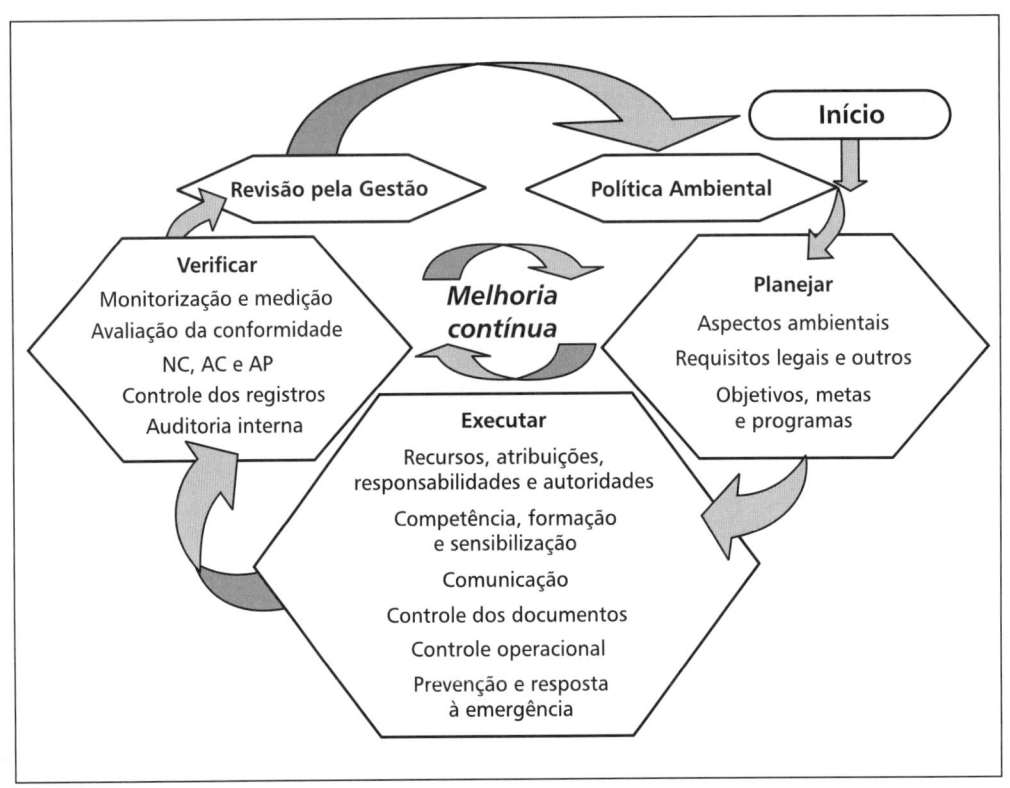

```
                    Início
   Revisão pela Gestão      Política Ambiental

   Verificar                              Planejar
Monitorização e medição    Melhoria    Aspectos ambientais
Avaliação da conformidade  contínua    Requisitos legais e outros
   NC, AC e AP                          Objetivos, metas
Controle dos registros      Executar    e programas
 Auditoria interna    Recursos, atribuições,
                      responsabilidades e autoridades
                      Competência, formação
                      e sensibilização
                      Comunicação
                      Controle dos documentos
                      Controle operacional
                      Prevenção e resposta
                      à emergência
```

Fonte: Direção de Associativismo e Competitividade Empresarial; Guia de referência para a implementação de sistemas de gestão ambiental segundo a ISO 14001:2004. Portugal, 2005.

Quadro 5.5: Visão da ISO 14001 de acordo com a metodologia PDCA

Para que um sistema de gestão ambiental da empresa seja realmente direcionado para a prevenção da poluição[3], é fundamental que na fase de planejamento sejam considerados com detalhes todas as atividades, produtos e serviços.

Apenas identificando os aspectos ambientais para cada atividade, produto e serviço será possível a definição de programas ambientais com objetivos e metas que, direcionados para a origem dos impactos ambientais, irão ajudar na sua minimização. Esta é uma das premissas mais importantes na implementação de um SGA.

---

[3] Prevenção da poluição: utilização de processos, práticas, técnicas, materiais, produtos, serviços ou energia para evitar, reduzir ou controlar (separadamente ou em combinação) a geração, a emissão ou a descarga de qualquer tipo de poluente ou resíduo, com vista à redução dos impactos ambientais adversos.

A prevenção da poluição pode incluir a redução ou a eliminação na origem, as alterações de processos, produtos ou serviços, a utilização eficiente dos recursos, a substituição de materiais e energia, a reutilização, a recuperação, a reciclagem e o tratamento.

5.3.2 Normas ISO 14000 são dirigidas para a organização ou para o produto?

As normas da série ISO 14000 atendem a estas duas vertentes, isto é, são normas dirigidas à organização e normas dirigidas para o produto.

As normas dirigidas para a organização proporcionam um abrangente guia para o estabelecimento, a manutenção e a avaliação de um sistema de gestão ambiental – SGA, enquanto as normas dirigidas para o produto dizem respeito à determinação dos impactos ambientais de produtos e serviços sobre seus ciclos de vida, rotulagem e declarações ambientais.

Estas normas ajudam a organização a reunir a informação de que precisa e que servirá de base para o seu planejamento e suas decisões e para comunicar informação específica ambiental a seus clientes e outras partes interessadas.

A coordenação e o desenvolvimento das normas da série ISO 14000 são realizados pelo Comitê Técnico 207 (TC-207), o qual é composto por diversos subcomitês, conforme a seguir referidos:

- **SC 1** – *Environmental Management Systems* – Padronização no campo de sistemas de gestão ambiental.
- **SC 2** – *Environmental Auditing and Related Environmental Investigations* – Padronização no campo da auditoria ambiental e investigações ambientais relacionadas.
- **SC 3** – *Environmental Labelling* – Padronização no campo da rotulagem ambiental, incluindo práticas de primeira parte (autodeclarações – reclamações) e princípios orientativos para programas de certificação de terceira parte (privado e governamental).
- **SC 4** – *Environmental Performance Evaluation* – Padronização no campo da avaliação ambiental para uso das organizações para medir, assessar e comunicar seus desempenhos ambientais, para fins apropriados de gestão.
- **SC 5** – *Life Cicle Assessment* – Padronização no campo da auditoria do ciclo de vida, como ferramenta para a gestão de sistemas ambientais de produtos e serviços. Abrange a auditoria de impactos no ambiente desde a extração da matéria-prima até a disposição final do produto, após o uso.
- **SC 7** – *Greenhouse Gas Management and Related Activities* – Padronização no campo do controle de emissão de gases de efeito estufa.
- **TCG** – *Termos e Definições* – Coordenação de termos e definições entre os subcomitês da ISO TC-207 e outros comitês ou organizações. Desenvolvimento de uma norma internacional de termos e definições para a gestão ambiental.

5.3.3 Quais as Normas Desenvolvidas pelos Comitês do TC 2007?

Os Comitês Técnicos, ao longo da sua existência, têm desenvolvido diversas normas ambientais com o intuito de ajudar as empresas a gerir e controlar os seus impactos ambientais e, sobretudo, minimizar os impactos causados.

Entre as principais normas produzidas podemos citar:

- **ISO 14004:2004:** Environmental Management Systems – General Guidelines on Principles, Systems and Supporting Techniques.
- **ISO 14005:2010:** Environmental Management Systems – Guidelines for a Staged Implementation of an Environmental Management Systems, including the Use of Environmental Performance Evaluation. Expected publication date. Sept./2010.
- **ISO 19011:(2010):** Guidelines for Quality and/or Environmental Management Systems Auditing.
- **ISO Q19011S:2004:** Guidelines for Quality and/or Environmental Management Systems Auditing. US Version with Supplementar Guidande Added.
- **ISO 14015:2001:** Environmental Assessment of Sites and Organizations.
- **ISO 14020:2000:** Environmental Labels and Declaratives – General Principles.
- **ISO 14021:1999:** Environmental Labels and Declarations – Self-declared Environmental Claims.
- **ISO 14024:1999:** Environmental Labels and Declarations – Type I Environmental Labeling – Guiding Principles and Procedures.
- **ISO 14025:2006:** Environmental Labels and Declaratives – Type III Environmental Declaratives – Principles and Procedures.
- **ISO 14031:1999:** Environmental Management – Environmental Performance Evaluation – Guidelines.
- **ISO 14032:1999:** Environmental Management – Examples of Environmental Performance Evaluations.
- **ISO 14040:2006:** Environmental Management – Life Cycle Assessment – Principles and Procedures.
- **ISO 14044:2006:** Environmental Management – Life Cycle Assessment – Requirements and Guidelines.
- **ISO 14047:2003:** Environmental Management – Life Cycle Assessment – Examples of Application of ISO 14042.

- **ISO 14048:2002:** Environmental Management – Life Cycle Assessment – Data Documentation Format.
- **ISO 14049:2000:** Environmental Management – Life Cycle Assessment – Examples of Application of ISO 14041 to Goal and Scope Definitions and Inventory Analysis.
- **ISO 14050:2009:** Environmental Management – Vocabulary.
- **ISO 14062:2002:** Environmental Management – Integrating Environmental Aspects into Product Design and Development.
- **ISO 14063:2006:** Environmental Management – Environmental Communications – Guidelines and Examples.
- **ISO 14064-1:2006:** Greenhouse Gases – Part 1: Specification with Guidance at the Organizational Level for Qualification and Reporting of Greenhouse Gas Emission Reductions and Removals.
- **ISO 14064-2:2006:** Greenhouse Gases – Part 2: Specification with Guidance at the Project Level for Quantification, Monitoring and Reporting of Greenhouse Gas Emission Reductions or Removal Enhancements.
- **ISO 14064-3:2006:** Greenhouse Gases – Part 3: Specification with Guidance for Validation and Verification of Greenhouse Gases Assertions.
- **ISO 14065:2007:** Greenhouse Gases – Requirements for Greenhouse Gas Validation and Verifications Bodies for Use in Accreditation or other Forms of Recognition.

5.4 Desenvolvendo o Planejamento para a Implementação do SGA

Para que uma organização/empresa desenvolva um efetivo SGA, é necessário que alguns passos sejam adequadamente previstos e planejados:

- obter o comprometimento da administração e das gerências;
- escolher um líder (campeão) do processo;
- preparar um orçamento e um cronograma de gastos/investimentos;
- preparar equipes multifuncionais (intra e interdepartamentais);
- envolver os colaboradores;
- realizar análises preliminares, identificando o impacto das atividades realizadas e processos;
- rever e/ou alterar planos;
- preparar procedimentos e outros documentos;

- planejar as alterações/mudanças;
- treinar os colaboradores; e
- auditar o desempenho.

Cabe, aqui, chamar a atenção, principalmente das pequenas e médias empresas, para a utilização de consultorias. Consultores podem ser uma fonte de ajuda na avaliação do SGA e na sugestão de linhas de atuação, mas não devem ficar como responsáveis pela implementação do sistema. Para isso, deve existir um líder, que coordenará as equipes multifuncionais na implementação do sistema de gestão ambiental.

Para uma melhor compreensão das atividades/processos de implantação dos requisitos da Norma ISO 14001 nas empresas, inserimos um cronograma (Quadro 5.6) que pode dar uma visão do que será um processo de implantação. Lembramos que este cronograma é apenas ilustrativo e que, com certeza, sofrerá alterações de empresa para empresa, pelo que o leitor não pode nem deve utilizá-lo como padrão. Ele pretende ser apenas um modelo.

Obter o Compromisso da Administração

É, sem dúvida, o primeiro passo a ser dado. O apoio da administração da empresa, incluindo gerências, será fundamental ao sucesso do futuro sistema de gestão ambiental. Para isso, é importante que ela entenda e visualize, pelo menos mentalmente, os benefícios do SGA, assim como a forma como ela poderá contribuir para a implantação e implementação do SGA. Esta é a fase na qual a administração não se poderá omitir. A responsabilidade pelo sistema e pela sua efetividade não pode, ou deve, ser DELEGADA.

No final o sistema sempre refletirá a posição da administração perante a problemática do meio ambiente e, por isso, dizer que "a cara do sistema é a cara da administração" é uma verdade sem contestação.

A NBR ISO 14001 diz em seu Requisito 4.1 – Requisitos Gerais que:

> "A organização deve estabelecer e manter um sistema de gestão ambiental, cujos requisitos estão descritos nesta seção".

A questão que se pode colocar é:

De quem é a responsabilidade por definir a implantação de um SGA e de proporcionar recursos (humanos, materiais e financeiros) para a sua implantação, operacionalização e manutenção?

Responderíamos a tal questão: SEM DÚVIDA, DA ADMINISTRAÇÃO DA EMPRESA EM SEU MAIS ALTO NÍVEL!

Diz a NBR ISO 14001 no seu requisito 4.2 – Política Ambiental:

> *"A alta administração deve definir a política ambiental da organização e assegurar que ela:*
> 1. *seja apropriada à natureza, escala e impactos ambientais de suas atividades, produtos ou serviços;*
> 2. *inclua o comprometimento com a melhoria contínua e com a prevenção da poluição;*
> 3. *inclua o comprometimento com o atendimento à legislação e normas ambientais aplicáveis, e demais requisitos subscritos pela organização;*
> 4. *forneça a estrutura para o estabelecimento e revisão dos objetivos e metas ambientais;*
> 5. *seja documentada, implementada, mantida e comunicada a todos os empregados;*
> 6. *esteja disponível para o público".*

Cabe aqui perguntar em relação ao item 1: "de que forma pode ser explicitada a adequação à natureza, escala e impactos ambientais das atividades, produtos e serviços da organização?"[4]

De acordo com a interpretação oficial do CB 38 da ABNT, a generalidade da política ambiental, bem como as omissões quanto à natureza, escala e impactos, devem ser evitadas. O balanço entre o texto da política e a verificação do seu desdobramento em objetivos e metas é uma das maneiras de atender a este requisito normativo. Neste contexto, entende-se que a verificação do termo "apropriada" deve de alguma forma considerar:

- *Natureza:* tipo de atividades, produtos ou serviços.
- *Impactos ambientais:* reconhecimento dos principais tipos de impacto.
- *Escala:* porte e abrangência geográfica das atividades, produtos e serviços da organização, entre outros.

O que podemos entender por política ambiental[5]

Segundo definido pela norma NBR ISO 14001 em seu Capítulo 3 – Definições, política ambiental é:

---

[4] Interpretação NBR ISO 14001:2004, fevereiro de 2006; CB 38/SC 01/grupo de interpretação.

[5] Política ambiental: conjunto de intenções e de orientações gerais de uma organização relacionadas com o seu desempenho ambiental, como formalmente expressas pela alta direção.
NOTA: A política ambiental fornece um enquadramento para a atuação e para o estabelecimento de objetivos ambientais e metas ambientais.

Capítulo 5: A Gestão Ambiental e a ISO 14000

Diagnóstico Ambiental	Obtenção de licenças em falta e elaboração e implementação de projetos de alte				
Envolvimento da Gestão de Topo	Definição do Âmbito do SGA	Procedimento Registros	Procedimento Comunicação	Política Ambiental	
Definição de Responsável de Ambiente e Regulamentação da Gestão de Topo	Esboço da Política Ambiental	Procedimento Controle de Documentos	Identificação das necessidades de formação	Procedimento NC/AC/AP	
		Procedimento Formação			
Nomeação de um Conselho de Gestão Ambiental	Formação de sensibilização ambiental a todos os trabalhadores	Procedimento Requisitos legais e outros	Levantamento dos Requisitos legais	Requisitos legais aplicáveis a cada aspecto ambiental	Definiçã de Objetiv e Meta:
Formação em Gestão Ambiental e ISO 14001 e todos os membros do Conselho de Gestão Ambiental	Elaboração de cadernos de encargos com definição das atividades a desenvolver por cada membro do Conselho de Gestão Ambiental com coordenação do Responsável do Ambiente	Procedimento Identificação e avaliação de aspectos ambientais	Identificação de aspectos ambientais de atividades, produtos e serviços e identificação de impactos associados	Avaliação de significância de aspectos ambientais	Elaboraçã de progra de gestã ambient
		Levantamento de situações de emergência	Identificação dos impactos das situações de emergência	Identificação de mitigações para os impactos das situações de emergência	Elaboração procedime para da resposta situações emergên
					Elaboração procedime documenta de contro operacion
Sensibilização para a importância do cumprimento dos requisitos da norma					

Fonte: Direção de Associativismo e Competitividade Empresarial; guia de referência para a implementação de sistemas de ambiental segundo a ISO 14001:2004 – Portugal, 2005.

Quadro 5.6: Modelo de cronograma de implantação dos req

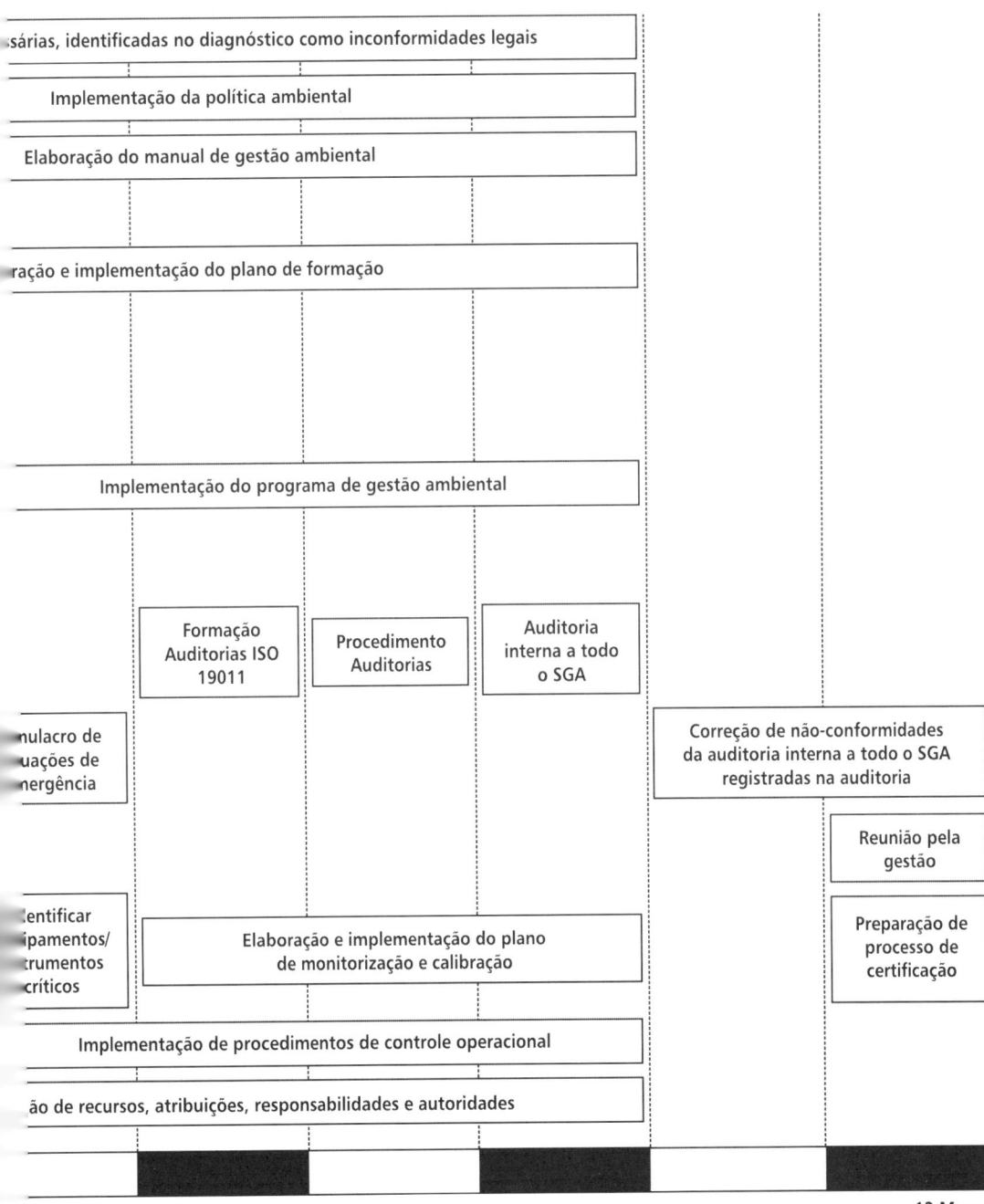

...sárias, identificadas no diagnóstico como inconformidades legais

Implementação da política ambiental

Elaboração do manual de gestão ambiental

...ração e implementação do plano de formação

Implementação do programa de gestão ambiental

| Formação Auditorias ISO 19011 | Procedimento Auditorias | Auditoria interna a todo o SGA |

...mulacro de ...uações de ...mergência

Correção de não-conformidades da auditoria interna a todo o SGA registradas na auditoria

Reunião pela gestão

...entificar ...ipamentos/ ...trumentos ...críticos

Elaboração e implementação do plano de monitorização e calibração

Preparação de processo de certificação

Implementação de procedimentos de controle operacional

...ão de recursos, atribuições, responsabilidades e autoridades

12 Meses

...SGA, de acordo com os requisitos da Norma ISO 14001:2004

> *"declaração da organização expondo suas intenções e princípios em relação ao seu desempenho ambiental global, que provê uma estrutura para ação e definição de seus objetivos e metas".*

Podemos, desta definição, concluir que a política ambiental deve:

1. ser responsabilidade do mais alto nível hierárquico da empresa;
2. auxiliar no estabelecimento dos objetivos e metas;
3. fornecer uma estrutura para ação;
4. ser o fundamento do SGA;
5. estabelecer a direção estratégica das ações ambientais da empresa;
6. ser referência ou diretriz básica para a comparação de estratégias, planos e ações.

A política ambiental, ao ser de responsabilidade da alta administração da empresa, deve considerar na sua elaboração os seguintes aspectos (Quadro 5.7):

- relevância para a organização;
- abrangência do SGA (*inputs* e *outputs*);
- melhoria contínua e prevenção da poluição;
- atendimento à legislação, regulamentos e códigos;
- objetivos e metas, os quais devem estar alinhados ou representar um desdobramento da política ambiental;
- ser documentada, implementada, mantida, comunicada e disponibilizada às partes interessadas;
- estar disponível.

A definição da política ambiental, sua documentação e divulgação é um dos aspectos mais importantes do SGA, pois além de representar a diretriz máxima da estratégia ambiental da empresa, ela é, também:

1. uma declaração pública do comprometimento empresarial para com a gestão ambiental;
2. a evidência factual do apoio da alta administração.

Concluindo, podemos dizer que a política ambiental deve ser entendida como a linha mestra ou, melhor, como o conjunto de diretrizes definidas e aprovadas pela alta direção das empresas para serem aplicadas em todos os processos de negócio em que ela possa contribuir, direta ou indiretamente, para a geração de impactos no meio ambiente.

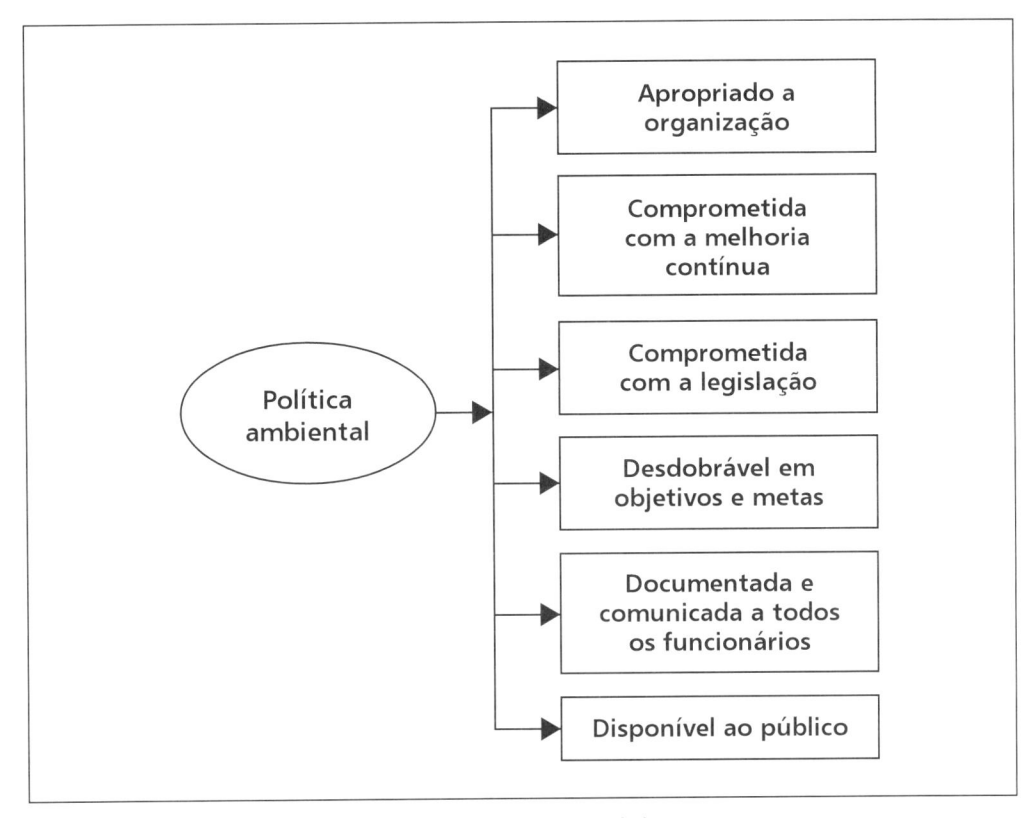

```
┌─────────────────────────────────────────────────────────┐
│                                    ┌──────────────┐     │
│                              ─────▶│  Apropriado a│     │
│                             │      │  organização │     │
│                             │      └──────────────┘     │
│                             │      ┌──────────────┐     │
│                             │      │  Comprometida│     │
│                             ├─────▶│  com a melhoria   │
│                             │      │  contínua    │     │
│                             │      └──────────────┘     │
│                             │      ┌──────────────┐     │
│                             │      │  Comprometida│     │
│         ╭─────────╮         ├─────▶│  com a legislação │
│         │ Política│         │      └──────────────┘     │
│         │ambiental├────────▶│      ┌──────────────┐     │
│         ╰─────────╯         ├─────▶│  Desdobrável em   │
│                             │      │  objetivos e metas│
│                             │      └──────────────┘     │
│                             │      ┌──────────────┐     │
│                             │      │  Documentada e    │
│                             ├─────▶│  comunicada a todos│
│                             │      │  os funcionários  │
│                             │      └──────────────┘     │
│                             │      ┌──────────────┐     │
│                             └─────▶│ Disponível ao público│
│                                    └──────────────┘     │
└─────────────────────────────────────────────────────────┘
```

Quadro 5.7: Política ambiental da empresa

5.5 Princípios de um Sistema de Gestão Ambiental

Para uma melhor compreensão e interpretação do que iremos analisar daqui em diante, incluímos no Anexo A as normas ISO 14001 e ISO 14004, cuja consulta recomendamos aos leitores, na medida em que eles são complementares a toda esta proposta de implantação de um SGA.

A NBR ISO 14004 define os cinco princípios de um SGA, a saber:

- Comprometimento e política.
- Planejamento.
- Implementação.
- Medição e avaliação.
- Análise crítica e melhoria contínua.

5.6 Princípio 1 – Comprometimento e política

O primeiro princípio, comprometimento e política, é da responsabilidade da alta administração e gerências e engloba, além do Requisito 4.1.1 – Generalidades, os Requisitos 4.1.2 – Comprometimento e Liderança da Alta Administração, 4.1.3 – Avaliação Ambiental Inicial e o 4.1.4 – Política Ambiental.

Assim:

4.1.1 – Generalidades

A NBR ISO 14004 diz a este respeito que:

> *"É recomendado que a organização comece onde existam benefícios óbvios, por exemplo, focalizando a conformidade legal, reduzindo as causas de responsabilidade civil ou tornando mais eficiente a utilização de materiais.*
>
> *À medida que a organização ganha experiência, com o seu SGA começando a tomar forma, podem ser implementados procedimentos, programas e tecnologias para promover melhorias adicionais no desempenho ambiental. Em seguida, com o amadurecimento do SGA, as considerações ambientais podem ser integradas em todas as decisões de negócios".*

Cabe aqui considerar os seguintes aspectos:

- Identificação das atividades que impactam o meio ambiente.
- Priorização das atividades relativamente à significância do seu im-pacto.
- Prestação de maior atenção àquelas atividades que exercem um impacto mais significativo no meio ambiente. Em seguida, ampliar a ação do SGA para as outras atividades.
- Integração de todas as outras atividades do SGA às dos outros sistemas, inclusive Qualidade, e integrá-las ao plano de negócios da empresa.

Ao estabelecer um sistema de gestão ambiental[6], as organizações devem ter em consideração que o sistema se baseia em dois princípios fundamentais:

---

6 Sistema de gestão ambiental: parte do sistema de gestão de uma organização utilizada para dirigir e controlar uma organização no que se refere ao ambiente.
NOTA: Um sistema de gestão é um conjunto de requisitos inter-relacionados, utilizados para estabelecer uma política e objetivos e para atingir tais objectivos.
NOTA: Um sistema de gestão inclui a estrutura organizacional, as atividades de planeamento, as responsabilidades, as práticas, os procedimentos, os processos e os recursos.

- a melhoria contínua do sistema de gestão ambiental;
- a melhoria contínua do desempenho ambiental.

Para atender a estes dois princípios, as organizações não podem deixar de considerar o estabelecimento de uma rede de indicadores e metas ambientais, os quais permitirão mensurar o desempenho ambiental, realizar comparações com resultados anteriormente obtidos e propiciar sua melhoria.

4.1.2 – Comprometimento e liderança da alta administração

A NBR ISO 14004 diz a este respeito que:

> "Para assegurar sucesso, um passo preliminar para o desenvolvimento ou aperfeiçoamento de um SGA é a obtenção do comprometimento da alta administração da organização com a melhoria da gestão ambiental de suas atividades, produtos ou serviços. São cruciais o comprometimento e a liderança permanentes da alta administração".

Devem ser considerados os seguintes aspectos:

- A identificação e a divulgação (tornar explícito) a todos do comprometimento da alta administração com o desenvolvimento do sistema.
- Definição e clarificação (tornar claro) do papel dos líderes e as responsabilidades e autoridade para as diversas atividades do SGA.
- Estímulo à participação dos níveis gerenciais no desenvolvimento do sistema.

4.1.3 – Avaliação ambiental inicial

A NBR ISO 14004 diz a este respeito que:

> "O posicionamento atual de uma organização em relação ao meio ambiente pode ser determinado através de uma avaliação ambiental inicial. A avaliação ambiental pode abranger o seguinte:
> - identificação dos requisitos legais e regulamentares;
> - identificação dos aspectos ambientais de suas atividades, produtos ou serviços, de modo a determinar aqueles que têm ou possam ter impactos ambientais significativos e impliquem responsabilidade civil;

- *avaliação do desempenho em relação a critérios internos pertinentes, padrões externos, regulamentos, códigos de prática, princípios e diretrizes;*
- *práticas e procedimentos de gestão ambiental existentes;*
- *identificação de políticas e procedimentos existentes relativos às atividades de aquisição e contratação;*
- *informações resultantes da investigação de incidentes anteriores, envolvendo não conformidades;*
- *oportunidades de vantagens competitivas;*
- *os pontos de vista das partes interessadas;*
- *funções ou atividades de outros sistemas organizacionais que possam facilitar ou prejudicar o desempenho ambiental".*

É recomendado que, em todos os casos, sejam consideradas todas as condições operacionais, incluindo-se possíveis incidentes e situações de emergência.

A organização também deve documentar o processo e os resultados da avaliação ambiental inicial e identificar as oportunidades de desenvolvimento do SGA.

A avaliação ambiental inicial não é um requisito mandatório, embora seja recomendável realizá-la. Podemos considerá-la a base do SGA, na medida em que permite obter uma "fotografia" do sistema existente e obter respostas para algumas questões de suma importância. Senão, vejamos:

1. Você sabe quais são as leis e regulamentos ambientais importantes para o seu negócio?
2. Você sabe e compreende como o seu negócio afeta o meio ambiente?
3. Você conhece as práticas da sua organização/empresa?
4. O foco da sua organização/empresa está voltado para o cliente e para a obtenção da sua satisfação?

A avaliação ambiental inicial pode ser considerada uma ferramenta que nos permite identificar:

- pontos fortes e fracos da organização/empresa;
- ameaças e tendências; e
- oportunidades de melhoria e de mercado.

Poderíamos, então, encará-la como uma ferramenta estratégica, na medida em que pode influenciar todo o desenvolvimento do planejamento estratégico empresarial, em função dos dados e informações colhidos durante a sua realização. Esta avaliação ambiental inicial (estratégica) deve contemplar, entre outros, os seguintes aspectos:

- legislação e regulamentos aplicáveis;
- impactos ambientais significativos;
- estado da arte da gestão ambiental atual; e
- registros de acidentes, incidentes e infrações ambientais e solução dada.

Como realizar uma avaliação ambiental inicial ou Gap analysis?

Primeiramente, devemos selecionar as áreas a serem avaliadas e as pessoas a serem entrevistadas. Para o efeito pode-se utilizar:

1. questionários;
2. entrevistas;
3. folhas de verificação (*check-list*);
4. inspeção direta e medição;
5. revisão de registros;
6. *benchmarking*.

A avaliação ambiental inicial deve, no mínimo, cobrir ou abranger:

1. a decisão de proceder à avaliação ambiental inicial em toda a empresa, ou apenas em parte dela;
2. a decisão quanto ao escopo da avaliação, completa ou restrita;
3. a situação da empresa em relação à legislação (leis, normas, regulamentos, códigos etc., no âmbito federal, estadual e municipal);
4. os aspectos ambientais que possam ser potencialmente preocupantes e outros assuntos relacionados;
5. o tipo de gestão e/ou gerenciamento e práticas ambientais; e
6. os acidentes, incidentes e penalizações ambientais ocorridas anteriormente.

Na preparação da avaliação ambiental inicial dever-se-á, ainda, prever:

- Como a gerência apoiará este evento?
- Como se dará o processo de comunicação entre os avaliadores e as gerências/administração?
- No caso de a avaliação ambiental ser restrita, quais as áreas a serem avaliadas?

Cabe deixar claro que a avaliação ambiental inicial não é uma auditoria ambiental, pelo menos conforme os critérios definidos pelas Normas ISO 14000 e ISO 19011. A avaliação ambiental inicial é um levantamento da situação existente que servirá como ferramenta para o planejamento da implantação do SGA. De qualquer forma, a avaliação ambiental inicial é uma atividade que necessita ser preparada e planejada, pelo que a coordenação do projeto de implantação do SGA deve:

- prever o tempo e os recursos necessários;
- identificar as fontes de informação, externas e internas;
- preparar e revisar os *check-lists* e questionários a serem utilizados; e
- treinar o pessoal na correta aplicação dos *check-lists* e questionários.

5.7 Etapas da Avaliação Ambiental Inicial

Na realização das atividades ou fases requeridas para a sua execução (Quadro 5.8), deve-se:

- revisar a legislação aplicável e as licenças existentes, ou seja, a verificação da conformidade legal e o correto atendimento aos requisitos legais e/ou regulamentares assinados pela empresa;
- identificar as atividades e operações que causem impacto ao ambiente (Quadro 6.1);
- realizar um balanço de massa, se aplicável;
- preparar um croqui da unidade (ecomapa);
- preparar um diagrama de fluxo de processo;
- rever dados e informações ambientais;
- realizar um completo reconhecimento da empresa ou áreas a serem avaliadas;
- entrevistar o pessoal operacional e gerentes; e
- reunir com as autoridades oficiais fiscalizadoras do meio ambiente.

Devem ser considerados também os seguintes aspectos:

1. Revisar e analisar todas as atividades direta ou indiretamente relacionadas com o ambiente, de forma a identificar os seus impactos ambientais, perigos e responsabilidades.
2. Avaliar e documentar/registrar os aspectos ambientais significantes, incluindo requisitos legais e/ou regulamentares.
3. Avaliar o desempenho ambiental contra padrões internos, externos, regulamentos, códigos de prática, princípios e diretrizes.
4. Identificar eventuais *gaps* e deficiências do SGA.
5. Identificar práticas e procedimentos que se relacionem com a gestão ambiental existente.
6. Promover a melhoria do atual sistema de gestão ambiental, como forma de assegurar a efetividade do seu desempenho, documentando o *status* existente.

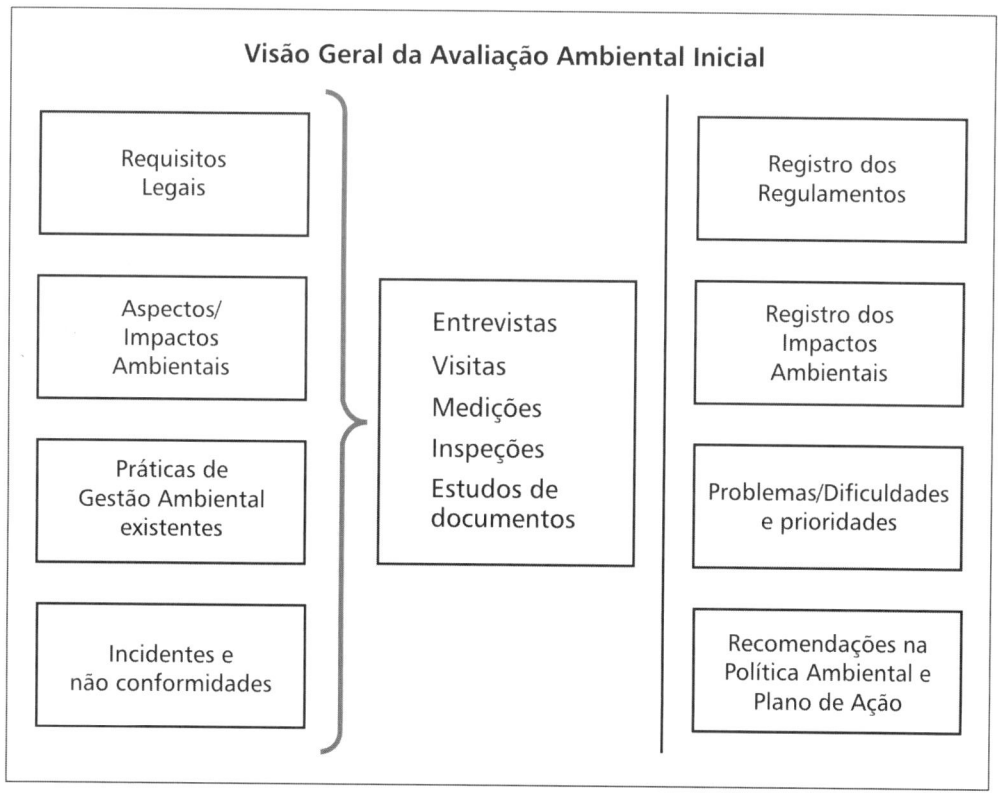

Visão Geral da Avaliação Ambiental Inicial

Requisitos Legais		Registro dos Regulamentos
Aspectos/ Impactos Ambientais	Entrevistas Visitas Medições Inspeções Estudos de documentos	Registro dos Impactos Ambientais
Práticas de Gestão Ambiental existentes		Problemas/Dificuldades e prioridades
Incidentes e não conformidades		Recomendações na Política Ambiental e Plano de Ação

Fonte: SENAI.

Quadro 5.8: Visão geral da avaliação ambiental inicial

Quadro 5.9: Exemplos de entradas e saídas de fluxos elementares de atividades

Entradas	
Matérias-primas	Materiais que Compõem o Produto Final
Matérias-primas subsidiadas	Materiais utilizados durante a produção do produto final, tanto para auxiliar o processo de produção como para garantir atividades de manutenção de equipamentos, limpeza de instalações etc.
Energia	Tipo e uso de energia – eletricidade, gasóleo, gasolina, gás, calor etc.
Água	Tipos de águas (rede pública, furo etc.) e de utilizações.
Ar	Ar utilizado para a alimentação de um processo de combustão.
Saídas	
Emissões Gasosas	Todas as emissões gasosas, quer sejam emitidas diretamente através de chaminés, quer descarregadas numa câmara e se escapem em fugas ou se volatizem em emissões difusas.
Cheiro	Potenciais maus cheiros que possam ser sentidos fora das instalações.
Ruído	Ruído emitido para o exterior durante a atividade.
Energia	Eletricidade desperdiçada, energia reativa e energia térmica.
Radiação	Potenciais radiações emitidas para o exterior das instalações.
Águas residuais	Todas as águas industriais de origem industrial e doméstica que são descarregadas diretamente no meio hídrico, no solo ou em coletor.
Resíduos	Todos os materiais que se tenciona desfazer, ou se tem a obrigação de fazer, enviando para um destino final adequado, como entrega a operadores autorizados. Material reciclável, contentores com retorno, subprodutos químicos, desperdícios, baterias usadas, pneus, veículos em fim de vida, óleos usados, equipamento elétrico-eletrônico usado etc.
Derrames	Todos os potenciais derrames que possam ocorrer durante a atividade.

Fonte: Direção de Associativismo e Competitividade Empresarial; guia de referência para a implementação de sistemas de gestão ambiental segundo a ISO 14001:2004 – Portugal, 2005.

Resumindo, podemos dizer que a realização da avaliação ambiental inicial ou *gap-analysis* tem como principal objetivo a determinação do *status* de adequação e conformidade do sistema de gestão da organização e aderência aos referenciais a serem adotados, tais como:

- diretrizes de gestão da organização;
- requisitos legais aplicáveis;
- requisitos normativos ISO14001:2004;
- outros requisitos aplicáveis.

4.1.4 Política Ambiental

A NBR ISO 14004 diz a este respeito que:

> *"Uma política ambiental estabelece um senso geral de orientação e fixa os princípios de ação para uma organização. Determina o objetivo fundamental no tocante ao nível global de responsabilidade e desempenho ambiental requerido da organização, com referência aos quais todas as ações subsequentes serão julgadas".*

Um número crescente de organizações internacionais, incluindo governos, associações industriais e de cidadãos, tem desenvolvido princípios orientadores (ver dois exemplos no Anexo A). Tais princípios têm auxiliado as organizações a definir a amplitude do seu comprometimento com o meio ambiente. Eles permitem também proporcionar às diferentes organizações um conjunto de valores comuns.

Com base nestes princípios orientadores, qualquer organização pode desenvolver sua política, que poderá ser tão particular quanto a organização para a qual ela foi formulada.

Normalmente, compete à alta administração a responsabilidade pelo estabelecimento da política ambiental da organização, sendo o corpo gerencial responsável por implementar a política e prover elementos que permitam formulá-la e modificá-la.

Uma política ambiental deve considerar:
- missão, visão, valores essenciais e crenças da organização;
- requisitos das partes interessadas e a comunicação com elas;
- melhoria contínua;
- prevenção de poluição;
- princípios orientadores;
- coordenação com outras políticas organizacionais (tais como qualidade, saúde ocupacional e segurança no trabalho);
- condições locais ou regionais específicas; e

- conformidade com regulamentos, leis e outros critérios ambientais pertinentes, subscritos pela organização.

Cabe, então, aqui considerar alguns aspectos que julgamos de suma importância:

- estabelecer a integração das políticas, missão, visão e objetivos do sistema empresarial (qualidade, financeiro, recursos humanos, investimentos etc.) com as diretrizes estratégicas do sistema de gestão ambiental;
- comunicar a toda a organização a política e objetivos ambientais, assim como a nova estratégia empresarial; e
- garantir que a política seja disseminada e entendida por todos os níveis hierárquicos e colaboradores, bem como a importância da sua atividade para a consecução dos objetivos ambientais;

A política ambiental da empresa deve contemplar três aspectos-chave:

1. comprometimento com a melhoria contínua;
2. prevenção da poluição; e
3. adequação com a legislação e regulamentos relevantes.

Estes três aspectos devem estar expressos na política e devem ser foco da preocupação da alta direção. Assim:

- **Comprometimento com a melhoria contínua:** a lógica dos sistemas de gestão está baseada no conceito de melhoria contínua ou permanente, como forma de garantir a própria sustentabilidade das empresas ou negócios;
- **Prevenção da poluição:** a poluição gerada, seja ela motivada por efluentes gasosos, químicos ou físicos, é um aspecto extremamente importante e que deve ser objeto da maior atenção por parte da direção das empresas. Esta deve assegurar a minimização da poluição gerada pelos processos do negócio, recorrendo, se necessário, à alteração dos processos e tecnologias utilizados. A abrangência deste aspecto pode, em determinados processos industriais, atingir a poluição gerada pelos fornecedores da matéria-prima.
- **Adequação com a legislação e regulamentos relevantes:** a ISO 14000 impõe o cumprimento da legislação, dos regulamentos ambientais aplicáveis e de outros requisitos (ver 4.3.2) que a organização subscreva. Para isso, antes da aprovação da política ambiental, deve ser realiza-

do um estudo abrangente sobre toda a legislação e documentos aplicáveis e a forma como a empresa está atendendo às exigências/requisitos deles.

O Quadro 5.10 resume os instrumentos e procedimentos necessários à divulgação da política ambiental da empresa:

Quadro 5.10: Divulgação da política ambiental

Internamente	Externamente
Comunicado do presidente da empresa	*Folders*
Cursos de treinamento básico	Brochuras
Jornal interno ou correspondência	Relatórios externos da empresa
Quadro geral de avisos	Comunicados externos
	Jornal
	Propaganda
Reuniões etc.	Reuniões etc.
Destina-se, principalmente aos colaboradores e deve fornecer as linhas de ação para os diversos setores da organização. Recomenda-se estabelecer uma política ambiental que possa ser facilmente compreendida e seguida por todos os colaboradores. Colaboradores contratatados (terceiros) a serviço da empresa devem ser conscientizados sobre a política ambiental e a importância do seu cumprimento.	A divulgação externa visa estabelecer a base do entendimento entre a organização e seus *stakeholders* (partes envolvidas externas), devendo ser definido qual ou quais canais a empresa utilizará para a divulgação externa.

Na elaboração da política ambiental deve haver o cuidado de mantê-la simples e compreensível a todos os colaboradores, de forma que possa ser auditável. Os colaboradores deverão entender ou estar conscientes de como o seu trabalho/atividade contribui para o cumprimento das diretrizes expressas pela política ambiental da empresa.

Antes de aprovar e divulgar a política ambiental, a alta administração deve, pelo menos, responder algumas questões, tais como:

- O que esperamos conseguir? Esta política é adequada para a empresa? Ela reflete os valores e princípios orientadores da organização?
- A política é pertinente ou apresenta relação com as atividades, produtos ou serviços da empresa?

- Como comunicaremos essa política ambiental a toda a organização (níveis organizacionais e colaboradores) e qual a melhor forma de fazer isso?
- Fazemos o que estamos afirmando que fazemos?
- A política ambiental é suficientemente explícita para que possa ser auditável?
- A política ambiental é um documento isolado ou, por outro lado, ela é um documento que pode ser integrado com as outras políticas da organização, tais como saúde e segurança, qualidade etc.?

Refere, ainda, a NBR ISO 14004 a este respeito (vide Ajuda Prática Política Ambiental) que:

> "Todas as atividades, produtos ou serviços podem ocasionar impactos sobre o meio ambiente. É recomendado que isso seja reconhecido pela política ambiental.
>
> Uma análise detalhada dos princípios orientadores do Anexo A pode facilitar a redação de uma política apropriada. As questões abordadas na política dependem da natureza da organização. Além da observância dos regulamentos ambientais, a política pode declarar comprometimento com:
> - minimização de quaisquer impactos ambientais adversos significativos de novos desenvolvimentos, pela adoção de planejamento e procedimentos de gestão ambiental integrados;
> - desenvolvimento de procedimentos para avaliação de desempenho ambiental e indicadores associados;
> - incorporação da abordagem de ciclo de vida;
> - concepção de produtos de modo a minimizar seus impactos ambientais nas fases de produção, uso e disposição;
> - prevenção da poluição, redução de resíduos e do consumo de recursos (materiais, combustível e energia) e, quando viável, comprometimento com a recuperação e reciclagem ao invés da disposição;
> - educação e treinamento;
> - compartilhamento de experiências na área ambiental;
> - envolvimento das partes interessadas e comunicação com elas;
> - trabalho no sentido do desenvolvimento sustentável;
> - encorajamento do uso do SGA por fornecedores e prestadores de serviços".

Quadro 5.11: *Check-list* de implantação do Princípio 1 do sistema de gestão ambiental

Elementos do SGA	☺	☺	☹
4 – Sistema de gestão ambiental			
4.0 – Generalidades Estabelecer e manter um SGA para a melhoria da qualidade do ambiente.			
4.1 – Política ambiental – Definir e documentar a política ambiental. – Assegurar que a política: • É compreendida, implementada e mantida em todos os níveis da organização. • É apropriada à natureza, escala e magnitude dos impactos ambientais das atividades. • Identifica o comprometimento para a melhoria contínua e a prevenção contra impactos ambientais negativos (exemplo: poluição). • É consistente com os regulamentos e a legislação ambiental. • Fornece a estrutura para a contínua análise dos objetivos e metas ambientais. • Está disponível ao público.			

5.8 Princípio 2 – Planejamento

Este é o Princípio 2 estabelecido pela ISO 14000 para um sistema de gestão ambiental, sendo abordado no Requisito 4.3 e subdividido em quatro subelementos:

4.3.1 – Aspectos ambientais.

4.3.2 – Requisitos legais e outros requisitos.

4.3.3 – Objetivos e metas.

4.3.4 – Programas de gestão ambiental.

Vejamos, então, o que a ISO 14001 estabelece para cada um deles:

4.3.1 – Aspectos ambientais

"A organização deve estabelecer e manter procedimentos para identificar os aspectos ambientais de suas atividades, produtos ou serviços que possam por ela ser controlados e sobre os quais pre-

sume-se que ela tenha influência, a fim de determinar aqueles que tenham ou possam ter impacto significativo sobre o meio ambiente. A organização deve assegurar que os aspectos relacionados a estes impactos significativos sejam considerados na definição de seus objetivos ambientais. A organização deve manter essas informações atualizadas".

Como poderemos de uma forma mais simples definir aspecto ambiental?

Para uma maior facilidade de entendimento, podemos dizer que aspecto ambiental "é o elemento das atividades ou produto ou serviços de uma organização que pode interagir com o meio ambiente". Ele pode ser classificado como "significativo" ou não: no caso de ser significativo, isto é, que tenha uma importância decisiva ou exerça forte influência sobre o impacto gerado, ele será considerado aspecto ambiental significativo. Caso contrário, será considerado "não significativo". Mais à frente voltaremos a abordar este assunto, quando tratarmos da valoração dos aspectos ambientais.

E se já houver passivos ambientais, como é que isso será avaliado? Deve ser considerado no levantamento dos aspectos e impactos ambientais?

A esse respeito, a norma não é muito clara. Segundo interpretação do CB-38, a intenção da norma é que os aspectos ambientais novos e atuais sejam identificados e avaliados. Quanto aos passivos, a compreensão é de que, independentemente da época da geração do aspecto/impacto, ele deve ser considerado, desde que ainda exista e não tenha sido remediado. Por exemplo, imaginemos uma atividade que no passado gerou uma contaminação no solo e essa contaminação não foi remediada. Ora, se a contaminação ainda existe e é conhecida, o aspecto/impacto ambiental é atual e deve ser considerado no levantamento da organização. Entretanto, se a contaminação no solo existiu e os impactos foram remediados de forma a não mais se identificar nenhuma contaminação no presente, então não há por que considerar este aspecto.[7]

Como exemplo, relata-se o caso da Associação Brasileira da Indústria Química, que estabeleceu regulamentos e regras a que todos os associados têm de aderir (exemplo: *Responsible Care* ou Atuação Responsável).

Em resumo, podemos dizer que a avaliação dos requisitos legais é realizada para que a empresa tenha pleno conhecimento da aplicabilidade das exigências legais ao seu negócio, oriundas das legislações federal, estaduais e municipais. Esta fase aborda ainda a efetiva aplicação dos requisitos internos, derivados da estratégia organizacional e diretrizes da gestão ambiental (regulamentos). Devem ser verificadas e analisadas as licenças operacionais

---

[7] Interpretação NBR ISO 14001:2004, fevereiro de 2006; CB 38/SC 01/grupo de interpretação.

e as concessões documentadas, para evidenciar de forma única o atendimento dos regulamentos, os códigos de conduta, os requisitos dos clientes, os requisitos do produto e, inclusive, o atendimento às necessidades das partes interessadas.

Devem ser desenvolvidos indicadores de atendimento a esses requisitos.[8]

Um outro aspecto que tem merecido a atenção é: até que ponto o requisito legal deve ser considerado critério de significância na valoração do critério de significância do aspecto/impacto?

Segundo interpretação do CB-38 da ABNT,

> *"a norma não obriga a considerar a existência de requisitos legais e outros requisitos subscritos aplicáveis como critério de significância para os impactos, ainda que esta seja uma prática comum nos SGAs implementados no Brasil.*
>
> *Entretanto, a organização deve assegurar que esses requisitos legais aplicáveis e outros requisitos subscritos pela organização sejam levados em consideração no estabelecimento, implementação e manutenção de seu sistema da gestão ambiental, conforme estabelecido no Item 4.3.2".*

Dando continuidade à interpretação deste requisito, surgem outros aspectos que convém deixar plenamente esclarecidos, de forma a evitar posteriores mal-entendidos com a equipe auditora. Assim:[9]

- O que são requisitos legais aplicáveis e outros requisitos subscritos relacionados aos aspectos ambientais?
- A Constituição Federal se encaixa neste conceito?
- E a política nacional de meio ambiente?
- E a licença de operação?
- Apenas requisitos legais ambienteis devem ser cobrados ou também aqueles aplicáveis a aspectos ambientais (i.e., NR 13)?

Todos os requisitos legais (não está restrito aos requisitos originados pelos órgãos do Sisnama) que influenciem a operação e/ou levam a controles/monitoramento de aspectos e impactos ambientais são considerados relacionados

---

[8] Prof. Mestre Emilio Gruneberg Boog; Universidade de São Francisco – UAACET; Prof. Dr. Waldir Antonio Bizzo, Unicamp – Fem. *Utilização de indicadores ambientais como instrumento para gestão de desempenho ambiental em empresas certificadas com a ISO 14001*. Simpósio de Engenharia de Produção, 10 a 23 novembro de 2003.

[9] Interpretação NBR ISO 14001:2004, fevereiro de 2006; CB 38/SC 01/Grupo de Interpretação.

aos aspectos ambientais das atividades, produtos e serviços da organização. São também considerados relacionados os requisitos legais que definem ações administrativas, tais como obtenção/publicação de licenças, outorgas, cadastros e autorizações. Licenças ambientais, quando exigidas, são documentos básicos e aplicáveis. Nos casos de dúvida quanto à exigibilidade, a consulta ao órgão ambiental competente, por parte da organização que está implementando seu SGA, é condicionante. Acordos com o Ministério Público e/ou autoridades competentes são também requisitos legais.

Compromissos com terceiros (clientes, financiadores) se encaixam na categoria "e outros requisitos por ela subscritos"?

Sim. Exemplos de requisitos subscritos são: atuação responsável, carta CCI, contratos com fundos de financiamento (BNDES, IFC), contratos com clientes (exemplo: retorno de embalagens).

Por último, queremos deixar destacado que requisito legal e/ou regulamentar não atendido pelo sistema configura uma não conformidade do sistema, devendo, por isso, o problema ser resolvido de acordo com as diretrizes especificadas para a sistemática da ação corretiva (vide Item 4.5.3 da norma).

4.3.3 – Objetivos e metas

> *"A organização deve estabelecer e manter objetivos e metas ambientais documentados em cada nível e função pertinente.*
>
> *Ao estabelecer e revisar seus objetivos, a organização deve considerar os requisitos legais e outros requisitos, seus aspectos ambientais significativos, suas opções tecnológicas, seus requisitos financeiros, operacionais e comerciais, bem como a visão das partes interessadas.*
>
> *Os objetivos e as metas devem ser compatíveis com a política ambiental, incluindo o comprometimento com a prevenção de poluição",*

Chamamos a atenção para a necessidade de se definirem os indicadores de desempenho ambiental relacionados com cada objetivo, na medida em que são eles que fazem com que o objetivo possa ser mensurado.

Os Indicadores de Desempenho Ambiental

Embora a Norma ISO 14001 não tenha nenhum requisito específico com relação a este assunto, a sua importância faz com que lhes dediquemos algumas linhas para que possamos entender a sua mecânica e importância dentro de um sistema de gestão ambiental.

Em muitas empresas a implantação do SGA não resultou ou não trouxe valor agregado para a gerência por falta de indicadores que fornecessem uma base para a análise de desempenho e para o processo de tomada de decisão.

Um fato que consideramos de extrema importância e que não pode nem deve deixar de ser considerado é que quando estamos implantando um SGA estamos, também, implantando um sistema de gestão, que sempre é resultado do modelo gerencial vigente.

> *"Uma boa avaliação ambiental, em seu mais amplo sentido, carrega consigo a necessidade de compreensão de todos os seus significados, aliado a uma medição do objeto de estudo em seus aspectos físicos, bióticos, econômicos, sociais e culturais. Esta avaliação deve ter um enfoque de natureza holística, e não se resumir a uma formatação cartesiana, reducionista, mecanicista (MACEDO, 1995)."*[10]

A Norma ISO 14031, que aborda a metodologia de criação de indicadores para avaliar o desempenho ambiental nas empresas, refere em sua introdução que:

> *"Várias organizações estão procurando caminhos para entender, demonstrar e melhorar seu desempenho ambiental. Isto pode ser obtido através da gestão efetiva dos componentes de suas atividades, produtos e serviços que podem impactar significativamente o meio ambiente. A avaliação do desempenho ambiental é o objeto desta Norma Internacional..."*

Tentaremos, primeiro, definir o que é indicador e indicador ambiental. Assim:

O que é um Indicador?

Podemos definir "indicador" como sendo uma expressão numérica que permite a medição de diferentes características de um sistema específico e de suas variáveis associadas que determinam a magnitude e a frequência dos processos de troca.

E como definir um indicador ambiental? Como sequência da definição anterior, o indicador ambiental é uma expressão numérica que permite a medição de diferentes características associadas com os ecossistemas e com os

---

[10] Prof. Ms. Emilio Gruneberg Boog; Universidade de São Francisco – UAACET; Prof. Dr. Waldir Antonio Bizzo, Unicamp – Fem. *Utilização de indicadores ambientais como instrumento para gestão de desempenho ambiental em empresas certificadas com a ISO 14001*. Simpósio de Engenharia de Produção, 10 a 23 novembro de 2003.

componentes ambientais, como a água, o solo, o ar, a biodiversidade e seus processos dinâmicos de trocas naturais ou induzidas por forças externas.

Resumindo, podemos, então, conceituar indicador de desempenho ambiental como sendo as medidas numéricas e objetivas da eficiência e da eficácia das entidades gestoras relativamente a aspectos específicos da atividade desenvolvida ou do comportamento dos sistemas.

Como sabemos, um indicador, seja ele ambiental ou não, de nada serve se não estiver incluído dentro de uma estrutura ou sistema de indicadores. Coloca-se, então, mais uma questão:

O que é e para que serve um sistema de indicadores ambientais?

A utilidade de um sistema de indicadores ambientais depende, primeiramente, da forma como ele se tenha estruturado, mas, em termos gerais, podemos dizer que serve para avaliar a efetividade integral dos projetos ambientais; da aplicação das políticas ambientais e da gestão ambiental. Portanto, serve para medir a qualidade ambiental num determinado período de tempo sobre uma determinada área ou espaço definido.

A análise integral ou conjunta dos indicadores ambientais permite a tomada de decisões relativas à formulação de políticas, definição e priorização de projetos ambientais de avaliação das ações corretivas, associadas com os aspectos socioeconômicos existentes no território ou local onde a avaliação esteja sendo realizada.

Os indicadores ambientais estão diretamente relacionados com as metas ambientais ou "vice-versa", pelo que, falar de indicadores e não conceituar o que é uma meta ambiental seria, a nosso ver, uma falha grave.

Podemos, então, definir meta ambiental como sendo um parâmetro de ordem qualitativa ou quantitativa, associada a uma característica ambiental específica, a qual deve ser cumprida ou atingida num dado período de tempo. As metas ambientais devem estar associadas aos objetivos ambientais definidos para a organização, e o seu cumprimento é que nos permitirá evidenciar qual o desempenho ambiental da empresa.

Dispor de uma boa rede de indicadores ambientais é a base fundamental para a gestão do desempenho ambiental, na medida em que passamos a dispor de mecanismos de avaliação e comparação na avaliação interna do desempenho da atividade. Como sabemos, cada um dos indicadores da rede deve expressar o nível do desempenho efetivamente atingido, facilitando a comparação entre objetivos de gestão e resultados obtidos.

Características dos Indicadores

De todas as características ou critérios para a seleção dos indicadores ambientais, podemos salientar como sendo as mais importantes:

- a relevância à escala nacional, embora possam ser utilizados, se aplicável, à escada regional ou local;
- a pertinência perante os objetivos de desenvolvimento sustentado ou outros que se busquem;
- a facilidade de compreensão: claros, simples e sem ambiguidades;
- serem realizáveis ou alcançáveis dentro dos limites do sistema estatístico nacional e disponíveis ao menor custo possível;
- serem limitados em número; e
- serem representativos, na medida do possível.

Recomendamos aos leitores interessados em aprofundar-se neste assunto que consultem a Norma ISO 14031. No que diz respeito à sua utilidade, os indicadores ambientais devem, entre outros:

- fornecer as informações necessárias sobre os problemas ambientais;
- apoiar o desenvolvimento de políticas e o estabelecimento de prioridades, identificando os fatores-chave de pressão sobre o meio ambiente;
- contribuir para o processo de tomada de decisão com base em fatos e dados; e
- constituir-se em ferramenta para a difusão da informação em todos os níveis.

Na NBR ISO 14031, descrevem-se duas categorias gerais de indicadores a serem considerados na condução da Avaliação de Desempenho Ambiental – ADA: Indicador de Condição Ambiental (ICA) e o Indicador de Desempenho Ambiental (IDA) (vide Quadro 512).

Quadro 5.12: Classificação dos indicadores ambientais segundo a ISO 14031

Categoria	Tipo	Aspecto Ambiental
Indicador de Desempenho Ambiental (IDA)	Indicador de Desempenho Operacional (IDO)	Consumo de Energia
		Consumo de Matéria-Prima
	Indicador de Desempenho de Gestão (IDG)	Consumo de Materiais
		Gestão de Resíduos Sólidos
Indicador de Condição Ambiental (ICA)	Índice de Qualidade da Água	
	Índice de Qualidade do Ar	

Fonte: Indicadores utilizados na avaliação de desempenho ambiental (*Fonte:* ABNT NBR ISO 14031).

Em que:

Indicadores de Condição Ambiental – ICA fornecem informações sobre a qualidade do meio ambiente onde se localiza a empresa industrial, sob a forma de resultados de medições efetuadas de acordo com os padrões e regras ambientais estabelecidos pelas normas e dispositivos legais.

Indicadores de Desempenho Ambiental – IDA são classificados em dois tipos:

- *Indicadores de Desempenho de Gestão* – IDG – fornecem informações relativas a todos os esforços de gestão da empresa que influenciam positivamente no seu desempenho ambiental, por exemplo, reduzindo o consumo de materiais e/ou melhorando a administração de seus resíduos sólidos, mantendo os mesmos valores de produção.

- *Indicadores de Desempenho Operacional* – IDO – proporcionam informações relacionadas às operações do processo produtivo da empresa com reflexos no seu desempenho ambiental, tais como o consumo de água, energia ou matéria-prima.

É importante ressaltar que a realização da Avaliação de Desempenho Ambiental – ADA deve considerar que as decisões e ações de gestão da empresa estão intimamente relacionadas com o desempenho de suas operações. O Quadro 5.13 mostra as interrelações entre a gestão da empresa, suas operações e a condição ambiental circundante, especificando o tipo de indicador mais adequado para a ADA, relativo a cada um desses aspectos:

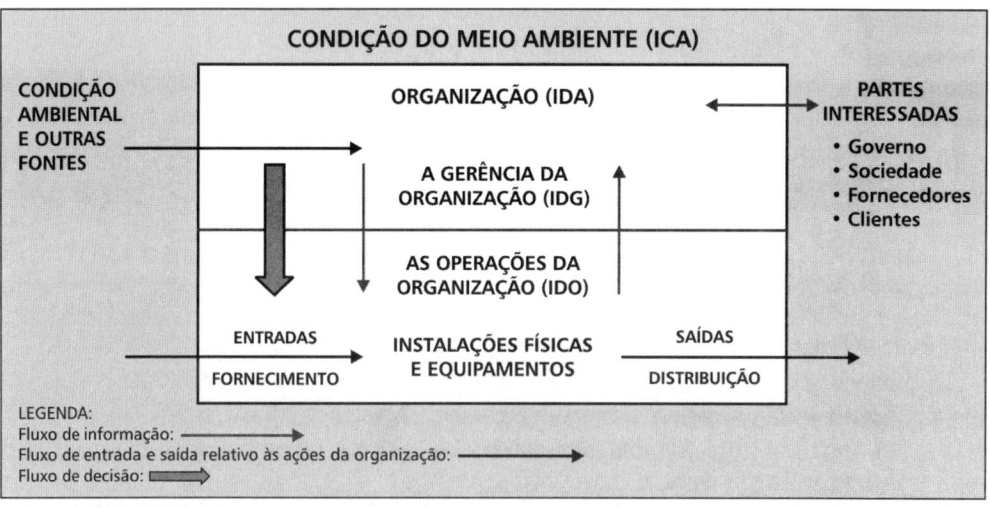

Fonte: ABNT NBR ISO 14031.

Quadro 5.13: Relação das inter-relações da administração e das operações de uma organização do meio ambiente

Seleção dos Indicadores

A escolha dos indicadores de desempenho a serem adotados por uma empresa, neste caso, uma indústria, deve ter por base alguns aspectos ou critérios, tais como:

- objetivos da avaliação;
- abrangência de suas atividades, produtos e serviços;
- condições ambientais locais e regionais;
- aspectos ambientais significativos;
- requisitos legais e outras demandas da sociedade;
- capacidade de recursos financeiros, materiais e humanos para o desenvolvimento das medições.

Considerando os critérios acima referidos, devem ser diagnosticados os elementos ambientais relacionados com atividades, produtos e serviços, prioritários para se iniciar um processo de avaliação de desempenho. O quadro de indicadores de desempenho ambiental poderá ser ampliado, na medida em que se julgue necessário considerar outras variáveis inicialmente não contempladas.

Conforme já mencionamos, consideraremos a existência de dois tipos de indicadores ambientais, isto é, os indicadores de desempenho operacionais (IDO) e os indicadores de desempenho gerenciais (IDG). Como escolher cada um deles e inclui-los no sistema de avaliação é o que iremos fazer a seguir. Assim:

Indicadores de Desempenho Operacional – IDO

Os Indicadores de Desempenho Operacional – IDO relacionam-se diretamente com as seguintes fases ou estágios do processo de produção:

- Entrada de materiais (matéria-prima; recursos naturais, materiais processados, reciclados e/ou reutilizados).
- Fornecimento de insumos para as operações da indústria.
- Projeto, instalação, operação (incluindo situações de emergência e operações não rotineiras) e manutenção das instalações físicas e dos equipamentos.
- Saídas (principais, produtos, subprodutos, materiais reciclados e reutilizados), serviços, resíduos (sólidos, líquidos, perigosos, não perigosos, recicláveis, reutilizáveis) e emissões (emissões para a atmosfera, efluentes para água e solo, ruído) resultantes das operações.
- Distribuição das saídas resultantes das operações.

Com base nestes requisitos/critérios e dependendo do tipo de avaliação que se pretenda realizar, podemos, então, selecionar os indicadores de desempenho operacional mais adequados, conforme mostrado no Quadro 5.14:

Quadro 5.14: Exemplo de indicadores ambientais de desempenho não operacional[11]

Foco da Avaliação de Desempenho	Exemplo de Indicadores de Desempenho Operacional
1. Materiais	• materiais usados/produto • materiais ou matéria-prima reciclados ou reutilizados • embalagens descartadas ou reutilizadas/produto
2. Energia	• tipo de energia usada/ano ou produto por serviço • tipo de energia gerada com subprodutos ou correntes de processo
3. Água	• água consumida/ano ou por produto • água reutilizada/ano ou por produto
4. Fornecimento e distribuição	• consumo médio de combustível da frota de veículos
5. Resíduos	• resíduos/ano por produto • resíduos perigosos, recicláveis ou reutilizáveis produzidos/ano • resíduos perigosos eliminados devido à substituição de material
6. Efluentes líquidos	• volume de efluente orgânico/produto • volume de efluente inorgânico/produto
7. Emissões	• emissões atmosféricas prejudiciais à camada de ozônio • emissões de gases de efeito estufa em CO_2, equivalentes/ano ou por produto
8. Ruído	• nível de ruído

Fonte: Cartilha de Indicadores de Desempenho Operacional na Indústria – Federação das Indústrias do Estado de São Paulo/Fiesp.

Indicadores de Desempenho Gerencial – IDG

Esses tipos de indicadores estão diretamente relacionados com critérios gerenciais e envolvem os seguintes aspectos:

• Atendimento aos requisitos legais.

• Utilização eficiente dos recursos.

• Treinamento de equipes.

• Investimento em programas ambientais.

---

[11] Para mais informações sobre esse assunto, consultar a Cartilha de Indicadores de Desempenho Ambiental na Indústria da Fiesp – São Paulo – e o Departamento de Meio Ambiente e Desenvolvimento Sustentável – DMA – da mesma instituição.

Assim, da mesma forma que para os indicadores de desempenho operacional, e dependendo do tipo de avaliação que se pretenda realizar, podem, entre outros, ser adotados os indicadores constantes do Quadro 5.15.

Quadro 5.15: Exemplo de indicadores de desempenho gerencial

Foco da Avaliação	Exemplo de Indicadores
1. Implementação de Políticas e Programas	• número de iniciativas implementadas para a prevenção de poluição • níveis gerenciais com responsabilidades ambientais específicas • número de empregados que participam de treinamentos ambientais
2. Conformidade	• número de multas e penalidades ou reclamações e os custos a elas atribuídos
3. Desempenho Financeiro	• gastos (operacional e de capital) associados com a gestão e o controle ambiental • economia obtida através da gestão e controle ambiental • responsabilidade legal ambiental que pode ter um impacto material na situação financeira da indústria
4. Relação com a Comunidade	• número de programas educacionais ambientais ou quantidade de materiais fornecidos à comunidade • índice de aprovação em pesquisas nas comunidades

Fonte: Cartilha de Indicadores de Desempenho Operacional na Indústria – Federação das Indústrias do Estado de São Paulo/Fiesp.

Exemplos de Indicadores Ambientais na Indústria[12]

Iremos adotar os mesmos indicadores da Fiesp/Ciesp (Federação das Indústrias do Estado de São Paulo) e disponibilizados pelo Departamento de Meio Ambiente e Desenvolvimento Sustentável – DMA, através da Cartilha de Indicadores de Desempenho Operacional na Indústria.

Não poderíamos, mesmo que quiséssemos, esgotar este assunto em meia dúzia de páginas; ele foi, entretanto, incluído pela sua importância nos processos de gestão e, sobretudo, para chamar a atenção dos atuais e futuros gestores ambientais para a necessidade de gerenciar a questão ambiental em bases factuais, ou seja, com base em fatos e dados, na medida em que este princípio facilitará enormemente o processo de tomada de decisão. Os Quadros 5.16 a 5.20 fornecem exemplos de indicadores utilizados pelo sistema Fiesp/Ciesp.

---

[12] Para mais informações sobre esse assunto, consultar a Cartilha de Indicadores de Desempenho Ambiental na Indústria da Fiesp – São Paulo e o Departamento de Meio Ambiente e Desenvolvimento Sustentável – DMA da mesma instituição.

Quadro 5.16: Exemplos de indicadores ambientais utilizados pela Fiesp

ASPECTO AMBIENTAL	INDICADOR DE DESEMPENHO DE GESTÃO	Unidade*	FONTE
EFICIENTIZAÇÃO ENERGÉTICA	Consumo total de energia	joules/valor agregado da produção	MEPI
		joules/lucratividade da empresa	MEPI
	Iniciativas para encontrar fontes de energia e eficiência de energia		Natura/GRI
Para este aspecto ambiental devem ser considerados os tipos de fontes de energia e a finalidade de sua utilização – processo produtivo propriamente dito; distribuição do produto; equipamentos de controle ambiental etc.			
OTIMIZAÇÃO DO CONSUMO DE ÁGUA	Consumo total de água	m³/unidade produzida	MEPI
		m³/lucratividade da empresa	MEPI
		m³/unidade produzida	Natura
	Volume de água reutilizado	m³/ano	Natura/GRI
Para o consumo de água, sugere-se trabalhar com indicadores que relacionem também o tipo de material utilizado.			
CONSUMO DE MATÉRIA-PRIMA E INSUMOS	Programa, metas e objetivos para a substituição de materiais	Nº	Natura/GRI
	Programa, metas e objetivos para os transportes relacionados com a organização	Nº	Natura/GRI
Neste aspecto ambiental, é importante considerar o tipo de matéria-prima (recursos renováveis e não renováveis), bem como o fato de que, muitas vezes, resíduos voltam ao processo como insumos. Deve-se destacar que a escolha da matéria-prima ou do insumo a ser medido será específica para cada setor.			
CUSTO DO PROCESSO PRODUTIVO	Custo Ambiental de Produção CAP = CA (Custo Ambiental de Produção)/UPP (Unidades Produzidas no Período)		Carvalho et alli, 2000 in Moraes, 2003
	Unidade de Custo Ambiental UCA = CAB (Custo Ambiental de Produção)/UPP (Unidades Produzidas no Período)		Carvalho et alli, 2000 in Moraes, 2003
Este aspecto é ainda pouco trabalhado pelas organizações, não tendo sido encontrado nenhum exemplo de sua aplicação.			

Fonte: Cartilha de Indicadores de Desempenho Operacional na Indústria – Federação das Indústrias do Estado de São Paulo (Fiesp).

Quadro 5.17: Exemplos de indicadores ambientais utilizados pela Fiesp

ASPECTO AMBIENTAL	INDICADOR DE DESEMPENHO DE GESTÃO	Unidade*	FONTE
GESTÃO DE RESÍDUOS SÓLIDOS	Quantidade de Resíduos	m^3/valor agregado de produção	MEPI
	Quantidade de Resíduos	m^3/lucratividade da empresa	MEPI
	Volume dos resíduos utilizados por outras indústrias – em tonelada (t)/ano	ton./ano	Natura/GRI
	Volume dos resíduos (por tipo) retornados para o processamento ou comercialização	ton./ano	Natura/GRI
Para o resíduo sólido, recomenda-se a consideração dos conceitos estabelecidos pela Norma ABNT NBR 10.004.			
EMISSÕES ATMOSFÉRICAS	Quantidade de CO_2 equivalentes	ton./valor agregado da produção	MEPI
	Quantidade de CFC – 11	ton./valor agregado da produção	MEPI
	Quantidade de CO_2 equivalentes	ton./lucratividade da empresa	MEPI
	Quantidade de CFC – 11	ton./lucratividade da empresa	MEPI
Este aspecto ambiental considera a emissão de substâncias relacionadas com o efeito estufa, a chuva ácida, a destruição da camada de ozônio; recomenda-se a busca de indicadores que expressem a relação da emissão de outros gases e partículas inaláveis com a produção, em um determinado período de tempo, tendo em vista a questão de saúde pública e ocupacional.			

Fonte: Cartilha de Indicadores de Desempenho Operacional na Indústria – Federação das Indústrias do Estado de São Paulo (Fiesp).

Quadro 5.18: Exemplos de indicadores ambientais utilizados pela Fiesp

ASPECTO AMBIENTAL	INDICADOR DE DESEMPENHO OPERACIONAL	Unidade*	FONTE
CONSUMO DE ENERGIA	Consumo total de energia	joules/ano	Natura/GRI
		joules/ton. produzidas	MAHLE
		joules/unidade produzida	MEPI
	Volume de eletricidade adquirida	joules/ano	Natura/GRI
	Volume de eletricidade autogerada	joules/ano	Natura/GRI
	Consumo total de combustíveis	litros/ano	Natura/GRI
		litros/unidade produzida	MEPI
	Consumo de GLP	kg/ton. produzida	MAHLE
Para este aspecto ambiental, devem ser considerados os tipos de fontes de energia e a finalidade de sua utilização – processo produtivo propriamente dito, distribuição do produto, equipamentos de controle ambiental etc.			
CONSUMO DE MATÉRIA-PRIMA	Consumo de materiais reciclados (pré e pós-consumo)	ton./ano	Natura/GRI
		ton./unidade produzida	MEPI
	Consumo de materiais para embalagens	kg/ano	Natura/GRI
		kg/unidade produzida	MEPI
	Consumo de areia verde	m³/ton. de eixo fundido	MAHLE
Neste aspecto ambiental, é importante considerar o tipo de matéria-prima (recursos renováveis e não renováveis), bem como o fato de que, muitas vezes, resíduos voltam aos processos como insumos. Deve-se destacar que a escolha da matéria-prima ou do insumo a ser medido será específica para cada setor.			
CONSUMO DE ÁGUA	Consumo total de água	m³/ano	Natura/GRI
		m³/unidade produzida	MEPI
	Consumo de água industrial	m³/ton. produzida	MAHLE
Para o consumo de água, sugere-se trabalhar com indicadores que relacionem também o tipo de manancial utilizado.			
LANÇAMENTO DE EFLUENTES LÍQUIDOS	Volume total de efluentes líquidos	m³/ano	Natura
		m³/unidade produzida	Natura
	Volume total de efluentes líquidos industriais	m³/ano	Natura
	Volume total de efluentes líquidos orgânicos	m³/ano	Natura
	Efluente líquido contaminado por óleo sujo	m³/pino usinado (pç × 1.000)	MAHLE
Para este aspecto ambiental, recomenda-se a busca de indicadores que expressem a relação de parâmetros (físicos, químicos e biológicos) com a produção, em um determinado período de tempo.			

Fonte: Cartilha de Indicadores de Desempenho Operacional na Indústria – Federação das Indústrias do Estado de São Paulo (Fies).

Quadro 5.19: Exemplos de indicadores ambientais utilizados pela Fiesp

ASPECTO AMBIENTAL	INDICADOR DE DESEMPENHO DE GESTÃO	Unidade*	FONTE
EMISSÕES ATMOSFÉRICAS	Quantidade de CO_2 equivalentes	ton./unidade produzida	Natura/GRI
		ton./ano	Natura/GRI
	Quantidade de CFC-11	ton./unidade produzida	MEPI
		ton./ano	Natura
Para este aspecto ambiental devem ser considerados os tipos de fontes de energia e a finalidade de sua utilização – processo produtivo propriamente dito, distribuição do produto, equipamentos de controle ambiental etc.			
GERAÇÃO DE RESÍDUOS SÓLIDOS	Volume total de resíduos	ton./ano	Natura/GRI
		ton./unidade produzida	MEPI
	Volume total de resíduos por tipo de material e destino	Ton./ano	Natura/GRI
	Volume de resíduos utilizados por outras indústrias	ton./ano	Natura/GRI
	Lâmpada com metal pesado/área de construção	pç/m^2	MAHLE
	Codisposição de resíduos em aterros	ton. de resíduos/t produzidas	MAHLE
Para o resíduo sólido, recomenda-se a consideração dos conceitos estabelecidos pela Norma ABNT NBR 10004.			
INTERFERÊNCIAS COM ÁREAS PROTEGIDAS	Extensão de áreas da organização em áreas legalmente protegidas	ha	Natura

* Devem-se considerar as unidades mais adequadas a cada caso de análise, sugerindo-se que em um mesmo setor se trabalhe com unidades padronizadas, que permitam uma eventual comparação entre diferentes organizações e/ou diferentes plantas industriais.

Fonte: Cartilha de Indicadores de Desempenho Operacional na Indústria – Federação das Indústrias do Estado de São Paulo (Fiesp).

Quadro 5.20: Exemplos de indicadores ambientais utilizados pela Fiesp

ASPECTO AMBIENTAL	INDICADOR DE DESEMPENHO OPERACIONAL	Unidade*	FONTE
CONSUMO DE ENERGIA	Consumo total de energia	joules/ano	Natura/GRI
		joules/t produzidas	MAHLE
		joules/unidade produzida	MEPI
Para este aspecto ambiental devem ser considerados os tipos de fontes de energia e a finalidade de sua utilização – processo produtivo propriamente dito, distribuição do produto, equipamentos de controle ambiental etc.			
CONSUMO DE MATÉRIA-PRIMA E INSUMOS	Consumo de areia verde	M³/ton. de eixo fundido	MAHLE
CONSUMO DE ÁGUA	Consumo total de água	m³/ano	Natura/GRI
		m³/unidade produzida	MEPI
Sugere-se trabalhar com indicadores que relacionem também o tipo de manancial utilizado.			
LANÇAMENTOS DE EFLUENTES LÍQUIDOS	Efluente líquido contaminado por óleo sujo	m³/pino usinado (pç × 1.000)	MAHLE
Recomenda-se a busca de indicadores que expressem a relação de parâmetros (físicos, químicos e biológicos) com a produção, em um determinado Período de tempo.			
EMISSÕES ATMOSFÉRICAS	Quantidade de CFC-11	ton./unidade produzida	MEPI
		ton./ano	Natura
Considera-se a emissão de substâncias relacionadas com o efeito estufa, a chuva ácida, a destruição da camada de ozônio. Recomenda-se a busca de indicadores que expressem a relação da emissão de outros gases e partículas inaláveis com a produção, em um determinado período de tempo, tendo em vista a questão de saúde pública e ocupacional.			
GERAÇÃO DE RESÍDUOS SÓLIDOS	Volume total de resíduos	ton./ano	Natura/GRI
		ton./unidade produzida	MEPI
Para o resíduo sólido, recomenda-se a consideração dos conceitos estabelecidos pela Norma ABNT NBR 10004.			
INTERFERÊNCIAS COM ÁREAS PROTEGIDAS	Extensão de áreas da organização em áreas legalmente protegidas	ha	Natura

* Devem-se considerar as unidades mais adequadas a cada caso de análise, sugerindo-se que em um mesmo setor trabalhe com unidades padronizadas, que permitam uma eventual comparação entre diferentes organizações e/ou diferentes plantas industriais.
1 Measuring the Environmental Performance of Industry.
2 GRI – Global Reporting Initiative.
3 Fábrica da MAHLE unidade Mogi-Guaçu.
Fonte: Cartilha de Indicadores de Desempenho Operacional na Indústria – Federação das Indústrias do Estado de São Paulo (Fiesp).

Acreditamos que dissemos a este respeito o que devia ser dito e o que caberia no âmbito deste livro. Certamente não esgotamos o assunto, mas deixamos aqui as pistas necessárias para quem queira se aprofundar nesta questão.

4.3.4 – Programas de gestão ambiental

> *"A organização deve estabelecer e manter programas para atingir seus objetivos e metas, devendo incluir:*
> - *a atribuição de responsabilidades em cada função e nível pertinente da organização, visando atingir os objetivos e metas;*
> - *os meios e o prazo dentro do qual eles devem ser atingidos.*
>
> *Para projetos relativos a novos empreendimentos e atividades, produtos ou serviços, novos ou modificados, os programas devem ser revisados, onde pertinente, para assegurar que a gestão ambiental se aplica a esses projetos".*

A NBR ISO 14004 menciona, ao referir-se ao Princípio 2 – Planejamento, que:

> *"É recomendado que uma organização formule um plano para cumprir sua política ambiental".*

A mesma norma refere que os elementos integrantes do SGA e relativos ao planejamento incluam:

- identificação dos aspectos ambientais e avaliação dos impactos ambientais associados;
- requisitos legais;
- política ambiental;
- critérios internos de desempenho;
- objetivos e metas ambientais;
- planos ambientais e programas de gestão.

Porém, para planejar e controlar os impactos significativos, uma organização/empresa deve, em primeiro lugar, conhecer quais são esses impactos. Mas conhecer os impactos sem saber onde ocorrem é, apenas, conhecer parte do problema e, assim, ficar limitado.

De forma a facilitar o processo de implantação do SGA, a NBR ISO 14004, no seu elemento 4.2.2 – identificação de aspectos ambientais e avaliação dos impactos ambientais associados fornecem diretrizes apropriadas à execução desta atividade.

Assim:

> *"É recomendado que a política ambiental, os objetivos e metas de uma organização sejam baseados no conhecimento dos aspectos ambientais e dos impactos ambientais significativos associados às suas atividades, produtos ou serviços. Isto pode assegurar que os impactos ambientais significativos associados a tais aspectos sejam levados em consideração quando do estabelecimento dos objetivos ambientais.*
>
> *A identificação dos aspectos ambientais é um processo contínuo que determina o impacto (positivo ou negativo) passado, presente ou potencial das atividades de uma organização sobre o meio ambiente. Este processo também inclui a identificação da potencial exposição legal, regulamentar e comercial que pode afetar a organização. Pode, também, incluir a identificação dos impactos sobre a saúde e segurança e a avaliação de risco ambiental".*

Se a organização/empresa tem um projeto de prevenção da poluição, a equipe ambiental provavelmente estará familiarizada com este assunto e deve conhecer como este desperdício é gerado, de forma a minimizá-lo ou eliminá-lo.

Devemos conceituar *poluição* como uma forma de *desperdício* e, deste modo, também gerador de um impacto econômico.

A NBR ISO 14001, no seu Requisito 4.3.1 – Aspectos ambientais, torna obrigatório que a organização ou o SGA possuam procedimentos para identificar os aspectos ambientais de suas atividades, produtos ou serviços que:

1. possam ser controlados; e
2. sobre os quais possa exercer influência.

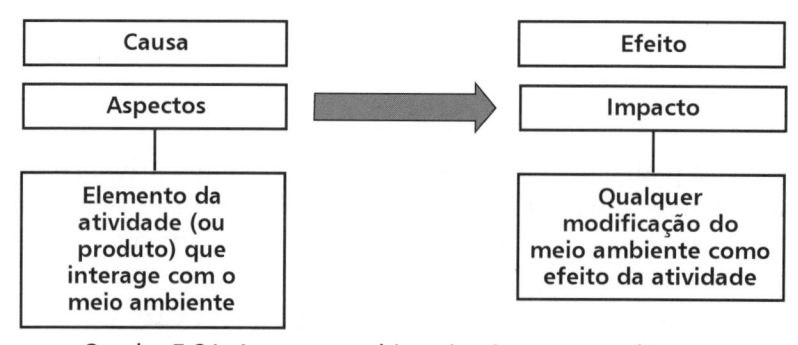

Causa	Efeito
Aspectos	Impacto
Elemento da atividade (ou produto) que interage com o meio ambiente	Qualquer modificação do meio ambiente como efeito da atividade

Quadro 5.21: Aspectos ambientais e impactos ambientais

> **Nota do Autor:** Segundo a norma, as definições de aspecto ambiental e impacto ambiental são, respectivamente:
>
> - "Aspecto ambiental: elemento das atividades, produtos ou serviços de uma organização que pode interagir com o ambiente.
>
> **Nota:** Um aspecto ambiental significativo tem, ou pode ter, um impacto ambiental significativo".
>
> - "Impacto ambiental: qualquer alteração no ambiente, adversa ou benéfica, resultante, total ou parcialmente, dos aspectos ambientais de uma organização".
>
> Assim, um aspecto ambiental tem associado a si um ou mais impactos ambientais. Por vezes, é comum a confusão entre os dois conceitos. O primeiro passo para a identificação dos aspectos ambientais será a identificação das atividades, produtos e serviços abrangidos pelo âmbito do SGA.
>
> Para isso, um método simples que permite sistematizar o máximo de informação é a elaboração de um fluxograma das atividades, enquadrando, se possível, produtos e serviços. A este fluxograma adiciona-se a informação de todas as entradas e saídas.

Quadro 5.22: Avaliação dos aspectos ambientais

Atividades Produtos ou Serviços	Aspectos	Impactos	Real	Potencial	Importância				
					1	2	3	4	5

Fonte: Senai – PR, Curso de Gerenciamento Ambiental na Indústria, Curitiba, 1999.

- Impacto inexistente ou de importância insignificante – 1.
- Impacto potencial e que pode se desenvolver – 2.
- Impacto real e que merece ser controlado – 3.
- Impacto real e com alguma expressão no ambiente – 4.
- Impacto real com forte influência no ambiente – 5.

Uma vez identificados os aspectos ambientais dos produtos, atividades ou serviços, deve-se determinar quais os aspectos que podem ter impactos significativos no ambiente. Estes aspectos devem ser considerados no estabelecimento dos objetivos ambientais e definidos os controles operacionais (planos de ação) para eliminá-los ou controlá-los em níveis aceitáveis ou permissíveis.

Questões a serem consideradas na identificação dos aspectos e avaliação dos impactos ambientais:

1. Quais são os aspectos ambientais das atividades, produtos ou serviços da organização?
2. As atividades, produtos ou serviços geram algum impacto ambiental adverso?
3. Quais são os aspectos ambientais significativos, considerando os impactos, probabilidade, severidade e frequência?
4. Os impactos ambientais significativos são locais, regionais ou globais?

De acordo com a NBR ISO 14004, a organização deve:

1. "estabelecer e manter procedimentos para identificar aspectos ambientais de atividades, produtos e serviços;
2. considerar os impactos significativos no estabelecimento dos objetivos ambientais".

Como proceder à identificação dos aspectos ambientais e à avaliação da significância dos impactos?

Este é um processo que pode ser dividido em quatro fases, a saber:

- Identificação da atividade, produto ou serviço.
- Identificação dos aspectos ambientais.
- Identificação dos impactos ambientais.
- Avaliação da significância do impacto.

Queremos chamar a atenção para:

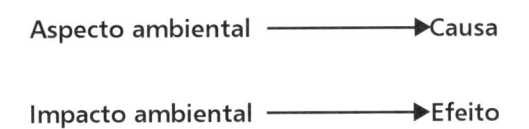

Aspecto ambiental ──────────▶ **Causa**

Impacto ambiental ──────────▶ **Efeito**

O levantamento dos aspectos ambientais consiste na realização de uma análise ambiental profunda e que deve abranger toda a estrutura organizacional, tendo em consideração os seguintes critérios:

- as características do local onde a empresa está instalada;
- os fluxos de entrada de água, energia, matérias-primas, produtos intermediários etc.;
- o planejamento existente para os produtos e processos; e
- a poluição e os danos/impactos causados pelas atividades da empresa em situação normal de funcionamento, em paragens e partidas e em situação de risco (situação anormal).

A Norma ISO 14001:2004 requer que a organização disponha de procedimentos documentados para a avaliação dos aspetos ambientais e dos impactos ambientais resultantes. Pretende-se, desta forma, que a organização mantenha a informação e dados colhidos na avaliação dos aspectos ambientais atualizados, de forma a que a avaliação dos impactos ambientais se possa realizar de uma forma sistemática.

Afinal,

> "o primeiro passo de progresso da gestão ambiental consiste na passagem de um estado de não conhecimento a um estado de conhecimento".[13]

O Quadro 5.23 permite a identificação dos aspectos ambientais significativos de um empreendimento:

---

[13] Nota do autor: A norma não obriga a considerar a existência de requisitos legais e outros requisitos subscritos aplicáveis como critério de significância para os impactos, ainda que esta seja uma prática comum nos SGAs implementados no Brasil.

Entretanto, *"a organização deve assegurar que esses requisitos legais aplicáveis e outros requisitos subscritos pela organização sejam levados em consideração no estabelecimento, na implementação e manutenção de seu sistema da gestão ambiental"*, conforme estabelecido no Item 4.3.2 (fonte CB-38 da ABNT).

Quadro 5.23: Identificação dos aspectos ambientais significativos

Atividade/ Produto/ Serviço	Aspecto Ambiental	Impacto Ambiental	Probabilidade	Significância	Abrangência do Impacto				
					Frequência	Local	Regional	Global	Impacto Econômico

Não devemos esquecer que para cada ação que a empresa realize e que tenha um impacto negativo sobre o meio ambiente haverá uma reação que pode ser imediata, de médio ou longo prazo. Desta forma, a identificação dos aspectos e impactos ambientais e a avaliação da significância deles é um dos aspectos importantes do SGA. Para isso, é necessário termos uma clara compreensão da relação existente entre os negócios da empresa e o meio ambiente.

Quadro 5.24: Exemplo de aspectos ambientais relacionados ao negócio da organização

Aspecto do Negócio	Impactos Originados pelo Negócio
1. Descarga de gases tóxicos	1. Contaminação/poluição atmosférica
2. Descarga de efluentes	2. Contaminação da água
3. Disposição de resíduo em aterro – aplicação de agrotóxicos (herbicidas, fungicidas etc.)	3. Contaminação das águas superficiais e subterrâneas
4. Queima de combustível	4. Emissão de dióxido de carbono; – contribuição para o aquecimento da terra e mudança climática.

Como podemos definir impacto ambiental significativo?

Impactos ambientais significativos são aqueles que:

- resultem de uma emissão direta de substâncias tóxicas ou de difícil degradação;
- resultem do mau ou deficiente gerenciamento de recursos, matérias-primas ou resíduos;
- provoquem dispêndio de recursos que poderiam ser evitados;
- sejam causadores de uma não conformidade legal;
- sejam significativos para as partes interessadas;
- impeçam o desenvolvimento estratégico da empresa; e/ou
- sejam causadores de grave prejuízo financeiro ou à imagem da empresa.

Uma vez determinados os impactos ambientais, há que proceder à sua avaliação, até porque a organização/empresa tem a absoluta necessidade de conhecer qual o passivo gerado por eles. Dessa forma, utilizando-se o Quadro 5.25 a empresa pode criar a sua metodologia de avaliação dos impactos ambientais.

Na avaliação da importância do impacto, a organização/empresa deve, ainda, considerar os aspectos comerciais, tais como:

- Potencial exposição legal e regulamentar.
- Dificuldade de alterações do impacto.
- Custo para alteração do impacto.
- Efeito de uma alteração sobre outras atividades e processos.
- Preocupação das partes interessadas.
- Efeitos na imagem pública da empresa/organização.

É importante destacar alguns pontos importantes. Assim:

1. Na identificação dos aspectos e impactos deve-se, também, prestar atenção às atividades não controladas pelas leis e regulamentos aplicáveis.
2. Existem várias técnicas para avaliação dos impactos ambientais. Escolha a que melhor se identificar com a organização.

Uma vez encontrada a técnica que melhor se adapte à organização, descreva-a num procedimento documentado controlado.

Quadro 5.25: Tabela para avaliação do impacto ambiental

Impacto	Escala do Impacto	Severidade do Impacto	Probabilidade de Ocorrência	Duração Prevista

Passivo Ambiental Gerado	Custo Aproximado para Eliminação do Impacto	Relação Custo/ Benefício	Observações	

4.3.2 – Requisitos legais e outros requisitos

Relativamente ao Requisito 4.3.2 da ISO 14001 – Requisitos legais e outros requisitos, deve-se, em primeiro lugar, saber o que e quais são os requisitos legais e a forma como eles podem afetar a organização.

Quando abordamos o assunto da política ambiental, referimos que os requisitos legais são um dos três pilares em que a política ambiental deve assentar. O não cumprimento desse requisito pode representar um elevado prejuízo para a empresa, pois, além das multas em que pode incorrer, há o dano à imagem pública e todos os custos associados à recuperação do dano causado.

Requisitos legais incluem:	Um efetivo SGA deve incluir um processo para:
– Legislação federal. – Legislação estadual. – Legislação municipal. – Licença de operação. – Outros requisitos aplicáveis.	a) identificar a legislação aplicável e outros requisitos legais; e b) assegurar que a legislação e os requisitos legais estão incorporados pela organização e são por ela cumpridos.

Outros requisitos podem incluir, por exemplo:
a) Códigos específicos da empresa.
b) Normas/requisitos/legislação do local onde os produtos são vendidos.
c) Requisitos específicos da atividade, como, por exemplo, o GMP da indústria química; outras normas ou códigos que a empresa voluntariamente subscreva.

A ISO 14001 diz que "a organização deve estabelecer e manter procedimentos para identificar e ter acesso à legislação". Porém, não basta ter um procedimento para identificar e ter acesso à legislação. É necessário possuir procedimentos para atualizá-la.

Quais os meios que a empresa possui para isso?

Como a empresa age proativamente no sentido de se adaptar à legislação em vias de ser publicada e que é do seu conhecimento? Como novas leis ou regulamentos chegam ao conhecimento das pessoas responsáveis pelo controle das atividades, processos e serviços abrangidos? Como implantar um procedimento deste tipo na empresa?

A equipe responsável pelo projeto de implantação do SGA deve, em primeiro lugar, realizar um **inventário** das leis, regulamentos e licenças que se aplicam à organização e registrá-lo (verificação da conformidade legal). Para isso, a equipe pode utilizar diversos meios, tais como:

- órgãos oficiais, solicitando ou adquirindo cópia das leis e regulamentos aplicáveis, inclusive de licenças para operação da atividade;
- recorrer à internet;
- contratar, se necessário, serviços de especialistas ambientais para assessoria neste item;
- registrar toda a informação obtida e convertê-la em documento do SGA.

O não atendimento a um requisito legal e/ou regulamentar configura uma não conformidade do SGA, requerendo que se adotem os procedimentos aplicáveis para tratamento de não conformidades e ação corretiva.

4.2.4 – Critérios internos de desempenho

A ISO 14004 refere no Requisito 4.2.4 – Critérios internos de desempenho que:

> *"É recomendado que os critérios e as prioridades internas sejam desenvolvidos e implementados quando as normas externas não atenderem às necessidades da organização ou não existirem. Os critérios internos de desempenho, juntamente com as normas externas, ajudam a organização a definir seus próprios objetivos e metas".*

Embora a ISO 14001 não explicite diretamente a necessidade da existência de critérios internos de desempenho, não podemos esquecer que estamos tratando da implantação de um sistema de gestão ambiental que, a nosso ver, deve estar integrado com outros sistemas (qualidade, saúde e segurança, responsabilidade social etc.) e que não apenas por esse motivo necessita possuir critérios de desempenho muito bem definidos, ou mesmo documentados. A ISO 14004 cita exemplos de áreas nas quais uma organização pode possuir critérios internos de desempenho, tais como:

- sistemas de gestão;
- responsabilidades dos empregados;
- aquisição, gestão patrimonial e de ativos;
- fornecedores;
- prestadores de serviço;

- gestão de produtos;
- comunicações ambientais;
- relações regulamentares;
- preparação e atendimento em casos de incidente ambiental;
- conscientização e treinamento ambiental;
- medições e melhorias ambientais;
- redução de riscos associados a processos;
- prevenção da poluição e conservação de recursos;
- projetos prioritários;
- modificação de processos;
- gerenciamento de materiais perigosos;
- gerenciamento de resíduos;
- gerenciamento da água (por exemplo, águas servidas, pluviais e subterrâneas);
- gerenciamento da qualidade do ar;
- gerenciamento da energia; e
- transporte.

4.3.3 – Objetivos e metas

No seu elemento 4.3.3 – Objetivos e metas, a ISO 14001 refere que:

> *"A organização deve estabelecer e manter objetivos e metas ambientais documentados, em cada nível e função pertinente da organização.*
>
> *Ao estabelecer e revisar objetivos, a organização deve considerar os requisitos legais e outros requisitos; seus aspectos ambientais significativos; suas opções tecnológicas; seus requisitos financeiros, operacionais e comerciais, bem como a visão das partes interessadas".*

A ISO 14004, no seu Requisito 4.2.5 – Objetivos e metas ambientais, refere que:

> *"É recomendado que sejam estabelecidos objetivos para atender à política ambiental da organização. Esses objetivos são os propósitos globais para o desempenho ambiental, identificados na política ambiental. É recomendado que uma organização, ao estabelecer seus objetivos, leve em consideração as constatações per-*

> *tinentes feitas por ocasião das análises ambientais, bem como os aspectos ambientais identificados e impactos ambientais associados. As metas ambientais podem então ser estabelecidas para atingir estes objetivos dentro de prazos especificados. É recomendado que as metas sejam específicas e mensuráveis.*
>
> *Uma vez definidos os objetivos e as metas, é recomendado que a organização considere o estabelecimento de indicadores de desempenho ambiental mensuráveis. Tais indicadores podem ser utilizados como base para um sistema de avaliação do desempenho ambiental, podendo fornecer informações tanto sobre a gestão ambiental quanto sobre sistemas operacionais. Objetivos e metas podem ser aplicados de forma genérica a todos os setores de uma organização, ou, mais especificamente, a certos locais ou a certas atividades individuais. É recomendado que níveis apropriados da administração definam os objetivos e as metas.*
>
> *Recomenda-se que os objetivos e metas sejam periodicamente analisados e revisados e que se levem em consideração os pontos de vista das partes interessadas".*

Cabe aqui analisar alguns aspectos. Assim:

- A organização/empresa deve estabelecer e manter objetivos e metas documentados, tendo em consideração:
  - requisitos legais e regulamentares;
  - impactos ambientais significativos;
  - opções tecnológicas;
  - exigências financeiras e próprias do negócio; e
  - visão das partes interessadas.

A organização/empresa deve:

- estabelecer objetivos e metas coerentes com a política ambiental;
- os objetivos e metas devem mostrar o comprometimento com a prevenção da poluição;
- os objetivos ambientais devem ser mensuráveis; e
- as metas resultantes dos objetivos devem ser realistas e não apenas de efeito.

A questão que deve ser colocada é:

Até onde a empresa consegue atingir a meta proposta, considerando a relação custo-benefício?

Objetivos e metas ajudam a *traduzir* os propósitos em *ação*, devendo ser integrados no Planejamento Estratégico da empresa. Desta forma, a integração da gestão ambiental com outros processos de gestão da empresa fica facilitada. Os objetivos e metas devem refletir *o que* a organização/empresa faz e *o que* ela fará para os atingir.

A organização/empresa deve considerar algumas questões na determinação dos objetivos e metas ambientais (ISO 14004):

1. De que forma os objetivos e as metas ambientais refletem, tanto a política ambiental quanto os impactos ambientais significativos associados às atividades, produtos ou serviços da organização?
2. De que forma os empregados responsáveis pelo cumprimento dos objetivos e metas têm participado do seu desenvolvimento?
3. De que forma os pontos de vista das partes interessadas têm sido levados em consideração?
4. Que indicadores mensuráveis específicos têm sido estabelecidos para os objetivos e as metas?
5. De que forma os objetivos e as metas são regularmente analisados e revisados para refletir as melhorias pretendidas no desempenho ambiental?

Assim, os objetivos ambientais, além de terem de ser coerentes com a política ambiental e de mostrarem o comprometimento com a prevenção da poluição, podem, também, incluir compromissos da empresa relativamente a:

- redução de resíduos e do ritmo de extinção dos recursos naturais;
- redução ou eliminação do despejo de poluentes no meio ambiente;
- promoção da consciência ambiental entre os funcionários e a comunidade;
- desenvolvimento de produtos que minimizem os impactos ambientais nas fases de produção, uso e disposição; e
- controle do impacto ambiental na fonte da matéria-prima.

Mas como saber se o objetivo ambiental está sendo atingido?

Para isso, a empresa/organização deve estabelecer indicadores de desempenho ambiental que permitam medir o progresso no atendimento de um objetivo explicitado. Sempre que possível, o indicador deve estar relacionado com a unidade de produção (exemplo: Kw por tonelada de produção e não apenas Kw). O indicador de desempenho não deve referenciar apenas um número, por exemplo, 20%, mas mencionar a redução esperada em relação à produção (exemplo: redução de 20% de energia por tonelada produzida). A redução deve relacionar-se à melhoria dos processos. Por outro lado, a meta deve estar relacionada com o indicador de desempenho. Exemplo:

- **Objetivo:** reduzir o consumo de energia por unidade de produção.
- **Meta:** atingir 10% de redução no consumo de energia em 2011 em relação a 2009.
- **Indicador**: quantidade de combustível e eletricidade por unidade de produção.

A ISO 14000 fornece exemplos de indicadores de desempenho ambiental e que podem ser estabelecidos nas empresas. Assim, e de acordo com a norma citada, temos:

- quantidade de matérias-primas ou energia utilizada;
- quantidade de emissões, tais como CO_2;
- produção de resíduos por quantidade de produto acabado;
- eficiência no uso de materiais e energia;
- número de incidentes ambientais (por exemplo, desvios acima dos limites);
- número de acidentes ambientais (por exemplo, liberações não planejadas);
- porcentagem de resíduos reciclados;
- porcentagem de material reciclado usado na embalagem;
- número de quilômetros rodados pelos veículos, por unidade de produção;
- quantidade de poluentes específicos, por exemplo, Nox, SO_2, CO, HC, Pb, CFC;
- investimentos em proteção ambiental;
- número de ações judiciais; e
- área de terreno destinada à reserva natural.

Por último, e para concluirmos este assunto, achamos importante ressaltar alguns pontos:

- objetivos e metas devem ser estabelecidos pelas pessoas envolvidas funcionalmente com a atividade, na medida em que estão mais bem colocadas para estabelecer os objetivos e metas e planejar as ações para o seu cumprimento;

- objetivos devem focalizar a redução dos riscos ambientais;
- objetivos devem ser exigentes;
- objetivos devem demonstrar o compromisso com a melhoria contínua;
- objetivos devem ser quantificados, sempre que possível; e
- objetivos devem ter prazos especificados para o seu atendimento.

4.3.4 – Programas de gestão ambiental

Ainda dentro do Requisito *Planejamento*, a ISO 14001 refere-se, no Item 4.3.4, a Programas de gestão ambiental, em que:

> *"A organização deve estabelecer e manter programas para atingir seus objetivos e metas, devendo incluir:*
>
> *a) a atribuição de responsabilidades em cada função e nível pertinente da organização, visando atingir os objetivos e metas;*
>
> *b) os meios e o prazo dentro do qual eles devem ser atingidos.*
>
> *Para projetos relativos a novos empreendimentos e atividades, produtos ou serviços, novos ou modificados, os programas devem ser revisados, onde pertinente, para assegurar que a gestão ambiental se aplique a esses projetos".*

Este requisito da Norma ISO 14001:2004 está diretamente relacionado com o Requisito 4.3.3 – Objetivos e Metas Ambientais. Ele consiste basicamente na definição de planos de ação para que sejam cumpridos os objetivos e as metas. Na elaboração dos planos de ação, recomendamos utilizar a técnica 5W + 1 H (Figura 5.11). O programa deve descrever como a empresa/organização traduzirá seus intentos em ações concretas, de forma a que objetivos e metas sejam conseguidos.

A ISO 14004 refere no seu requisito 4.2.6 – Programas de gestão ambiental que:

> *"É recomendado que dentro do planejamento geral das atividades, uma organização estabeleça um programa de gestão ambiental que aborde todos os objetivos ambientais. Para ser mais eficaz, recomenda-se que o planejamento da gestão ambiental seja integrado ao plano estratégico da organização. É recomendado que os programas de gestão ambiental abranjam cronogramas, recursos e responsabilidades que permitam alcançar os objetivos e metas ambientais da organização.*

> *Dentro do planejamento de gestão ambiental, um programa de gestão ambiental identifica as ações específicas na ordem de suas prioridades para a organização. Essas ações podem tratar de processos, projetos, produtos, serviços, locais ou instalações específicos, dentro de um local.*
>
> *Os programas de gestão ambiental ajudam uma organização a melhorar o seu desempenho ambiental. É recomendado que eles sejam dinâmicos e revisados regularmente, para refletir as modificações dos objetivos e metas da organização".*

Como forma de assegurar a efetividade, o programa de gestão ambiental deve:

1. atribuir responsabilidades para o cumprimento dos objetivos e metas;

2. definir os meios e o prazo para o seu cumprimento.

Como a melhor ou principal ferramenta para assegurar a efetividade, a empresa deve elaborar planos de ação (vide exemplo de formulário no Quadro 5.27). Lembre-se que o plano de ação não deve ser desenvolvido no vácuo. Ele deve ser coordenado ou integrado com outros planos de negócio, planos estratégicos e financeiros.

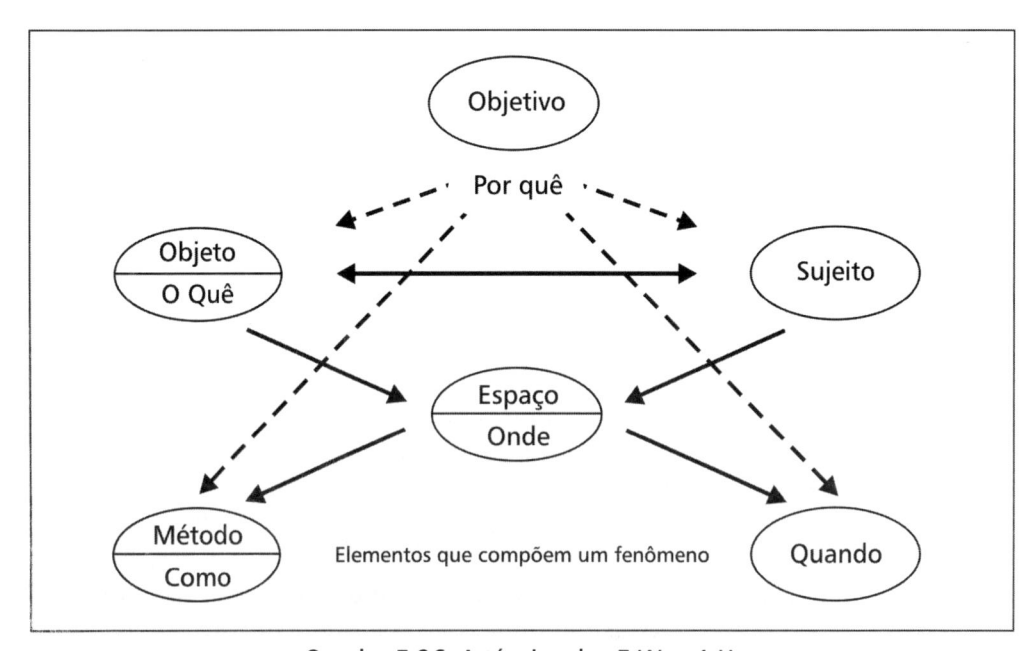

Quadro 5.26: A técnica dos 5 W + 1 H

Quadro 5.27: Programa de gestão ambiental – plano de ação

Objetivo / Meta nº 1:							
Ação / Itens	Prioridade	Responsabilidades	Cronograma	Recursos	Observações	Necessários	

Por exemplo, se a empresa possui um plano de ação para mudança de um processo produtivo, será razoável considerar, simultaneamente, possíveis premissas ambientais associadas ao processo de mudança.

A norma ISO 14004 menciona algumas questões a serem consideradas em programas de gestão ambiental.

Assim:

- Qual é o processo da organização para desenvolver programas de gestão ambiental?
- O processo de planejamento de gestão ambiental envolve todas as partes responsáveis?
- Existe um processo para análises periódicas do programa?
- De que forma estes programas abordam as questões relacionadas com recursos, responsabilidades, prazos e prioridades?
- De que forma os programas de gestão ambiental respondem à política ambiental e às atividades gerais de planejamento?
- De que forma os programas de gestão ambiental são monitorados e revisados?

Alguns pontos merecem ser destacados relativamente a este aspecto, nomeadamente:

- Envolva seus empregados/colaboradores na definição e execução diária do processo;
- Comunique, de forma clara e inequívoca, as expectativas e responsabilidades àqueles que as precisam conhecer;
- Integre, através do programa de gestão ambiental, os outros processos de gestão, tais como os de qualidade, saúde e segurança, responsabilidade social, se aplicáveis; e
- Reavalie os seus planos de ação sempre que houver alterações significativas nos produtos, processos, instalações ou materiais; torne esta reavaliação parte do processo de gerenciamento da mudança.

Uma das ferramentas que pode ser utilizada para a formulação de um plano de ação é a conhecida técnica dos 5 W + 1 H (citada anteriormente e esquematizada no Quadro 5.26), que nos proporciona respostas para uma série de questões, desde que bem formuladas.

O Quadro 5.29 apresenta um *check-list* para a implantação do Princípio 2 do sistema de gestão ambiental.

Quadro 5.28: *Check-list* de implantação do
Princípio 2 do sistema de gestão ambiental

Elementos do SGA	☺	😐	☹
4.2 – Planejamento			
4.2.1 – Aspectos ambientais			
– Estabelecer e manter procedimentos para identificar os aspectos ambientais das atividades através dos estágios/fases do seu ciclo de vida.			
– Avaliar e documentar o impacto ambiental destas atividades.			
– Assegurar que os objetivos ambientais estejam adequadamente formulados e incorporem os impactos ambientais das atividades, produtos e serviços.			
– Garantir que a informação relativa aos aspectos das atividades ambientais e seus impactos sejam continuamente analisada criticamente/atualizada e comunicada a todos os envolvidos ou partes interessadas.			
4.2.2 – Requisitos legais e outros requisitos			
– Estabelecer e manter procedimentos para identificar requisitos legais e outros requisitos regulamentares, relativos aos aspectos ambientais das atividades, produtos e serviços.			
4.2.3 – Objetivos e metas			
– Estabelecer objetivos e metas ambientais para os níveis e funções relevantes dentro da organização/empresa.			
– Garantir que os objetivos e metas sejam consistentes com a política e comprometimento ambiental.			
– Analisar criticamente, de forma contínua, os objetivos ambientais relativamente a:			
1. requisitos legais e regulamentares;			
2. natureza e impacto dos aspectos ambientais das atividades, produtos e serviços;			
3. necessidades tecnológicas, financeiras e comerciais;			
4. necessidades e aspectos relacionados com as partes envolvidas.			
4.2.4 – Programas de gestão ambiental			
– Estabelecer e manter um programa de gestão ambiental, incluindo:			
1. Designação de responsabilidades para todos os níveis da organização na consecução dos objetivos e metas ambientais.			
2. Meios, cronogramas e prazos para cumprimento dos objetivos.			
– O programa contempla novos desenvolvimentos, bem como atividades, produtos e serviços novos ou modificados.			

5.9 Princípio 3 – Implementação

O Princípio 3 da ISO 14004 diz que:

> *"para uma efetiva implementação, é recomendado que uma organização desenvolva a capacitação e os mecanismos de apoio necessários para atender sua política, seus objetivos e metas ambientais".*

Como podemos observar, a implementação do SGA, de acordo com a filosofia expressa pelas normas das famílias ISO 14000, está bem centrada nas diretrizes expressas pela política ambiental e desdobradas através dos objetivos e metas ambientais. A política ambiental é, portanto, o que poderíamos definir como a grande declaração de comprometimento empresarial, relativamente ao meio ambiente, constituindo a fundação ou a base do SGA.

A ISO 14000 aborda este Princípio 3 sob o título Implementação e Operação (4.4), subdividindo-o em diversos sub-requisitos que analisaremos a partir daqui.

4.4.1 – Estrutura e responsabilidade

A Norma ISO 14001 no seu Requisito 4.4.1 – Estrutura e responsabilidade refere:

> *"As funções, responsabilidades e autoridade devem ser definidas, documentadas e comunicadas a fim de facilitar uma gestão ambiental eficaz.*
>
> *A administração deve fornecer recursos essenciais para a implementação e o controle do sistema de gestão ambiental, abrangendo recursos humanos, qualificações específicas, tecnologia e recursos financeiros.*
>
> *A alta administração da organização deve nomear representantes específicos que, independentemente de outras atribuições, devem ter funções, responsabilidades e autoridade definidas para:*
>
> *1. assegurar que os requisitos do sistema de gestão ambiental sejam estabelecidos, implementados e mantidos de acordo com esta norma;*
>
> *2. relatar à alta administração o desempenho do sistema de gestão ambiental, para análise crítica, como base para o aprimoramento do sistema de gestão ambiental".*

Já a ISO 14004 – Sistemas de Gestão Ambiental – Diretrizes gerais sobre princípios, sistemas e técnicas de apoio, refere-se a este assunto no seu Requisito 4.3.1 – Generalidades, em que expõe:

> *"A capacitação e os mecanismos de apoio requeridos pela organização evoluem constantemente em resposta às alterações dos requisitos das partes interessadas, à dinâmica do ambiente econômico e ao processo de melhoria contínua. Para alcançar seus objetivos ambientais, recomenda-se que uma organização direcione e harmonize seu pessoal, sistemas, estratégias, recursos e estrutura.*
>
> *Para muitas organizações, a implementação da gestão ambiental pode ser buscada em estágios, e é recomendado que seja baseada no nível de conscientização dos requisitos, aspectos, expectativas e benefícios ambientais e na disponibilidade de recursos".*

Para que um sistema de gestão ambiental ou qualquer outro sistema seja, realmente, efetivo, os intervenientes (pessoas) devem conhecer e se identificar com o seu papel (funções). Deste modo, funções e responsabilidades devem ser muito claramente definidas e comunicadas a todos os envolvidos. Afinal, quem é o responsável pelo SGA senão todas as pessoas de uma organização? O comprometimento de todos os colaboradores é um aspecto absolutamente necessário, seja em grandes, pequenas ou médias empresas. O despertar desta consciência (consciência ambiental) sem dúvida irá se repercutir no processo de mudança comportamental de todos os funcionários, e é absolutamente necessário ao êxito do SGA.

Garantir o aporte de recursos é uma das responsabilidades da alta administração. Nas pequenas e médias empresas este aspecto pode ser mais fácil de resolver, devido à maior flexibilidade existente e em que a mesma pessoa pode, por vezes, desempenhar mais do que uma função. Assim, por exemplo, integrar a responsabilidade pelo gerenciamento ambiental com a responsabilidade pelo sistema da qualidade, saúde e segurança e outras funções relacionadas pode ser mais fácil do que nas grandes empresas. De qualquer forma, sendo a empresa pequena, média ou grande, somos a favor da integração desses sistemas num único sistema de gestão integrada, até porque não podemos pensar em qualidade se não houver uma perfeita integração dos diversos sistemas existentes na empresa/organização.

> Qualidade é uma nova filosofia de administração empresarial, em que a gestão de pessoas e processos tem de ser conduzida visando obter a contínua satisfação das partes envolvidas e a maximização do lucro para os acionistas.
>
> Por isso qualidade começa, invariavelmente, na *Estratégia Empresarial*.

A Norma ISO 14004 refere no seu Requisito 4.3.2.1 – Recursos humanos, físicos e financeiros:

> *"É recomendado que sejam definidos e disponibilizados os recursos humanos, físicos (por exemplo, instalações e equipamentos) e financeiros apropriados, essenciais para a implementação da política ambiental de uma organização e o atingimento de seus objetivos. Na alocação de recursos, as organizações podem desenvolver procedimentos para acompanhar os benefícios e os custos de suas atividades, produtos ou serviços, tais como o custo de controle da poluição, resíduos e disposição".*

Cabe, então, tecer algumas considerações sobre o desenvolvimento de uma estrutura organizacional para a gestão ambiental. Assim:

1. Quais as capacidades necessárias (humanas, físicas e financeiras)?
2. Quem necessita ser envolvido para que o SGA seja efetivo?
3. Que treinamento e outros recursos serão necessários?
4. Quais operações/atividades necessitam ser controladas?
5. Quem precisa ser envolvido, de forma a garantir que os controles sejam implementados?
6. O que a informação/dados em nosso poder nos indica quanto à efetividade da nossa estrutura organizacional? Como ela pode ser melhorada?
7. Como podemos estimular a responsabilidade pela gestão ambiental em toda a empresa?
8. Como outras funções podem contribuir para a gestão ambiental?
9. Os sistemas de qualidade, saúde e segurança estão implementados na empresa?
10. Como podemos integrar o SGA dentro dos sistemas existentes?

Sobre este último aspecto, gostaríamos de realçar a grande utilidade que pode ter uma simples ferramenta denominada fluxograma. O organograma da empresa e os fluxogramas das atividades relacionadas com a gestão ambiental podem nos ajudar a entender e/ou compreender como os processos se desenvolvem e quais são as interfaces comuns a eles. Os fluxogramas podem ser de grande utilidade no entendimento de vários processos da empresa, entre eles os de aquisição, distribuição, treinamento, manutenção preventiva, produção etc.

Quadro 5.29: Como as diversas funções empresariais
podem apoiar o sistema de gestão ambiental.

Funções	Contribuição para o SGA
Alta administração	Comunicar a importância do SGA a toda a empresa e se comprometer com o seu desempenho. Prover os recursos necessários à operacionalização do SGA. Acompanhar e analisar criticamente o desempenho do SGA. Estimular a melhoria contínua do SGA.
Compras	Desenvolver e implantar controles para produtos químicos e/ou outros produtos que possam contribuir para a degradação do meio ambiente.
Recursos humanos	Definir critérios de competência e descrever as funções/papel para as diversas funções do SGA. Integrar a gestão ambiental nos sistemas de avaliação, recompensas e outros.
Manutenção	Implementar um programa de manutenção preventiva ou preditiva para os equipamentos-chave.
Finanças	Implementar o gerenciamento de custos ambientais e acompanhar o seu desempenho. Preparar orçamentos e/ou programas de investimento para o SGA. Avaliar a viabilidade econômica de projetos ambientais.
Engenharia	Considerar os impactos ambientais de novos produtos e processos ou de suas modificações/alterações.
Trabalhadores de linha	Cumprir os procedimentos operacionais ("chão de fábrica") padrão. Apoiar os novos funcionários, treinando-os. Respeitar os códigos ambientais.

De forma a tornar mais claro e compreensível o entendimento deste requisito, a Norma ISO 14004 refere em Ajuda prática – Recursos humanos, físicos e financeiros que:

> "Os recursos e a estrutura organizacional da pequena e média empresas (PME) podem impor certas limitações à implementação. Para administrar tais restrições recomenda-se que a PME considere, quando possível, estratégias de cooperação com:

> - *grandes organizações de clientes para a troca de tecnologias e know-how;*
> - *outras PMEs na cadeia de fornecimento ou vizinhas, para definir e tratar de problemas comuns, compartilhar know-how, facilitar o desenvolvimento técnico, usar conjuntamente as instalações, estabelecer um meio de estudar o SGA e, coletivamente, contratar consultorias;*
> - *organizações de normalização, associações de PMEs e Câmaras de Comércio para programas de treinamento e conscientização;*
> - *universidades e outros centros de pesquisa para apoiar produção e inovação".*

A Norma ISO 14004, consciente da importância da harmonização e integração do SGA com outros sistemas empresariais e de como é importante a definição de responsabilidade dentro do sistema, fornece diretrizes adequadas à implementação desses dois aspectos. A sua correta leitura e interpretação pode nos ajudar, em muito, na adequação do modelo existente na empresa às exigências da NBR ISO 14001.

Diz a NBR ISO 14004, no seu Requisito 4.3.2.2 – Harmonização e integração do SGA, que:

> *"Para uma gestão eficaz das questões ambientais, recomenda-se que os elementos do SGA sejam concebidos ou revisados de modo que eles sejam efetivamente harmonizados e integrados aos elementos de gestão existentes.*
>
> *Os elementos do sistema de gestão que podem se beneficiar de uma integração incluem:*
> - *políticas da organização;*
> - *alocação de recursos;*
> - *controles operacionais e documentação;*
> - *sistemas de informação e apoio;*
> - *treinamento e desenvolvimento;*
> - *organização e estrutura de responsabilidades;*
> - *sistemas de avaliação e recompensa;*
> - *sistemas de medição e monitoramento;*
> - *comunicação e relato".*

A mesma norma continua referindo no seu Requisito 4.3.2.3 – Responsabilidade técnica e pessoal, que:

> *"É recomendado que a responsabilidade pela eficácia geral do SGA seja atribuída a pessoas experientes ou funções com suficiente autoridade, competência e recursos.*
>
> *É recomendado que as chefias operacionais definam claramente as responsabilidades de cada pessoa e sejam responsáveis técnica e pessoalmente pela efetiva implementação do SGA e pelo desempenho ambiental.*
>
> *É recomendado que os empregados em todos os níveis respondam, no escopo de suas responsabilidades, pelo desempenho ambiental, em apoio ao sistema de gestão ambiental global."*

Pela importância de que se revestem, existem alguns aspectos que julgamos serem merecedores de especial consideração pelos responsáveis pela implementação do SGA. Assim, destacamos:

- Construir um SGA flexível e que possa ser integrado a outros sistemas já existentes (sistemas de informação, controles de compras, sistema da qualidade, sistema de saúde e segurança, sistema de recursos humanos, sistema de comunicação etc.);
- Assegurar a comunicação a todos os funcionários do seu papel/função dentro do SGA. Uma ferramenta que pode ajudar neste processo é a matriz de responsabilidades do SGA (vide exemplo de matriz – Quadro 5.30). Os funcionários devem ter conhecimento dos impactos que a sua atividade provoca e seus efeitos sobre o meio ambiente.

No caso de dificuldades, por limitação de recursos, a empresa/organização pode:

- compartilhar tecnologias e *know-how* com outras empresas clientes ou fornecedores;
- compartilhar custos de desenvolvimento de tecnologia e consultoria com outras empresas do ramo; e
- desenvolver programas de treinamento e conscientização com empresas dedicadas ao fomento do meio ambiente, como, por exemplo: Sebrae, Senai e outros, sempre que aplicável.

Diretamente relacionado com o tema Implementação e Operação (4.4), a Norma ISO 14001 menciona no seu Requisito 4.4.2 – Treinamento, Conscientização e Competência os itens que as empresas deverão estruturar dentro do seu sistema, para poderem atender a esta exigência.

Assim:

Quadro 5.30: Matriz de responsabilidades do SGA

Atividades do SGA	Presidente	Diretoria	Representante Administração	Compras	Manutenção	Financeiro	Engenharia	Produção Supervisão	Engenheiros	RH
Comunicar a importância da gestão ambiental	P	P	P	S	S	S	S	S	S	P
Coordenar a equipe de auditoria ambiental	-	-	P	-	S	-	-	S	-	S
Analisar/acompanhar novos requisitos regulamentares e mantê-los atualizados	-	S	P	S	-	-	-	-	-	S
Obter licenças e desenvolver planos de adequação	-	P	S	-	-	-	S	S	-	S
Preparar relatórios exigidos pelos regulamentos da legislação	-	P	S	-	-	-	S	S	-	-
Coordenar comunicação com as partes interessadas	P	S	P	-	-	-	-	-	-	-
Desenvolver e coordenar plano de treinamento anual	-	S	S	S	S	S	S	S	S	P
Integrar o recrutamento com as exigências ambientais	-	S	-	-	-	-	-	S	-	P
Integrar o desempenho ambiental no processo de avaliação	-	S	-	-	-	-	-	S	-	P

Atividades do SGA	Presidente	Diretoria	Representante Administração	Compras	Manutenção	Financeiro	Engenharia	Produção Supervisão	Engenheiros	RH
Comunicar aos subcontratados as expectativas ambientais	–	–	–	P	–	–	–	–	–	–
Adequar as atividades aos requisitos regulamentares	P	P	S	S	S	S	S	S	S	S
Manutenção dos equipamentos para controle dos impactos ambientais	–	–	–	–	P	–	–	–	–	–
Monitorar os processos-chave	–	–	P	S	P	P	P	P	S	S
Coordenar os esforços às respostas emergenciais	S	S	P	–	–	–	–	–	–	–
Identificar os aspectos ambientais dos produtos, atividades ou serviços	S	S	P	S	S	S	S	S	S	S
Estabelecer objetivos e metas ambientais	P	S	S	–	–	–	–	–	–	–
Desenvolver orçamento para a gestão ambiental	–	–	P	S	S	S	S	S	S	S
Manter registros do SGA	–	–	P	S	S	S	S	S	S	S
Coordenar o controle de documentos	–	–	P	S	S	S	S	S	S	S

Legenda: P = Responsabilidade Principal   S = Responsabilidade Secundária

4.4.2 – Treinamento, Conscientização e Competência

> "A organização deve identificar as necessidades de treinamento. Ela deve determinar que todo o pessoal cujas tarefas possam criar um impacto significativo sobre o meio ambiente receba treinamento apropriado.
>
> A organização deve estabelecer e manter procedimentos que façam com que seus empregados ou membros, em cada nível e função pertinente, estejam conscientes:
>
> 1. da importância da conformidade com a política ambiental, procedimentos e requisitos do sistema de gestão da qualidade;
>
> 2. dos impactos ambientais significativos, reais ou potenciais, de suas atividades e dos benefícios ao meio ambiente resultantes da melhoria do seu desempenho pessoal;
>
> 3. de suas funções e responsabilidades em atingir a conformidade com a política ambiental, procedimentos e requisitos do sistema de gestão ambiental, inclusive os requisitos de preparação e atendimento a emergências;
>
> 4. das potenciais consequências da inobservância de procedimentos operacionais especificados;
>
> O pessoal que executa tarefas que possam causar impactos ambientais significativos deve ser competente, com base em educação, treinamento e/ou experiência apropriados."

Há duas boas razões, se outras não houvesse, para treinar os colaboradores/funcionários sobre o gerenciamento ambiental. Assim:

- Cada colaborador, através do papel/atividade que desempenha, pode causar impacto ao meio ambiente. Conscientizá-lo da importância e dos impactos que podem ser causados ao meio ambiente e a forma como minimizá-los é uma das funções do treinamento, entre outras.

- Qualquer funcionário pode contribuir com boas ideias/sugestões sobre como melhorar o gerenciamento ambiental, reduzindo ou eliminando desperdícios, responsáveis pelos impactos ambientais.

Este é um requisito que vem merecendo uma atenção maior, quer por parte dos auditores de terceira parte, quer pelas próprias empresas que já concluíram que ter funcionários competentes é um fator de redução de custos, principalmente devido à diminuição de desperdícios, retrabalhos etc.

Como podemos definir "Competência"?

Alguns autores definem competência como sendo um conjunto de fatores (Conhecimento + Habilidades + Atitudes), comumente designados por CHA. No entanto, para que possamos considerar alguém competente, teremos que analisar a forma como essa competência foi obtida ou alcançada, surgindo, então, outro fator que é o "Treinamento", o qual na verdade é um processo de provimento da competência desejada.

É no momento em que descrevemos o perfil do cargo que, entre outros requisitos, os analistas de RH definem a competência requerida. Este é o momento em que se deve pensar que "o ótimo" é inimigo "do bom". É preferível fazer a descrição do perfil de cargo definindo as competências mínimas e as desejáveis.

Desta forma, com uma boa gestão do programa de treinamento, será possível, em pouco tempo, ter os colaboradores qualificados com as competências desejadas. Veja-se que com isto não estamos querendo burlar a au-ditoria, muito menos afirmar que é preferível "alinhar por baixo" o nível das competências. Cada caso será um caso especial, em que a ausência de determinada competência por parte do colaborador pode vir a ser suprida pelo treinamento, desde que ela não seja definida como competência crítica e fundamental para o exercício da função.

Muitas organizações estão "empobrecendo" as descrições de cargo para suprimir requisitos de competência, aumentando assim a adequação do candidato, na medida em que ele passa a atender a um maior número de requisitos que não são absolutamente fundamentais para a função/cargo a ser exercido. Deve-se ter muita atenção a este aspecto, pois de repente estamos empobrecendo a qualidade da "massa crítica e pensante" na empresa. Lembre-se que a falta de conhecimento leva a uma atitude passiva, condição que as empresas de hoje não desejam.

A Norma NBR ISO 14004, no seu Requisito 4.3.2.4 – Conscientização ambiental e motivação, refere diretrizes fundamentais ao processo de conscientização ambiental e motivação dos funcionários para a gestão ambiental. Diz a referida norma que:

> *"A alta administração tem um papel-chave a desempenhar na conscientização e motivação dos empregados, explicando os valores ambientais da organização e comunicando seu próprio comprometimento com a política ambiental. É o comprometimento individual das pessoas, no contexto dos valores ambientais compartilhados, que faz com que o sistema de gestão ambiental saia do papel e se transforme em um processo eficaz.*

É recomendado que todos os membros da organização correspondam e sejam estimulados a aceitar a importância do atingimento dos objetivos e metas ambientais pelos quais são responsáveis. É recomendado que eles, por sua vez, encorajem, quando necessário, os outros membros de sua organização a responderem de maneira semelhante.

A motivação para a melhoria contínua pode ser reforçada quando os empregados são reconhecidos pelo atingimento dos objetivos e metas ambientais e encorajados a apresentar sugestões que conduzam a um melhor desempenho ambiental".

Sobre este assunto, vale a pena a equipe ambiental responsável pela implementação do projeto analisar algumas questões. Assim:

- De que forma a alta administração estabeleceu, reforçou e comunicou o comprometimento organizacional para com a política ambiental?
- Em que grau os empregados compreendem, aceitam e compartilham os valores ambientais da organização?
- Até que ponto os valores ambientais compartilhados servem para motivar ações ambientalmente responsáveis?
- De que forma a organização reconhece as realizações ambientais de seus empregados?

A seguir, o *check-list* para implantação do Princípio 3 de gestão ambiental – implementação e operação.

Quadro 5.31: *Check-list* de implantação do Princípio 3 do sistema de gestão ambiental – implementação e operação

Elementos do SGA	☺	😐	☹
4.4 – Implementação e operação			
4.4.1 – Estrutura e responsabilidades			
– Definir, documentar e aprovar a descrição de funções, autoridade e responsabilidades para todas as atividades e aspectos do SGA.			
– Proporcionar recursos humanos, tecnológicos e financeiros adequados para a efetiva implementação do SGA.			
– Nomear um representante da administração com autoridade e responsabilidade definida para:			
1. assegurar que o SGA está estabelecido, implementado e mantido de acordo com as especificações da Norma ISO 14001;			
2. reportar à alta administração o desempenho do sistema para análise crítica e melhoria.			

Em continuação, a Norma ISO 14004 refere, no seu Requisito 4.3.2.5 – Conhecimentos, habilidades e treinamento, diretrizes que, de certa forma, complementam ou são continuação do requisito anterior.

Diz a ISO 14004, a este respeito, que:

> *"É recomendado que os conhecimentos e habilidades necessários para atingir os objetivos ambientais sejam identificados e considerados na seleção, recrutamento, treinamento, desenvolvimento de habilidades e educação contínua do pessoal".*

> *"É recomendado prover a todo o pessoal da organização treinamento apropriado, relativo à política e ao atingimento dos objetivos e metas ambientais. É recomendado que os empregados possuam uma base adequada de conhecimentos, que inclua treinamento nos métodos e habilidades necessários à execução de suas tarefas com eficiência e competência, tendo conhecimento do impacto que suas atividades podem causar ao meio ambiente, caso as executem de forma incorreta".*

> *"É recomendado, também, que a organização se assegure de que os prestadores de serviços que trabalham no local ofereçam evidências de que têm conhecimentos e habilidades necessários para operarem de forma ambientalmente responsável".*

> *"Educação e treinamento são necessários para assegurar que os empregados tenham conhecimentos apropriados e atualizados dos requisitos legais, normas internas e políticas e objetivos da organização. O nível e o detalhamento do treinamento podem variar de acordo com a tarefa".*

> *"O programa de treinamento normalmente possui os seguintes elementos:*
>
> - *identificação das necessidades de treinamento dos empregados;*
> - *desenvolvimento de um plano de treinamento que atenda às necessidades definidas;*
> - *verificação da conformidade do programa de treinamento com os requisitos legais ou organizacionais;*
> - *treinamento de grupos específicos de empregados;*
> - *documentação do treinamento recebido;*
> - *avaliação do treinamento recebido".*

Parece ser um ponto pacífico o entendimento de que todo o pessoal necessita ser submetido a *treinamento apropriado* à sua função/atividade. Porém, o treinamento é apenas um dos pilares componentes da competência do indivíduo, a qual deve, ainda, considerar os aspectos de educação/conhecimento, habilidades e atitude, conforme esquematizado no Quadro 5.32:

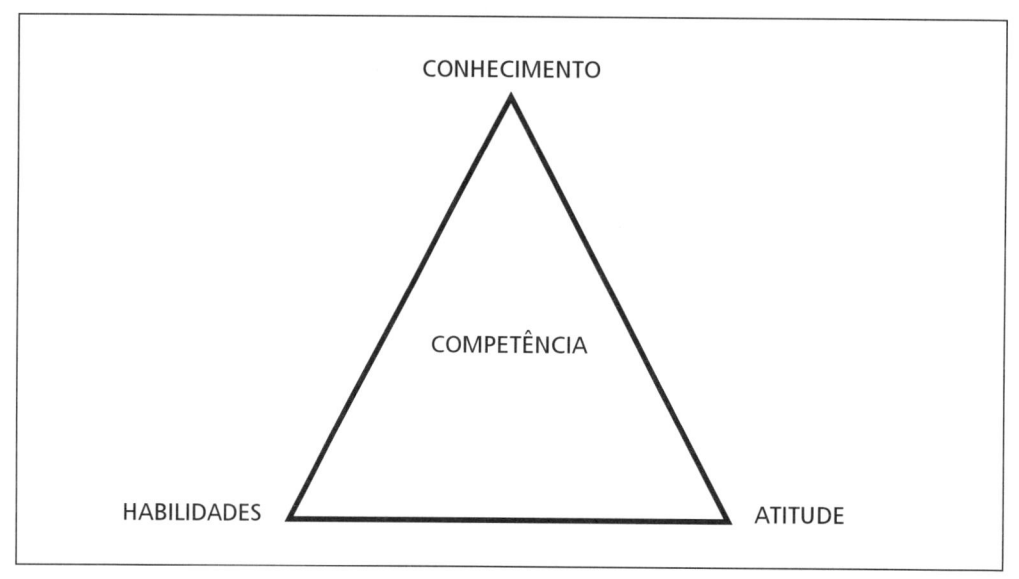

Quadro 5.32: Competência individual e seus aspectos complementares

Põe-se, então, a questão:

Como medir a competência dos funcionários no desempenho de determinadas tarefas/atividades?

É certo que se tivéssemos que, periodicamente, medir a competência de todos os funcionários, tal tarefa seria extremamente desgastante, razão por que o sistema exige qualificação e treinamento adequado das pessoas envolvidas. Porém, existem algumas funções que, pelo impacto que a sua atividade pode causar ao meio ambiente, pode ser interessante estabelecer e documentar critérios para a medição da competência com que esses indivíduos desempenham tais atividades.

Conforme refere a Norma ISO 14001, Requisito 4.4.2, "a organização deve identificar as necessidades de treinamento". Assim sendo, julgamos ser interessante, periodicamente, realizar um "levantamento das necessidades de treinamento" para todo o pessoal que executa atividades que possam ter impacto no meio ambiente.

No mínimo, devemos questionar:

- Como os procedimentos da SGA afetam determinado trabalho e o que poderia acontecer se eles não fossem cumpridos?
- Que impactos ambientais pode esse trabalho ou atividade causar?
- Que aspectos ou premissas ambientais o executante do trabalho/atividade necessita entender para o seu desempenho adequado?

A ISO 14004 coloca algumas questões a serem consideradas a este respeito:

- De que forma a organização identifica as necessidades de treinamento ambiental?
- De que forma são analisadas as necessidades de treinamento para as funções específicas?
- O treinamento é desenvolvido, analisado e modificado quando necessário?
- De que forma o treinamento é documentado e acompanhado?

No desenvolvimento de um programa de treinamento deve-se, no mínimo, contemplar:

1. O levantamento das necessidades de treinamento e os requisitos mínimos exigidos para a função.
2. A definição dos objetivos do treinamento.
3. A preparação de um plano de treinamento (quem; o quê; quando; onde e como).
4. A implementação do programa de treinamento.
5. O acompanhamento do treinamento e a manutenção de registros.
6. A avaliação da eficácia do treinamento, isto é, a avaliação da melhoria de desempenho dos funcionários treinados.
7. A melhoraria, conforme necessário, do programa de treinamento.

A ISO 14004 menciona, também, alguns exemplos de treinamento ambiental que podem ser providos pela organização/empresa a seu pessoal. O Quadro 5.21 apresenta alguns desses exemplos, retirados dessa norma.

O Quadro 5.32 pretende dar-nos uma visão sobre a forma como o treinamento deve ser entendido.

Existem, contudo, alguns aspectos a serem considerados e para os quais chamamos a atenção. Assim:

1. O treinamento deve ser considerado uma premissa estratégica e não uma obrigação da norma.

2. Considere que, por vezes, muitos funcionários, devido à grande experiência na atividade/função, podem apresentar a qualificação necessária, embora não tenham sido submetidos a nenhum treinamento específico.

3. O treinamento não necessita, obrigatoriamente, ser realizado fora da empresa. Muitos treinamentos podem ser realizados internamente e ministrados por funcionários com maior experiência e qualificação. É o que comumente se designa por *on job training*.

4. Todos os treinamentos devem ter um plano ou programa do treinamento realizado e devem ser registrados.

5. Planeje, programe e registre adequadamente os treinamentos, palestras, *workshops* etc.

6. Preveja as necessidades de treinamento para novos funcionários, inclusive o denominado treinamento de ambientação ou de orientação.

7. Estabeleça níveis de competência para as diversas tarefas/atividades. Critérios de competência para funções/cargos que podem causar impacto significativo no ambiente devem ser considerados conforme mais apropriado para a empresa.

Quadro 5.33: Exemplos de treinamento segundo a Norma ISO 14004

Tipo de Treinamento	Público	Propósito
Conscientização sobre a importância estratégica da gestão ambiental.	Gerência executiva	Obter o comprometimento e a harmonização com a política ambiental da organização.
Conscientização sobre as questões ambientais em geral	Todos os empregados	Obter o comprometimento com a política ambiental, seus objetivos e metas e fomentar um senso de responsabilidade individual.
Aperfeiçoamento de habilidades	Empregados com responsabilidades ambientais	Melhorar o desempenho em áreas específicas da organização, por exemplo, operações, pesquisa e desenvolvimento e engenharia.
Cumprimento dos requisitos	Empregados cujas ações podem afetar o cumprimento dos requisitos.	Assegurar que os requisitos legais e internos para treinamento sejam cumpridos.

Fonte: ISO 14004.

Quadro 5.34: *Check-list* de implantação do Princípio 3 do
sistema de gestão ambiental – implementação e operação

Elementos do SGA	☺	😐	☹
4.4 – Implementação e operação			
– Treinamento, conscientização e comprometimento			
Identificar necessidades de treinamento, programar e fornecer treinamento ao pessoal cujo trabalho/atividade pode causar impacto significativo no ambiente.			
Funcionários, em todos os níveis, devem ser treinados, como forma de torná-los conscientes sobre a importância da conformidade de sua atividade para com a política e os procedimentos do SGA.			
– os aspectos ambientais significativos de suas atividades e benefícios ambientais resultantes da melhoria do seu desempenho;			
– as suas contribuições e responsabilidades no cumprimento dos requisitos, conforme definido pela política, pelos procedimentos ambientais e pelo próprio SGA;			
– potenciais consequências da não utilização dos procedimentos ambientais;			
– pessoal que desempenha atividades específicas e que tenha impacto significativo no meio ambiente deve ser selecionado com base no seu treinamento, conhecimento e experiência.			
Estão definidas as atividades que podem causar impacto significativo no meio ambiente?			
Estão definidos critérios de qualificação e experiência para pessoas que desempenham essas atividades?			
Estão definidos os critérios de treinamento e conhecimento exigido?			
Existem programas de conscientização ambiental? Quais? Existem registros?			
A melhoria do desempenho após o treinamento é avaliada? Como? Existem registros?			
Está definida a responsabilidade por esta atividade?			

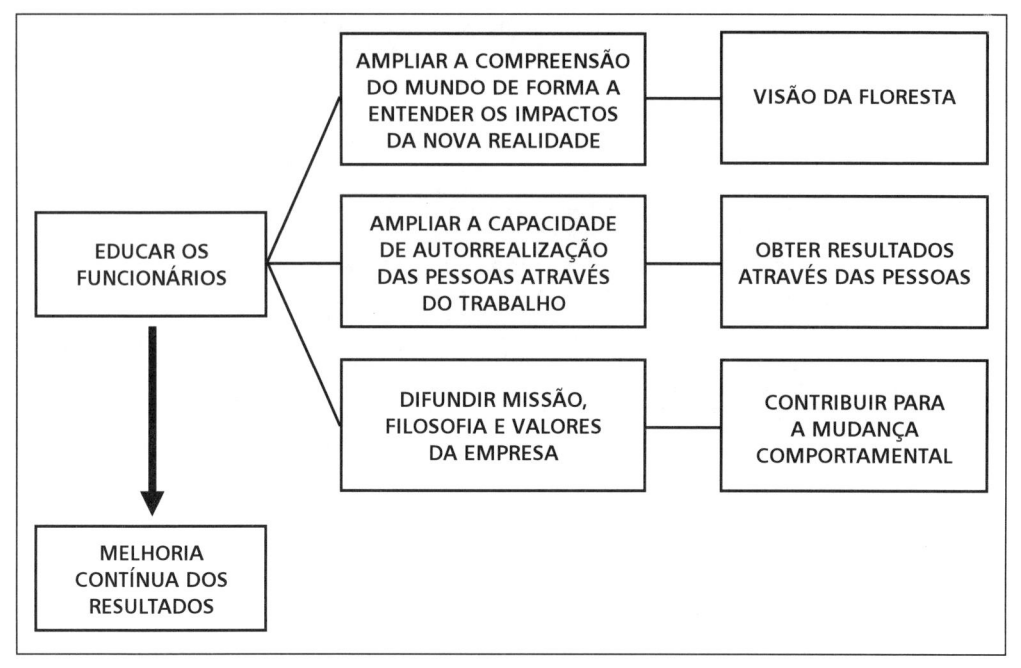

```
┌─────────────────────────────────────────────────────────────────────┐
│                      ┌──────────────────────┐                       │
│                      │ AMPLIAR A COMPREENSÃO│   ┌─────────────────┐ │
│                      │  DO MUNDO DE FORMA A │───│ VISÃO DA FLORESTA│ │
│                      │  ENTENDER OS IMPACTOS│   └─────────────────┘ │
│                      │   DA NOVA REALIDADE  │                       │
│                      └──────────────────────┘                       │
│  ┌──────────────┐    ┌──────────────────────┐   ┌─────────────────┐ │
│  │   EDUCAR OS  │    │ AMPLIAR A CAPACIDADE │   │ OBTER RESULTADOS│ │
│  │ FUNCIONÁRIOS │────│  DE AUTORREALIZAÇÃO  │───│ ATRAVÉS DAS     │ │
│  │              │    │ DAS PESSOAS ATRAVÉS  │   │    PESSOAS      │ │
│  └──────────────┘    │     DO TRABALHO      │   └─────────────────┘ │
│         │            └──────────────────────┘                       │
│         │            ┌──────────────────────┐   ┌─────────────────┐ │
│         │            │  DIFUNDIR MISSÃO,    │   │ CONTRIBUIR PARA │ │
│         │            │ FILOSOFIA E VALORES  │───│    A MUDANÇA    │ │
│         ▼            │     DA EMPRESA       │   │  COMPORTAMENTAL │ │
│  ┌──────────────┐    └──────────────────────┘   └─────────────────┘ │
│  │   MELHORIA   │                                                   │
│  │  CONTÍNUA DOS│                                                   │
│  │  RESULTADOS  │                                                   │
│  └──────────────┘                                                   │
└─────────────────────────────────────────────────────────────────────┘
```

Quadro 5.35: Missão do treinamento

4.4.3 – Comunicação

A ISO 14001 trata, no seu Requisito 4.4.3, do processo de comunicação. Todos sabemos como é importante o processo de comunicação numa empresa ou organização e de como ele pode dificultar ou mesmo impedir o processo de implantação de qualquer sistema.

Acreditamos que, por estarem conscientes deste fato, os membros do ISO/TC 207 incluíram este requisito na norma, uma vez que qualquer processo de gestão, inclusive o ambiental, requer um efetivo processo de comunicação inter e intraorganizacional.

Refere a Norma ISO 14001 que:

> "Com relação aos seus aspectos ambientais e sistema de gestão ambiental, a organização deve estabelecer e manter procedimentos para:
>
> 1. comunicação interna entre os vários níveis e as funções da organização;
>
> 2. recebimento, documentação e resposta a comunicações pertinentes das partes interessadas externas.

A organização deve considerar os processos de comunicação externa sobre seus aspectos ambientais significativos e registrar a sua decisão".

Um processo de comunicação bem definido pode ajudar a administração/gerências a considerar e implementar estratégias de comunicação para:

Atores	– motivar a força de trabalho;
a) vizinhos	– explicar a política ambiental, tanto interna como externamente à empresa e de como ela se relaciona com o negócio (missão-estratégia);
b) comunidade	– assegurar a compreensão das funções e responsabilidades dos intervenientes no SGA;
c) outros grupos de interesse	– monitorar o desempenho do SGA;
d) entidades públicas locais, estaduais e federais	– identificar melhorias potenciais no SGA.

A Norma ISO 14004 inclui este processo dentro de um requisito mais amplo, o qual denomina de Ações de Apoio (4.3.3) e trata o tema comunicação em 4.3.3.1 – Comunicação e relato.

Diz a norma:

"A comunicação inclui o estabelecimento de processos para informar internamente e, onde desejado externamente, sobre as atividades ambientais da organização, de forma a:

* *demonstrar o comprometimento da administração com o meio ambiente;*

* *tratar das preocupações e questões relativas aos aspectos ambientais das atividades, produtos ou serviços da organização;*

* *informar às partes interessadas, internas ou externas, o sistema de gestão ambiental e o desempenho da organização, conforme apropriado.*

É recomendado que os resultados das atividades de monitoramento, auditorias e análise crítica pela administração, referentes ao SGA, sejam comunicados àqueles que, dentro da organização, são responsáveis pelo desempenho.

> *O fornecimento de informações apropriadas aos empregados da organização e a outras interessadas visa motivar os empregados e encorajar a compreensão e aceitação do público para os esforços da organização em aprimorar seu desempenho ambiental".*

Um efetivo processo interno de comunicação deve prever mecanismos que permitam que a informação percorra a empresa "de cima a baixo", permitindo, inclusive, que os funcionários que estão na linha de frente possam contribuir com sugestões e ideias (*feedback*).

Não nos devemos esquecer que esses funcionários são, geralmente, uma excelente fonte de informação que deve ser aproveitada e trabalhada pelo sistema, para a sua própria melhoria.

A comunicação externa é algo que, também, é extremamente importante para a gestão ambiental de uma empresa. A ideia ou forma de como os clientes e a sociedade em geral percebem como a empresa se comporta ambientalmente é muito importante, tanto em termos estratégicos como comerciais.

Assim, a empresa deve desenvolver um sistema de comunicação externo que lhe permita conhecer como vizinhos, grupos da comunidade, clientes e outras partes interessadas visualizam ambientalmente a organização. A informação obtida das fontes externas pode ser crítica para o estabelecimento de objetivos e metas ambientais e do próprio negócio.

De acordo com a Norma ISO 14004, algumas questões devem ser consideradas no processo de comunicação e relato.

Destacamos:

- Qual é o processo para receber e responder às preocupações dos empregados?
- Qual é o processo para receber e considerar as preocupações de outras partes interessadas?
- Qual é o processo para comunicar a política e o desempenho ambiental da organização?
- De que forma os resultados de auditorias e análises críticas do SGA são comunicados a todas as pessoas apropriadas na organização?
- Qual o processo para tornar a política ambiental disponível para o público?
- A comunicação interna é adequada para dar apoio à melhoria contínua nas questões ambientais?

Podemos concluir, então, que um efetivo SGA deve incluir procedimentos para:

1. comunicar internamente, considerando a comunicação entre os diversos níveis e funções empresariais;
2. solicitar, receber, documentar e responder a comunicações externas, inclusive comunicação relativa a reclamações externas:
   - Como elas são recebidas?
   - Como elas são examinadas?
   - Como comunicar ao reclamante o resultado final da apuração da sua reclamação?

Antes de terminarmos este assunto, gostaríamos de ressaltar novamente alguns pontos que merecem ser considerados.

Assim:

- Defina os procedimentos e meios para a comunicação interna e externa.
- Elabore uma estratégia *proativa* de comunicação externa (informativos mensais, relatórios anuais, etc.), considerando, sempre, a relação *custo-benefício*.
- Na comunicação interna é importante dizer aos funcionários não apenas *o que* eles devem fazer, mas *por que* eles devem fazer. Por exemplo, ao descrever num procedimento apenas *o que deve ser feito*, não é uma explicação suficiente. Tente descrever o *propósito ou o porquê* dessa exigência e a razão da sua importância, deixando, também, clara a conexão existente entre a exigência do procedimento e como ela se aplica à função de cada pessoa. Isto pode ser realizado no momento da *implantação* do procedimento e através de treinamento e palestras internas.
- Procure simplificar as mensagens. A comunicação deve ser clara, concisa e objetiva.
- Controle/gerencie o processo de comunicação externa relacionado com reclamações e difusão da política ambiental para os *stakeholders* ou partes interessadas.

Quadro 5.36 esquematiza o exposto acima, com base no Guia de Referência para a Implementação de Sistemas de Gestão Ambiental, segundo a ISO 14001:2004 da Direção de Associativismo e Competitividade Empresarial de Portugal, versão 2005.

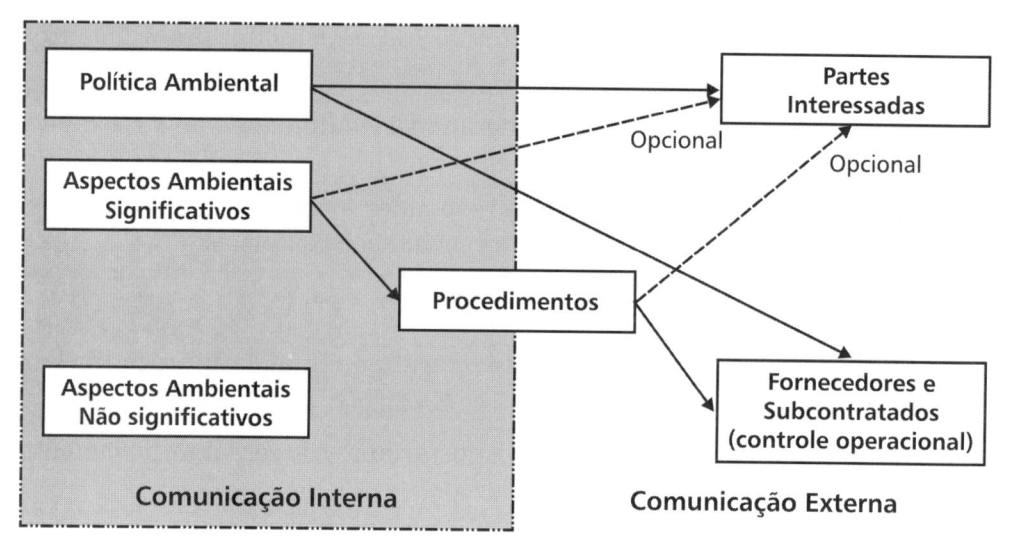

```
┌─────────────────────────────────────────────┐  ┌──────────────────┐
│  ┌──────────────────────┐                   │  │     Partes       │
│  │  Política Ambiental  │──────────────────────▶│  Interessadas   │
│  └──────────────────────┘       Opcional    │  └──────────────────┘
│                                             │         ▲
│  ┌──────────────────────┐                   │      Opcional
│  │  Aspectos Ambientais │                   │
│  │    Significativos    │                   │
│  └──────────────────────┘                   │
│              │                              │
│              ▼                              │
│       ┌──────────────┐                      │
│       │ Procedimentos│──────────────────────┐
│       └──────────────┘                      │
│                                             │  ┌──────────────────┐
│  ┌──────────────────────┐                   │  │  Fornecedores e  │
│  │  Aspectos Ambientais │                   │  │  Subcontratados  │
│  │   Não significativos │                   │  │(controle operacional)│
│  └──────────────────────┘                   │  └──────────────────┘
│       Comunicação Interna                   │   Comunicação Externa
└─────────────────────────────────────────────┘
```

Fonte: Adaptado do *Guia de referência para a implementação de sistemas de gestão ambiental segundo a ISO 14001:2004.* – Portugal, 2005. Direcção de Associativismo e Competitividade Empresarial.

Quadro 5.36: Esquema representativo dos fluxos de comunicação externa

A Norma ISO 10014, no seu Requisito 4.3.3.1 – Ajuda prática – Comunicação e relato, menciona:

1. Itens que podem ser incluídos nos relatórios:
   - perfil da organização;
   - política, objetivos e metas ambientais;
   - processos de gestão ambiental (incluindo lançamentos, conservação de recursos, cumprimento legal, acompanhamento de produtos e riscos);
   - oportunidades de melhoria;
   - informações complementares, tais como glossários;
   - verificação independente do conteúdo.

2. É importante lembrar que para as comunicações e relatos ambientais internos e externos:
   - seja encorajada a comunicação recíproca;
   - as informações sejam compreensíveis e adequadamente explicadas;
   - as informações sejam verificáveis;
   - a organização apresente um retrato fiel do seu desempenho;
   - as informações sejam apresentadas de forma consistente (por exemplo: unidades de medida similares, para permitir comparação entre um período e outro).

Quadro 5.37: *Check-list* de implantação do Princípio 3 do sistema
de gestão ambiental – implementação e operação – comunicação

Elementos do SGA	☺	😐	☹
4.4 – Implementação e operação			
Comunicação			
– Estabelecer e manter procedimentos para:			
1. comunicação organizacional e técnica entre os vários níveis e funções dentro da organização;			
2. receber, documentar e responder a comunicação relevante recebida das partes externas interessadas nos aspectos ambientais e na gestão do sistema ambiental;			
3. manter registros das decisões da empresa relativamente a aspectos ambientais importantes e sua comunicação às partes externas envolvidas e/ou interessadas.			

4.4.4 – Documentação do sistema de gestão ambiental

Ainda dentro do Requisito Implantação e Operação (4.4), a Norma ISO 14001 aborda o processo de documentação do sistema de gestão ambiental (4.4.4) e o controle de documentos (4.4.5).

No Requisito 4.4.4 – Documentação do sistema de gestão ambiental –, a Norma ISO 14001 diz que:

> *"A organização deve estabelecer e manter informações, em papel ou em meio eletrônico, para:*
>
> *1. descrever os principais elementos do sistema de gestão e a interação entre eles;*
>
> *2. fornecer orientação sobre a documentação relacionada".*

Parece-nos não ser motivo de discussão nem de dúvida ressaltar a importância da documentação e do seu controle na demonstração da efetividade de um sistema de gestão. Assim, e de forma a assegurar que o SGA seja devidamente compreendido e operado, é necessário proporcionar informação às pessoas envolvidas e/ou que executam as atividades/tarefas do sistema. Pode, também, haver partes externas envolvidas, tais como clientes, fornecedores, entidades governamentais etc., que necessitem de conhecer como o SGA é operado e controlado.

Qual a melhor forma de o fazer, senão através de documentação apropriada?

A Norma ISO 14004 refere no seu Requisito 4.3.3.2 – Documentação do SGA – que:

> *"É recomendado que os processos e procedimentos operacionais sejam definidos, adequadamente documentados e atualizados quando necessário. Recomenda-se, também, que a organização defina claramente os vários tipos de documentos que estabelecem e especificam procedimentos e controles operacionais eficazes".*

A existência da documentação do SGA contribui para conscientizar os empregados sobre o que é necessário para atender aos objetivos ambientais da organização e permitir a avaliação do sistema e do desempenho ambiental.

A natureza da documentação pode variar em função do porte e complexidade da organização. Nos casos em que os elementos do SGA estejam integrados ao sistema de gestão global da organização, é recomendado que a documentação ambiental seja integrada à documentação existente.

Para facilitar o uso, a organização pode elaborar e manter um sumário da documentação, com vistas a:

- ordenar os documentos relativos à política, objetivos e metas ambientais;
- descrever os meios para atingir os objetivos e metas ambientais;
- documentar as principais atribuições, responsabilidades e procedimentos;
- fazer referência à documentação correlata e descrever outros elementos do sistema de gestão da organização, onde apropriado; e
- demonstrar que os elementos do sistema de gestão ambiental apropriados à organização estão implementados.

Este sumário da documentação pode servir de referência para a implementação e manutenção do sistema de gestão ambiental da organização.

A documentação do SGA pode ser vista como uma série de documentos controlados contendo explicações ou descrições de como os critérios do SGA (exemplo: ISO 14001) se aplicam à empresa, conforme ilustrado no Quadro 5.38.

ATENÇÃO: Tente descrever os procedimentos de cada atividade do SGA em 1 ou 2 folhas.

Quanto mais fáceis de ler e compreender, mais fácil será cumpri-los.

> A documentação do SGA deve obedecer a uma hierarquia de documentos, conforme definido:
>
> a) Política ambiental (documento principal);
> b) Manual de gestão ambiental;
> c) Procedimentos ambientais;
> d) Registros ambientais e formulários.
>
> Toda a documentação pode estar sob a forma eletrônica ou física (papel).
>
> Dependendo da empresa, pode haver vantagens em possuir a documentação sob a forma eletrônica, uma vez que fica mais fácil atualizá-los e controlá-los, bem como garantir que as versões atualizadas estejam disponíveis aos usuários.

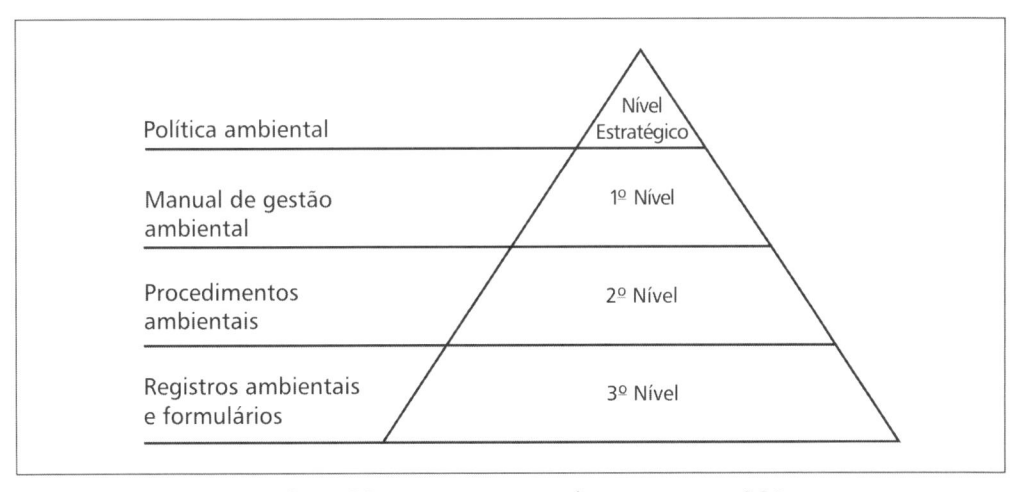

Política ambiental	Nível Estratégico
Manual de gestão ambiental	1º Nível
Procedimentos ambientais	2º Nível
Registros ambientais e formulários	3º Nível

Quadro 5.38: Documentação da empresa no SGA

A Norma ISO 14004 levanta algumas questões relativamente à documentação do SGA. Assim:

- De que forma são identificados, documentados, comunicados e revisados os procedimentos de gestão ambiental?

A este respeito, achamos importante a empresa possuir um procedimento documentado do SGA que especifique claramente:

1. ***como*** *os documentos do SGA são identificados, datados, aprovados, controlados, emitidos e distribuídos;*
2. ***quem*** *tem a autoridade para a aprovação dos documentos originais e aprovação de suas alterações.*

- A organização possui um processo para desenvolver e manter a documentação do SGA?

Conforme já mencionado, o procedimento documentado deve, ainda, prever:

1. características da documentação do SGA;

2. quais os documentos integrantes do SGA;

3. forma de atualização e manutenção da documentação do SGA; e

4. prazo de validade dos documentos.

- De que forma a documentação do SGA é integrada, caso apropriado, à documentação existente?

Se a empresa, por exemplo, já possuir um sistema de gestão da qualidade baseado nos critérios da Norma ISO 9000, a documentação do SGA deverá ser integrada ao sistema existente, adequando-se aos critérios já definidos, sempre que aplicável.

- De que forma os empregados têm acesso à documentação do SGA, necessária à execução das suas atividades de trabalho?

Esse procedimento documentado deve prever, explicitamente, a forma de distribuição dos documentos e quais os que serão disponibilizados para cada área/atividade. Por exemplo, elaborar uma lista mestra de distribuição de documentos por área da empresa, como forma de facilitar o controle e a distribuição dos documentos aplicáveis.

Cabe aqui chamar a atenção para o fato de que, normalmente, a documentação do SGA pode estar relacionada aos registros do SGA. Enquanto a documentação descreve o que o SGA faz, os registros do SGA demonstram que a empresa está fazendo aquilo que ela diz que faz. Voltaremos a falar sobre os registros do SGA.

Existem alguns aspectos a serem considerados quando se trata da documentação do SGA e que, pela sua importância, vale a pena relembrá-los. Assim:

- Mantenha a documentação do SGA de forma simples e selecione um formato que melhor se adapte à sua empresa (eletrônico ou papel).
- A documentação não necessita, obrigatoriamente, descrever cada detalhe do SGA ou de como a empresa se adapta à Norma ISO 14001. Complemente os procedimentos correlacionando-os a outros procedimentos de referência, tais como: normas ou códigos existentes, legislação aplicável, manuais de fornecedores etc.

- Use os resultados da *avaliação preliminar* para preparar a documentação do SGA. Quando da realização da avaliação preliminar, certamente foi registrado e/ou colhido material demonstrativo de *como* (forma) a empresa atende aos critérios do SGA. Utilize estas informações/material no desenvolvimento da documentação aplicável.

- A documentação do SGA deve ser atualizada, conforme necessário, na medida em que o sistema for sofrendo melhorias. Não coloque muitos detalhes no manual do SGA para evitar ter que atualizá-lo frequentemente.

Ajuda prática – Documentação do SGA (ISO 14004)	O que constitui a documentação do SGA
Os documentos podem ser apresentados devendo ser úteis e de fácil compreensão.	Estrutura organizacional e responsabilidades:
É recomendado que toda a documentação seja datada (incluindo atas de revisão), facilmente identificável, organizada e retida por prazo determinado.	1. Descrição de **como** a empresa atende aos requisitos da ISO 14001; isto é, **como** identifica os aspectos ambientais? 2. **Como** controla os documentos? 3. **Como** executa e/ou realiza auditorias ambientais?
Recomenda-se que a organização assegure que:	
1. os documentos sejam identificados com o nome da organização, divisão, função, atividade e/ou pessoa de contato apropriadas;	Política ambiental
2. os documentos sejam periodicamente analisados, revisados, quando necessário, e aprovados por pessoal autorizado, antes da emissão;	Procedimentos de controle
3. as versões atualizadas dos documentos pertinentes estejam disponíveis em todos os locais; 4. as operações essenciais sejam executadas; 5. os documentos obsoletos sejam prontamente retirados de todos os pontos de emissão e uso para o efetivo funcionamento do sistema.	Outros documentos, como: 1. planos de emergência; 2. planos de treinamento etc.

Segundo Almeida e Real (2005), a descrição dos principais elementos do sistema de gestão ambiental, bem como suas interações e referências a documentos relacionados, é fundamental para a arquitetura do sistema. No caso de uma integração do SGA com um Sistema de Gestão da Qualidade (SGQ), a abordagem por processos facilita esta tarefa.

Para um SGA isolado, o trabalho inicial de arquitetura deve ser o mais simplificado possível, mas tendo sempre em vista uma possível gestão por processos. Caso seja criado um manual de gestão ambiental – o que a Norma não obriga – à semelhança de um manual da qualidade, ele pode contemplar a descrição do âmbito; a política ambiental; um enquadramento histórico; o(s) organograma(s) e a identificação de todas as atividades, produtos e serviços (se possível em forma de fluxograma, com a identificação das entradas e saídas dos fluxos elementares (Quadro 5.39).

A sua parte mais importante deve ser, contudo, a esquematização do modo de funcionamento do SGA (é desejável que seja sob a forma de gráfico e/ou matriz), em que são identificados todos os processos, procedimentos existentes (documentados ou não), impressos, registros associados e demais documentação relacionada que componha o SGA.

O Quadro 5.40 fornece um *check-list* para o estabelecimento do item Documentação no SGA.

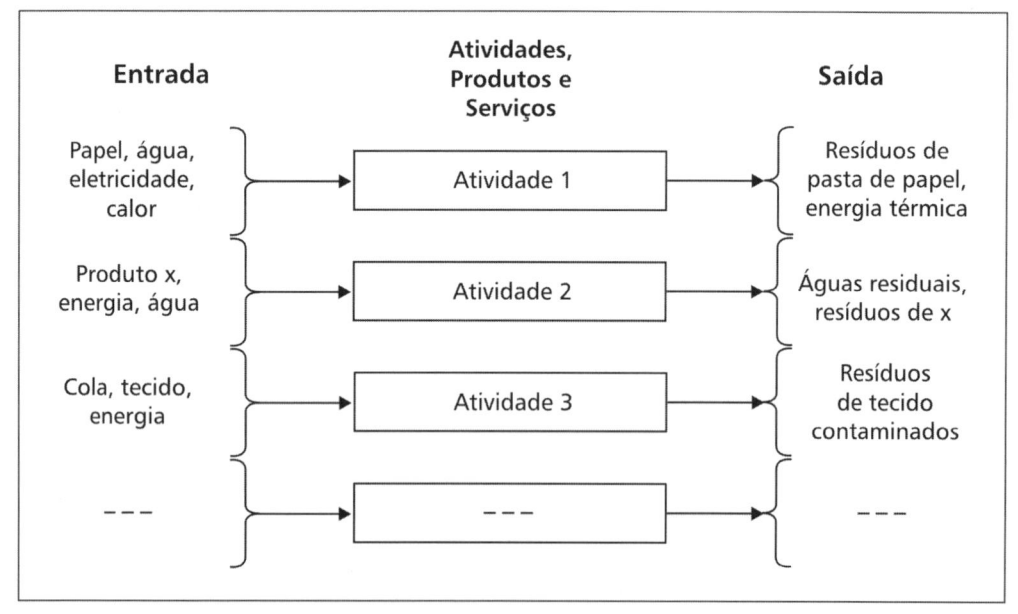

Entrada	Atividades, Produtos e Serviços	Saída
Papel, água, eletricidade, calor	Atividade 1	Resíduos de pasta de papel, energia térmica
Produto x, energia, água	Atividade 2	Águas residuais, resíduos de x
Cola, tecido, energia	Atividade 3	Resíduos de tecido contaminados
---	---	---

Quadro 5.39: Exemplo de esquematização de encadeamento de atividades, com representação das entradas e saídas

Quadro 5.40: *Check-list* de implantação do Princípio 3 do sistema
de gestão ambiental – implementação e operação – documentação

Elementos do SGA	☺	😐	☹
4.4.4 – Documentação do SGA			
Estabelecer e manter informação na forma física ou eletrônica para:			
– salientar os objetivos dos elementos do SGA, suas exigências e inter-relacionamento;			
– definir a aplicação da documentação ambiental relevante.			

4.4.5 – Controle de documentos

Em seguida, a Norma ISO 14001 refere-se ao controle de documentos no item 4.4.5:

> "A organização deve estabelecer e manter procedimentos para o controle de todos os documentos exigidos por esta norma, para assegurar que:
>
> 1. possam ser localizados;
> 2. sejam periodicamente analisados, revisados quando necessário e aprovados quanto à sua conformidade com os regulamentos, leis e outros critérios ambientais pertinentes subscritos pela organização".

No desempenho de suas atividades as pessoas utilizam diversos documentos, como, por exemplo: desenhos, instruções de trabalho, documentos externos diversos etc. Por vezes, o mesmo documento é utilizado por mais de uma pessoa para a execução da sua atividade, além de cada um ter o seu próprio jeito e metodologia.

De forma a assegurar que cada funcionário execute consistentemente seu trabalho, a empresa deve proporcionar as ferramentas e condições ideais para isso. Neste caso, a ferramenta ideal é representada por desenhos, instruções de trabalho e outros documentos do SGA atualizados.

Mas como garantir a existência de documentos atualizados sem um controle?

Sem um controle de documentos, a empresa não pode garantir que os processos/atividades estejam sendo conduzidos e/ou controlados conforme definido ou apropriado.

O SGA, de acordo com a Norma ISO 14001, requer que a empresa possua um controle dos documentos no sistema e, para isso, deve existir um procedimento documentado que descreva como os documentos são controlados.

Este procedimento deve contemplar:

1. a forma como os documentos do SGA podem ser localizados;
2. os critérios para a análise periódica dos documentos;
3. a forma de distribuição que garante que as edições apropriadas dos documentos estejam disponíveis nos locais de uso; e
4. o método de coleta e remoção do sistema dos documentos obsoletos.

Além disso, o procedimento documentado deve definir responsabilidade e autoridade pela elaboração e emissão dos documentos, sua alteração e atualização. Manter um histórico das alterações pode ser interessante para facilitar posteriores análises dos documentos.

Antes de encerrar este assunto, vale a pena destacarmos alguns aspectos a serem considerados:

1. O controle de documentos do SGA (ISO 14001) é praticamente o mesmo exigido pelas Normas ISO 9000. Se a empresa já possuir um sistema ISO 9000, pode incorporar os documentos do SGA ao sistema existente e controlá-los conforme estabelecido pela Norma ISO 9000 aplicável.
2. Não torne os procedimentos mais complicados do que eles precisam ser.
3. Verifique e analise quem realmente necessita dos documentos. Será que todos necessitam ter acesso a todos os documentos?
4. Determine quantas cópias de cada procedimento serão necessárias e onde devem estar localizadas para permitir fácil acesso.
5. Verifique e analise quais as vantagens de possuir os documentos na forma eletrônica e qual a relação custo-benefício desta opção. Isso pode facilitar o controle, a revisão e a distribuição dos documentos.
6. Prepare uma lista mestra dos documentos em que constem todos os documentos controlados do SGA e um histórico das suas revisões. Pode ser necessário ou conveniente elaborar listas de distribuição que indiquem os documentos existentes em cada área ou departamento da empresa, o número de cópias existentes e a última revisão. Este procedimento pode ajudar e/ou simplificar o processo de distribuição de novos documentos.
7. De que forma as alterações/modificações nos documentos são identificadas. Certamente este procedimento ajudará o usuário do documento a localizar mais facilmente as alterações ocorridas, sem a necessidade de reler todo o documento.

Quadro 5.41: Relação entre os documentos do SGA,
o controle de documentos e o controle de registros

Exigências documentais	Documentação do SGA	Procedimentos do SGA	Política ambiental	Outros documentos
Exigências do controle de documentos	Documentação do SGA	Procedimentos do SGA	Política ambiental	Outros documentos
Exigências do controle de registros	Documentação do SGA	Procedimentos do SGA	Política ambiental	Outros documentos

Fonte: Environmental Management Systems: An Implementation Guide for Small and Medium Sized Organizations; NSF International, Ann Arbor, Michigan, novembro de 1996.

Quadro 5.42: *Check-list* de implantação do Princípio 3 do sistema de gestão ambiental – implementação e operação – controle de documentos

Elementos do SGA	☺	😐	☹
4.4.5 – Controle de documentos			
Estabelecer e manter um efetivo sistema de controle de documentos. Garantir que os documentos do SGA são/estão:			
1. disponíveis nos locais de uso;			
2. periodicamente analisados, revisados conforme necessário e aprovados por pessoal autorizado;			
3. prontamente removidos de todos os pontos de uso/emissão quando se tornarem obsoletos;			
Nota: documentos obsoletos podem ser mantidos com fins de preservação do conhecimento ou por motivos legais, desde que adequadamente identificados.			
4. legíveis, facilmente identificáveis, mantidos de maneira apropriada e retidos por período de tempo especificado;			
5. adequadamente armazenados e facilmente recuperáveis.			
Estabelecer e manter procedimentos que identifiquem responsabilidades e autoridade pela elaboração, análise e revisão dos vários tipos de documen-tos ambientais.			

Para assegurar que a política e os objetivos ambientais são cumpridos, algumas atividades e operações do SGA devem ser controladas. Onde uma atividade ou operação apresentar um certo grau de complexidade ou de potencial risco de impacto ambiental significativo, os controles devem estar definidos sob a forma de procedimentos documentados.

Os procedimentos documentados devem cobrir as situações em que sua ausência possa conduzir a um desvio da política ambiental ou dos objetivos e metas ambientais. A determinação de quais operações devem ser documentadas em procedimentos e como essas operações devem ser controladas é um aspecto crítico do desenvolvimento de um efetivo SGA.

4.4.6 – Controle operacional

Refere a Norma ISO 14001 no seu Requisito 4.4.6 – Controle operacional que:

> "A organização deve identificar aquelas operações e atividades associadas aos aspectos ambientais significativos identificados de acordo com a sua política, objetivos e metas. A organização deve planejar tais atividades, inclusive manutenção, de forma a assegurar que sejam executadas sob condições específicas através:
>
> 1. do estabelecimento e manutenção de procedimentos documentados, para abranger situações em que a sua ausência possa acarretar desvios em relação à política ambiental e aos objetivos e metas;
>
> 2. da estipulação de critérios operacionais nos procedimentos;
>
> 3. do estabelecimento e manutenção de procedimentos relativos aos aspectos ambientais significativos identificáveis de bens e serviços utilizados pela organização, e da comunicação dos procedimentos e requisitos pertinentes a serem atendidos por fornecedores e prestadores de serviços".

Exemplo de atividades e operações que podem requerer controle operacional:

1. gestão/disposição de desperdícios;
2. aprovação de novos produtos químicos;
3. manuseio e armazenamento de matérias-primas e produtos químicos;
4. tratamento de efluentes;
5. gerenciamento de empreiteiras e subfornecedores.

De acordo com a Norma ISO 14004, as atividades de controle operacional podem ser divididas em três categorias:

- atividades destinadas a prevenir a poluição e conservar recursos em novos projetos prioritários, modificações de processos e gestão de recursos, propriedade (aquisições, alienação de ativos e gestão patrimonial) de novos produtos e embalagens;

- atividades de gestão diária para assegurar a conformidade com os requisitos internos e externos da organização e garantir sua eficiência e eficácia (atendimento à política ambiental);
- atividades de gestão estratégica destinadas a antecipar e atender aos novos requisitos ambientais.

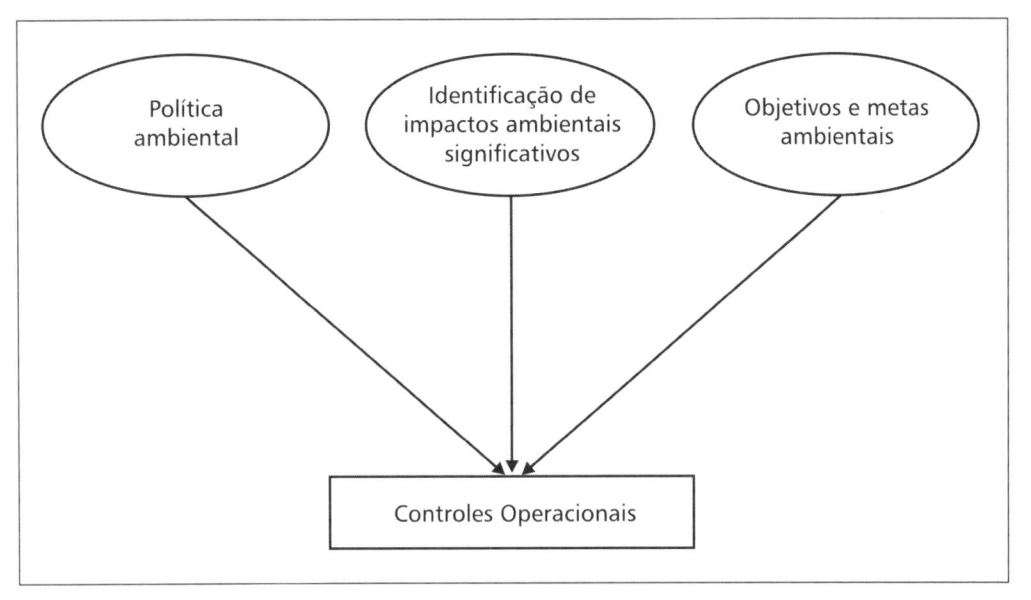

```
    ┌─────────────┐      ┌──────────────────┐      ┌─────────────┐
    │  Política   │      │ Identificação de │      │ Objetivos e │
    │  ambiental  │      │ impactos ambien- │      │    metas    │
    │             │      │ tais significa-  │      │  ambientais │
    └──────┬──────┘      │      tivos       │      └──────┬──────┘
           │             └────────┬─────────┘             │
           └──────────────────────┼───────────────────────┘
                                  ▼
                      ┌───────────────────────┐
                      │ Controles Operacionais│
                      └───────────────────────┘
```

Quadro 5.43: Política ambiental, impactos ambientais e objetivos e metas ambientais

Diz a Norma ISO 14004 no seu Requisito 4.3.3.3 – Controle operacional, que:

> "A implementação é realizada por meio do estabelecimento e da manutenção de procedimentos e controles operacionais para assegurar que a política e os objetivos e metas ambientais da organização possam ser alcançados".

É recomendado que a organização considere as diferentes operações e atividades que contribuem para seus impactos ambientais significativos, ao desenvolver e modificar controles e procedimentos operacionais.

Tais operações e atividades podem incluir:
- pesquisa e desenvolvimento, projeto e engenharia;
- compras;
- prestadores de serviços;

- armazenamento e manuseio de matérias-primas;
- processos de produção e manutenção;
- laboratórios;
- armazenamento de produtos;
- transporte;
- marketing e propaganda;
- atendimento aos clientes;
- aquisição, construção ou modificação de propriedades e instalação.

Existem alguns fatores que podem determinar a necessidade de procedimentos documentados:

- risco de atividade;
- complexidade da atividade ou dos métodos;
- grau de supervisão;
- nível de treinamento do pessoal.

Analisamos uma série de fatores relacionados ao controle operacional, mas agora se apresenta a questão:

Como implantar este requisito?

Nossa recomendação é que:

1. analise os aspectos ambientais e os impactos potencialmente significativos, anteriormente levantados;
2. identifique os processos que originam os impactos potencialmente significativos;
3. considere os tipos de controle necessários para prevenir ou gerenciar estes impactos;
4. prepare procedimentos documentados (rascunhos) e analise-os com as pessoas que irão utilizá-los. Isto, certamente, fará com que os procedimentos documentados sejam adequados ao controle da atividade/processo e, sobretudo, aplicáveis.

> **Nota:** Para facilitar este processo, recomenda-se elaborar fluxogramas dos processos potencialmente impactantes, identificando os pontos em cada processo em que algum tipo de controle pode ser apropriado.

Antes de concluir este assunto, gostaríamos de salientar alguns aspectos que devem ser considerados. Assim:

1. analise os procedimentos já existentes na empresa – tanto ambientais como de qualidade ou de saúde e segurança;
2. alguns dos procedimentos já existentes podem ser adequados ou já conter critérios para controle dos impactos significativos. Caso contrário, tente adaptar algum dos procedimentos existentes e, na impossibilidade, elabore, então, um procedimento novo;
3. crie uma matriz para visualizar o que é necessário (Quadro 5.44).

Quadro 5.44: Matriz de procedimentos

Procedimentos Necessários e Não Existentes	Procedimento Existente mas Não Adequado	Procedimento Existente e Documentado	Não é Necessário Elaborar Qualquer Procedimento

Considere:

- quanto mais qualificados e treinados os funcionários, menos críticos serão os procedimentos; e
- quanto mais complexa a atividade ou maior o impacto potencial no meio ambiente, mais importantes serão os procedimentos.

Identificadas as operações que requerem controle, considere:

- Que tipo de manutenção será mais adequado ou apropriado?
- Que programa de manutenção é necessário desenvolver? Preventiva? Preditiva? Lembre-se que a manutenção de um equipamento que pode ser causador de um impacto significativo sobre o meio ambiente nos parece ser óbvia.
- Que tipo de calibração e controle será necessário efetuar?

- Alguns dos aspectos ambientais identificados podem estar relacionados com produtos químicos, matérias-primas e outros bens e serviços adquiridos de subcontratados que podem vir a afetar o desempenho ambiental da empresa. Comunique as expectativas e preocupações ambientais da empresa aos seus parceiros, incluindo os procedimentos relevantes.

Quadro 5.45: *Check-list* de implantação do Princípio 3 do sistema de gestão ambiental – implementação e operação – controle operacional

Elementos do SGA	☺	😐	☹
4.4 – Implementação e operação			
4.4.6 – Controle operacional			
Identificar as atividades e operações que exerçam impacto significativo no meio ambiente e estabelecer procedimentos de controle que assegurem que essas atividades/operações sejam conduzidas e controladas.			
Procedimentos de controle podem incluir:			
1. estabelecimento e manutenção de procedimentos documentados;			
2. critérios de operação;			
3. definição de critérios de parceria com fornecedores e subcontratados que assegurem que entendem e se adaptam às exigências e preocupações ambientais da empresa.			

4.4.7 – Preparação e atendimento a emergências

A minimização dos impactos ambientais de eventos não controlados é uma das preocupações do SGA. Por essa razão, iniciamos abordando este assunto, que acaba sendo a grande razão ou justificativa para a implantação de um sistema de gestão ambiental, ou seja, *controlar e minimizar os impactos negativos causados ao meio ambiente, derivados de eventos não controlados*.

Os responsáveis da empresa/organização não devem, apenas, estar preocupados em como reagir a esses eventos, pois o foco do SGA deve estar voltado principalmente para a *prevenção de acidentes*.

A Norma ISO 14001 aborda este assunto no seu Requisito 4.4.7 – Preparação e atendimento a emergências, em que diz:

> *"A organização deve estabelecer e manter procedimentos para identificar o potencial e atender acidentes e situações de emergência, bem como para prevenir e mitigar os impactos ambientais que possam estar associados a eles.*

> *A organização deve analisar e revisar, onde necessário, seus procedimentos de preparação e atendimento a emergências, em particular após a ocorrência de acidentes ou situações de emergência.*
>
> *A organização deve também testar periodicamente tais procedimentos, onde exequível".*

Devemos realçar que situações de emergência sempre existirão, mas, se o sistema estiver planejado e preparado, poderá controlá-las ou reduzir seu impacto sobre o meio ambiente e proteger os funcionários e vizinhos, além de reduzir os custos causados por interrupção de produção, multas, penalizações etc.

Na preparação de planos para atendimento a emergência a empresa deve:

1. rever os acidentes e incidentes ocorridos anteriormente e avaliar as soluções encontradas e a sua efetividade;
2. considerar recursos, riscos e eventos; e
3. considerar as categorias de risco e magnitude do desastre, a influência do impacto, a dinâmica dos eventos, o envolvimento de terceiros etc.

O impacto de muitos incidentes pode ser minimizado se os planos de emergência e os procedimentos previstos forem os adequados. Cabe aqui salientar que o nível de treinamento dos funcionários é uma parte muito importante. Sendo assim, todos os funcionários numa empresa devem ser treinados (treinamento básico) para reagir, de alguma forma, a algum tipo de evento de emergência.

Um efetivo plano de emergência e preparação para atendimento deve prever condições para:

- reagir a acidentes e situações de emergência;
- prevenir e reduzir os efeitos dos incidentes, bem como dos impactos ambientais associados;
- planos/procedimentos para resposta aos incidentes;
- teste periódico dos procedimentos e/ou planos de emergência para a verificação da sua efetividade, onde praticável;
- mitigar os impactos ambientais associados aos incidentes;
- avaliar criticamente os planos de emergência, após a ocorrência de um incidente, de forma a determinar a sua efetividade ou a necessidade de rever o plano e os fatos associados.

No entanto, pode pôr-se a questão:

Como começar a implantação de programas para atendimento a situações emergenciais?

Felizmente, este é um assunto em que não temos necessidade de começar no escuro. A legislação e/ou os códigos já existentes requerem que a empresa disponha de planos de emergência e/ou procedimentos (vide legislação sobre saúde e segurança e legislação ambiental). Salientamos que a legislação sempre recomenda o mínimo necessário, pelo que a empresa terá de analisar se os programas exigidos atendem às necessidades e se estão de acordo com a política e objetivos ambientais. Por este motivo, recomenda-se que os planos para atendimento a emergências sejam submetidos à *análise crítica e aprovação*.

Os procedimentos para planos de emergência devem:

- ser descritos em função de cada tipo de evento;
- considerar o inter-relacionamento dos recursos disponíveis;
- formas de acionamento de outras atividades;
- considerar os incidentes que surjam ou que possam surgir, como consequência de:
    1. condições anormais de operação;
    2. acidentes e situações potenciais de emergência.

Cumprir a legislação é o mínimo que se pode exigir. Porém, a empresa ambientalmente comprometida deve ir mais longe e identificar áreas com potencial capacidade de ocorrência de acidentes e situações de emergência. Envolver o pessoal encarregado da Saúde e Segurança, entre outros, pode representar a solução para este caso. Questionar: "e se" ocorrer uma emergência relativamente aos materiais/matérias-primas, processos, equipamentos etc. pode representar a solução para o desenvolvimento de um programa global de preparação e atendimento a emergências?

A Norma ISO 14004 refere a este respeito, no seu Requisito 4.3.3.4 – Preparação e atendimento a emergências, que:

> *"É recomendado que sejam estabelecidos planos e procedimentos de emergência, para assegurar que haverá um atendimento apropriado a incidentes ou acidentes.*
>
> *É recomendado que a organização defina e mantenha procedimentos para lidar com incidentes ambientais e situações potenciais de emergência.*

> *É recomendado que os procedimentos e controles operacionais levem em consideração, onde apropriado:*
> - *emissões atmosféricas acidentais;*
> - *descargas acidentais na água e no solo;*
> - *efeitos específicos sobre o meio ambiente e os ecossistemas, decorrentes de lançamentos acidentais.*
>
> *É recomendado que os procedimentos considerem os incidentes que surjam ou possam surgir como consequência de:*
> - *condições anormais de operação;*
> - *acidentes e situações potenciais de emergência".*

Ajuda prática – Preparação e atendimento a emergências

Os planos de emergência podem incluir:

1. organização e responsabilidades frente a emergências;
2. uma lista de pessoas-chave;
3. detalhes sobre serviço de emergência (por exemplo: corpo de bombeiros, serviços de limpeza de derramamentos);
4. planos de comunicação interna e externa;
5. ações a serem adotadas para os diferentes tipos de emergência;
6. informações sobre materiais perigosos, incluindo informações sobre o impacto potencial de cada material e medidas a serem adotadas na eventualidade de lançamentos acidentais;
7. planos de treinamento e simulações para verificar a eficácia de cada medida.

Ter planos de emergência é importante, mas não o suficiente. Saber como acioná-los, quais os recursos necessários e os eventos (incidentes) esperados é, também, importante.

Desta forma, os procedimentos da empresa devem, ainda, contemplar especificações para:

Meios de acionamento:

1. comunicação rápida e efetiva;
2. formas de acionamento bem definidas;
3. centro único de coordenação; e
4. formas/meios de transporte e rotas alternativas bem definidas.

Recursos Humanos:
1. quantidade e qualificação;
2. conhecimento pleno do plano;
3. meios de comunicação;
4. organograma da empresa; e
5. pessoal treinado.

Recursos materiais:
1. tipo de material;
2. quantidade de material;
3. local de armazenamento e/ou localização;
4. disponibilidade; e
5. transporte e manejo.

Eventos esperados e tempos de reação:
1. quais os eventos (incidentes) esperados e qual a sua dinâmica;
2. grau e forma de apresentação;
3. tempos de reação; e
4. especificidades próprias do evento.

Avaliação do plano:
1. quais as causas do desastre?
2. o que aconteceu durante o desastre?
3. o que não aconteceu? Por quê?
4. quem estava presente e quem não estava?
5. o que pode ser feito para melhorar o PAE (plano de atendimento a emergências)?
6. quais os recursos a serem alocados no futuro?

Deve ser elaborado um relatório relativo ao evento e encaminhado às partes interessadas.

Para concluir este assunto, e de forma a contribuir para a sua maior clareza, optamos por reproduzir a interpretação do CB-38 da ABNT referente a alguns aspectos que podem estar menos claros na norma ou suscitar dúvidas por parte daqueles que a pretendam utilizar como guia. Assim:

P: Cada situação de emergência identificada deve ter definido um plano para seu atendimento? Ou somente as situações significativas (pequenos vazamentos ou derrames)?

R: Todos os potenciais acidentes ou situações de emergência devem estar cobertos por uma sistemática de resposta. Isto inclui pequenos vazamentos, desde que tenham sido identificados como de impactos significativos ao meio ambiente. Devem ser incluídas ações para mitigar os impactos ambientais associados à emergência.

P: Todos os planos de emergência devem ser testados? Ou pode ser aceito teste por tipo de situação? Como encarar os testes simulados versus treinamentos de brigadas?

R: São aceitáveis testes por tipos de acidentes ou situações de emergência, desde que envolvam os mesmos procedimentos, recursos e impactos ambientais decorrentes do acidente e do respectivo atendimento. Simulações podem ser aceitas como testes quando estes não forem exequíveis. Os treinamentos são definidos como uma etapa de capacitação, e a simulação, como uma etapa de avaliação da eficácia do sistema de resposta à emergência portanto, são eventos distintos.

Quadro 5.46: *Check-list* de implantação do Princípio 3 do sistema de gestão ambiental – implementação e operação – preparação e atendimento a emergências

Elementos do SGA	☺	😐	☹
4.4 – Implementação e operação			
4.4.7 – Preparação e atendimento a emergências			
Estabelecer e manter procedimentos para resposta a emergências ambientais.			
Estabelecer e manter procedimentos de atuação emergencial frente a eventos potenciais (planos de emergência). Os planos contemplam:			
1. ações frente a situações de emergência potencial – fogo, explosões, descargas de material tóxico, desastres materiais etc.?			
2. controle de material perigoso utilizado na planta?			
3. atribuição de responsabilidades para a tomada de decisão e ação?			
4. forma de acionamento das ações?			
5. recursos (humanos e materiais) a serem envolvidos?			
6. localização e disponibilidade de equipamento de ação?			
7. formas de transporte de pessoal e equipamentos?			
8. meios de comunicação emergencial?			
9. planos e rotas de evacuação são necessários?			
Os procedimentos de atuação frente a emergências ambientais contemplam:			
1. critérios para a sua análise crítica e revisão?			
2. critérios de avaliação da sua eficácia?			
3. periodicidade de teste, onde aplicável?			

5.10 Princípio 4 – Medição e Avaliação

Este princípio do SGA, de acordo com a Norma ISO 14004, divide-se em:

- generalidades;
- medição e monitoramento (desempenho contínuo);
- ações corretivas e preventivas;
- registros do SGA e gestão da informação; e
- auditorias do SGA.

O Princípio 4 da Norma ISO 14004 (4.4) diz, na sua abertura (vide 4.4.1 – Generalidades), que:

> *"Medição, monitoramento e avaliação constituem atividades essenciais de um sistema de gestão ambiental, as quais asseguram que a organização está funcionando de acordo com o programa de gestão ambiental definido".*

Como sabemos que estamos fazendo correto?

Numa das suas célebres frases, Peter Drucker afirma:

"Se você não pode medir, você não pode gerenciar!"

Esta é uma grande verdade. Tudo aquilo que não pode ser medido e acompanhado não pode ser gerenciado nem melhorado. Um SGA sem uma medição e um acompanhamento apropriado é "como dirigir um carro durante a noite com as luzes apagadas". Podemos até conseguir enquanto houver luz pública, porém, em locais sem iluminação, com certeza colidiremos. A medição e o acompanhamento do desempenho do SGA permite-nos:

- estabelecer medidas padrão para o desempenho ambiental;
- analisar as causas dos problemas;
- identificar as áreas onde são necessárias ações corretivas/ações de melhoria; e
- melhorar o desempenho e aumentar a eficiência.

A medição e o acompanhamento do desempenho ajudam-nos a melhor controlar/gerenciar as atividades ambientais, mormente aquelas consideradas estratégicas.

O que significa monitoramento? E avaliação?

Para deixar mais claro este assunto, que muitas vezes é objeto de confusão e discórdias, vamos conceituar que "monitorar" deve ser entendido como medir ou avaliar, ao longo do tempo (regido pelo Item 4.5.1 da ISO 14001:2004). "Controlar" deve ser entendido como tomar ações para manter as operações e as atividades de acordo com um padrão estabelecido e ajustar, quando necessário, a partir da comparação com o padrão (regido pelo Item 4.4.6 da ISO 14001:2004).

4.5 – Verificação e ação corretiva

Refere a Norma ISO 14004 no seu Requisito 4.4.2 – Medição e monitoramento (desempenho contínuo), que:

> *"É recomendado que haja um sistema em funcionamento para medir e monitorar o efetivo desempenho em relação aos objetivos e metas ambientais da organização nas áreas de sistemas de gestão e processos operacionais. Isto inclui a avaliação do cumprimento da legislação e regulamentos ambientais pertinentes. É recomendado que os resultados sejam analisados e avaliados para determinar as áreas de êxito e identificar atividades que exijam ação corretiva e melhoria.*
>
> *É recomendado que processos apropriados sejam adotados para assegurar a confiabilidade dos dados, tais como: calibração de instrumentos, equipamentos de ensaio e verificação amostral de programas e equipamentos.*
>
> *É recomendado que a identificação dos indicadores de desempenho ambiental apropriados para a organização seja um processo contínuo. Recomenda-se que tais indicadores sejam objetivos, verificáveis e reproduzíveis. Recomenda-se, ainda, que eles sejam aplicáveis às atividades da organização, consistentes com sua política ambiental, práticos, e econômica e tecnologicamente exequíveis".*

Refere, ainda, a Norma ISO 14004 neste requisito na nota complementar que:

> *"Indicadores sejam objetivos, verificáveis e reproduzíveis. Recomenda-se, ainda, que eles sejam aplicáveis às atividades da organização, consistentes com sua política ambiental, práticos, e econômica e tecnologicamente exequíveis".*

Exemplos de indicadores de desempenho ambiental são apresentados em 4.2.5 – Ajuda prática – Objetivos e metas.

Para que os objetivos e metas possam ser acompanhados pela medição dos indicadores de desempenho, é necessário que a empresa possua ou desenvolva procedimentos documentados para:

- monitorar as características chave das operações e atividades que possam ter ou apresentar impactos ambientais significativos;
- acompanhar o desempenho do SGA, incluindo o cumprimento dos objetivos e metas ambientais;
- calibrar e manter o equipamento em perfeitas condições de uso e com a sua situação *status* controlada;
- avaliar, periodicamente, através das auditorias internas do SGA, a adequação do sistema às leis e regulamentos ambientais.

4.2.5 – Ajuda prática – Objetivos e metas – ISO 14004

"Os objetivos podem incluir comprometimentos para:
- *reduzir os resíduos e o esgotamento de recursos;*
- *reduzir ou eliminar a liberação de poluentes no meio ambiente;*
- *projetar produtos de modo a minimizar seus impactos ambientais nas fases de produção, uso e disposição;*
- *controlar o impacto ambiental das fontes de matérias-primas;*
- *minimizar qualquer impacto ambiental entre os empregados e a comunidade;*
- *promover a conscientização ambiental entre os empregados e a comunidade.*

O progresso em direção a um objetivo pode ser medido de modo geral, usando-se indicadores de desempenho ambiental, tais como:
- *quantidade de matérias-primas ou energia utilizada;*
- *quantidade de emissões, tais como CO_2;*
- *produção de resíduos por quantidade de produto acabado;*
- *eficiência no uso de materiais e energia;*
- *números de incidentes ambientais (por exemplo, desvios acima dos limites);*
- *número de acidentes ambientais (por exemplo, liberações não planejadas);*
- *porcentagem de resíduos reciclados;*
- *quilometragem rodada por veículos por unidade de produção;*
- *quantidade de poluentes específicos (por exemplo, Nox, SO_2, CO, HC, Pb, CFC);*
- *investimentos em proteção ambiental;*
- *número de ações judiciais.*
- *área de terreno destinada a reservas naturais."*

A Norma ISO 14001 trata este assunto no seu Requisito 4.5 – Verificação e ação corretiva e no Requisito 4.5.1 – Monitoramento e medição:

> *"A organização deve estabelecer e manter procedimentos documentados para monitorar e medir, periodicamente, as características principais de suas operações e atividades que possam ter um impacto significativo sobre o meio ambiente. Tais procedimentos devem incluir o registro de informações para acompanhar o desempenho, controles operacionais pertinentes e a conformidade com os objetivos e metas ambientais da organização.*
>
> *Os equipamentos de monitoramento devem ser calibrados e mantidos, e os registros desse processo devem ficar retidos, segundo procedimentos definidos pela organização.*
>
> *A organização deve estabelecer e manter um procedimento documentado para avaliação periódica de atendimento à legislação e regulamentos ambientais pertinentes".*

O processo de medição de desempenho deve obedecer a algumas características, de modo a que possa, efetivamente, ser adequado para a empresa/organização e agregar o valor esperado.

Assim, nossa recomendação é de que um programa de medição seja:

- simples;
- flexível;
- consistente;
- progressivo; e que seus resultados sejam comunicados às partes envolvidas diretamente com o processo medido.

Outro aspecto a ser considerado no estabelecimento de um processo de medição é o que fazer com os dados e informações obtidos? Salientamos que, além de terem que ser *confiáveis*, esses dados e informações devem ser o ponto de partida para a melhoria dos processos medidos.

Por sua vez, os indicadores de desempenho ambiental a serem estabelecidos devem ser:

- simples e compreensíveis;
- objetivos;
- verificáveis;
- relevantes para o que a organização faz (atividades, produtos e serviços).

No estabelecimento de um processo de medição questione:

- Quais as operações e/ou atividades que podem ser causadoras de impacto significativo?
- Quais são as características chave ou críticas dessas operações e/ou atividades?
- Como mediremos tais características?
- Como monitoraremos regularmente o desempenho ambiental?
- Que tipo de indicadores de desempenho será necessário estabelecer e de que forma eles estarão relacionados com os objetivos e metas ambientais?

É importante que no estabelecimento de um processo ou programa de medição se levem em consideração alguns aspectos ou premissas. Assim:

- A medição e o acompanhamento de desempenho podem, desde que efetivamente geridos, ser um recurso de alto valor agregado ao sistema. Uma etapa extremamente importante é a definição clara das necessidades (que tipo de dados e/ou informação necessitamos?). Só ter dados e informação e depois não saber o que fazer com eles de nada adianta.
- Analise, na eventualidade de existirem outros sistemas na empresa (exemplo: qualidade, saúde e segurança), se já não existem medições que possam ser utilizadas pelo SGA e quais as medições adicionais que é necessário estabelecer?
- Não tente começar com um sistema de medição e acompanhamento sofisticado. Muitas vezes "o ótimo é inimigo do bom". Estabeleça um sistema simples e vá sofisticando-o à medida que os envolvidos forem ganhando experiência.
- Utilize os dados e/ou informações para promoção do processo de melhoria contínua. Estimule todos os colaboradores a cooperarem e a registrarem os dados corretos sem receio de posteriores cobranças ou retaliações. A confiabilidade dos dados é fundamental para uma gestão eficaz do sistema ambiental.
- Monitore as características dos processos considerados críticos;
- Identifique quais as atividades e equipamentos de processo que verdadeiramente afetam o desempenho ambiental e estabeleça um adequado controle dos equipamentos de medição, tais como: calibração de equipamentos críticos, planejamento de calibração/aferição e outros considerados importantes. Estabeleça o que medir e implante indicadores.
- Verifique a situação da adequação da empresa às leis e requisitos regulamentares e implemente um sistema com indicadores que controlem e impeçam a empresa de violar a legislação.

- Avalie o desempenho ambiental e veja se os objetivos e metas ambientais estão sendo cumpridos.

4.5.2 – Não conformidade e ações corretiva e preventiva

Em seguida, a Norma ISO 14004 refere-se às ações corretiva e preventiva (4.4.3), referindo que:

> *"É recomendado que as constatações, conclusões e recomendações resultantes de medições, monitoramentos, auditorias e outras análises críticas do sistema de gestão ambiental sejam documentadas, e as necessárias ações corretivas e preventivas, identificadas. Recomenda-se que a administração assegure-se de que tais ações foram implementadas e de que existe um acompanhamento sistemático para assegurar a sua eficácia".*

A Norma ISO 14001 trata deste assunto no seu Requisito 4.5.2 – Não conformidade e ações corretiva e preventiva, em que diz:

> *"A organização deve estabelecer e manter procedimentos para definir responsabilidade e autoridade para tratar e investigar as não conformidades, adotando medidas para mitigar quaisquer impactos e para iniciar e concluir ações corretivas e preventivas.*
>
> *Qualquer ação corretiva ou preventiva adotada para eliminar as causas das não conformidades, reais ou potenciais, deve ser adequada à magnitude dos problemas e proporcional ao impacto ambiental verificado.*
>
> *A organização deve implementar e registrar quaisquer mudanças nos procedimentos documentados, resultantes de ações corretivas e preventivas".*

Ainda de acordo com a Norma ISO 14001 (Anexo A),

> *"Ao estabelecer e manter procedimentos para investigar e corrigir não conformidades é recomendado que a organização inclua os seguintes elementos básicos:*
>
> *1. identificação da causa da não conformidade;*
>
> *2. identificação e implementação da ação corretiva necessária;*
>
> *3. implementação ou modificação dos controles necessários para evitar a repetição da não conformidade;*
>
> *4. registro de quaisquer mudanças em procedimentos escritos resultantes da ação corretiva".*

Continua a Norma ISO 14001 referindo que,

> *"dependendo da situação, este processo pode ser efetuado rapidamente e com o mínimo de planejamento formal, ou pode constituir uma atividade complexa e de longo prazo. É recomendado que a documentação associada seja apropriada para o nível da ação corretiva".*

Possuir uma sistemática de controle de não conformidades e aplicação de ação corretiva para sua eliminação, ou de ação preventiva para evitar a sua ocorrência, é fundamental para um efetivo gerenciamento do sistema ambiental. O controle de não conformidades, as ações corretivas e, principalmente, as ações preventivas são aquilo que poderíamos chamar de "PULO DO GATO" para o verdadeiro processo de melhoria contínua do sistema.

Sabemos que nenhum sistema é perfeito e que sempre apresentará algumas deficiências ou causar alguns impactos. Na verdade, a razão da existência de um SGA está na prevenção e controle de ocorrências/desvios ambientais e minimização de seus impactos. Mas como isso pode ocorrer se o SGA não possuir uma sistemática de controle de não conformidades e de ações corretiva e preventiva? É para isso que a empresa/organização necessita estabelecer um processo que assegure que:

1. problemas e/ou desvios, incluindo não conformidades, são investigados;
2. a origem das causas é identificada;
3. ações corretivas são planejadas e implementadas; e
4. ações corretivas são acompanhadas, registradas/documentadas e verificadas quanto à sua eficácia.

O que é uma não conformidade?
Uma não conformidade é um desvio a uma dada especificação ou a um critério estabelecido para o sistema de gestão ambiental.
Ela também pode ser um desvio a uma determinação expressa pela Norma ISO 14001 (requisito).

As não conformidades detectadas no SGA devem ser analisadas (análise crítica) de forma a detectar eventuais tendências do sistema. A identificação antecipada dessas tendências vai nos permitir implantar ações preventivas que impeçam a ocorrência de problemas futuros.

Se aplicável, devem-se utilizar ou aplicar técnicas estatísticas à atividade.

Cabe aqui alertar que *prevenir* é sempre muito mais barato que corrigir, razão por que devemos ter a gestão do sistema voltada para a prevenção dos impactos ambientais. Normalmente, corrigir impactos ambientais é sempre extremamente caro, além das penalizações a que a empresa estará sujeita por ter infringido os regulamentos ambientais.

Caso a empresa já possua um sistema da qualidade baseado nos requisitos da Norma ISO 9000 (4.13 e 4.14), o modelo existente serve perfeitamente para o SGA, realizando-se, se necessário, as devidas adaptações.

Julgamos ser importante, por isso deixamos aqui uma chamada de atenção, principalmente para as pequenas e médias empresas onde a mesma pessoa desempenha diversas funções. Por vezes, a própria administração é a responsável pelo controle das não conformidades e determinação das ações corretivas/preventivas, ao mesmo tempo que tem que elaborar a análise crítica pela administração. Desde que haja um efetivo envolvimento e comprometimento da alta administração com esse processo, isso pode se tornar uma vantagem.

Outro aspecto que merece destaque e que convém evitar é que em muitas empresas as não conformidades são apenas levantadas pelos auditores internos durante a realização de auditorias. Evite que isso aconteça e estimule e/ou incentive todos os colaboradores a anotar e registrar os desvios durante sua própria realização. Para isso, o processo de motivação, envolvimento e comprometimento dos funcionários é importante, se não fundamental, para o sucesso desse processo e da própria melhoria contínua.

Treine o pessoal nas técnicas do PDCA (*Plan–Do–Check–Action*) e motive-os a colaborar sem MEDO nesse processo.

4.5.3 – Registros

Dentro deste princípio, a Norma ISO 14004 aborda a questão dos Registros do SGA e Gestão da Informação (4.4.4) em que refere:

> *"Os registros constituem a evidência da operação contínua do SGA. É recomendado que cubram:*
> - *requisitos legais e regulamentares;*
> - *licenças;*
> - *aspectos ambientais e seus impactos associados;*
> - *atividade de treinamento ambiental;*
> - *atividade de inspeção, calibração e manutenção;*

- *dados de monitoramento;*
- *detalhes de não conformidades: incidentes, reclamações e ações de acompanhamento;*
- *identificação de produtos: dados de composição e propriedades;*
- *análises críticas e auditorias ambientais".*

Disso pode resultar uma gama complexa de informações. A gestão efetiva desses registros é fundamental para o sucesso da implementação do SGA. Os elementos-chave de uma adequada gestão de informações ambientais incluem: meios de identificação, coleta, indexação, arquivamento, armazenamento, manutenção, recuperação, retenção e disposição de documentos e registros pertinentes ao SGA.

Os registros ambientais devem ser considerados uma das peças importantes na gestão do sistema ambiental, mormente o seu controle. Mas, para isso, a empresa necessita definir algumas premissas:

- quais registros deverão ser mantidos?
- quem serão os responsáveis pela sua manutenção?
- onde eles serão mantidos?
- como eles serão mantidos?
- por quanto tempo eles serão mantidos, tanto em arquivo vivo como morto (à disposição)?
- de que forma (como) os registros serão acessados?

A Norma ISO 14001 diz a este respeito que:

> *"A organização deve estabelecer e manter procedimentos para identificação, manutenção e descarte de registros ambientais. Estes registros devem incluir registros de treinamento e os resultados de auditorias e análises críticas.*
>
> *Os registros ambientais devem ser legíveis e identificáveis, permitindo rastrear a atividade, produto ou serviço envolvido. Os registros ambientais devem ser arquivados e mantidos de forma a permitir sua pronta recuperação, sendo protegidos contra avarias, deterioração ou perda. O período de retenção deve ser estabelecido e registrado.*
>
> *Os registros devem ser mantidos, conforme apropriado ao sistema e à organização, para demonstrar conformidade aos requisitos desta norma".*

A importância dos registros ambientais e do seu controle efetivo é fácil de ser entendida, pois de que forma a empresa consegue demonstrar e/ou gerenciar o seu sistema ambiental se ela não for capaz de provar e/ou demonstrar que as atividades ambientais estão sendo conduzidas de acordo com sua política e objetivos ambientais?

Se a empresa já possuir um sistema da qualidade ISO 9000, a implementação e controle deste requisito fica mais fácil, na medida em que bastará adequar as necessidades de registros ambientais ao sistema de controle de registros do sistema da qualidade.

Convém, no entanto, enumerar alguns aspectos que merecem ser destacados. Assim:

- Selecione adequadamente os registros que devem ser mantidos ou, por outras palavras, os registros que, efetivamente, agreguem valor. Que informações ambientais são necessárias para uma gestão efetiva do sistema ambiental? Manter registros (papéis) que pouco ou nada dizem não é aconselhável, na medida em que apenas se vai complicar o seu controle, pelo elevado número de registros, físicos e/ou eletrônicos que o sistema terá de manter. Os registros a serem mantidos devem fornecer informação importante à gestão do sistema, serem precisos e completos.

Durante a implementação do SGA pode haver necessidade de desenvolver alguns formulários. Não elabore formulários complexos e de difícil preenchimento. Mantenha-os simples, compreensíveis e fáceis de preencher.

Considere a possível adequação do controle de registros ambientais aos outros sistemas eventualmente existentes na empresa – respectivamente, qualidade, saúde e segurança.

Estabeleça diretrizes claras para a retenção dos registros ambientais, levando em consideração os requisitos especificados nas leis e regulamentos ambientais.

Na formulação do sistema de controle/gerenciamento de registros ambientais, considere:

1. quem necessita acessar os registros?
2. quais os registros a que cada função tem acesso?
3. em que ocasiões/circunstâncias eles podem ou devem ser acessados?

Considere a possibilidade da existência de um sistema de gerenciamento de registros ambientais na forma eletrônica. A manutenção eletrônica de registros pode ser uma excelente forma de gerenciar um sistema deste tipo, bem como facilitar a recuperação rápida de registros e controlar o acesso a registros considerados mais estratégicos.

Considerando a "sensibilidade" do tema *Ambiental* e o próprio dano que pode causar à empresa se determinados registros ambientais (estratégicos) forem tornados públicos ou se extraviarem, considere a eventualidade de haver áreas que necessitem de segurança extra para o sistema. Se necessário, estabeleça restrições no acesso a determinados registros e mantenha cópias de *backup* em outro lugar.

Que capacidade tem a empresa para identificar/estabelecer e acompanhar os principais indicadores de desempenho ambiental, necessários para atingir os objetivos especificados?

De que forma o sistema de gerenciamento e/ou controle de registros ambientais disponibiliza as informações às pessoas que delas necessitam?

Tipos de registros que podem ser mantidos:

– Requisitos legais, regulamentares e outros;

– Resultados da identificação dos aspectos ambientais;

– Relatórios dos avanços no cumprimento dos objetivos e metas;

– Autorizações, licenças e outras aprovações;

– Registros de treinamento;

– Relatórios de auditoria do SGA e de adequação regulamentar;

– Relatórios de não conformidades identificadas, planos de ação corretiva e dados comprobatórios do acompanhamento da sua implementação e verificação da eficácia;

– Comunicações com clientes, fornecedores e outras partes externas envolvidas;

– Resultados das análises críticas da administração;

– Planos de amostragem e dados de acompanhamento;

– Registros de manutenção preventiva dos equipamentos;

– Registros da calibração dos equipamentos;

– Resultados de pesquisas ambientais.

4.5.4 – Auditoria do sistema de gestão ambiental

Para terminar este princípio do SGA, a Norma ISO 14004 aborda, no seu Requisito 4.4.5, a questão da auditoria do sistema de gestão ambiental. As auditorias ambientais, realizadas pela própria empresa no seu sistema de gestão, são, ou deveriam ser, consideradas pela administração um aspecto estratégico, na medida em que um dos seus objetivos é mostrar o *status* atual do SGA e servir como ferramenta para o processo de melhoria contínua.

Diz a Norma ISO 14004 a este respeito que:

> *"É recomendado que as auditorias do SGA sejam realizadas periodicamente para determinar a conformidade do sistema ao que foi planejado e para verificar se vem sendo adequadamente implementado e mantido.*
>
> *As auditorias do SGA podem ser executadas por pessoal da própria organização e/ou por terceiros por ela selecionados. Em ambos os casos, que a(s) pessoa(s) que conduza(m) a auditoria esteja(m) em condições de realizá-la de forma objetiva e imparcial, recomendando-se que tenha(m) sido adequadamente treinada(s). É recomendado que a frequência das auditorias seja determinada pela natureza da operação, em termos de seus impactos ambientais e impactos potenciais. Além disso, é recomendado que os resultados de auditorias anteriores sejam considerados na determinação da frequência.*
>
> *É recomendado que o relatório de auditoria do SGA seja submetido de acordo com o plano de auditoria".*

Como já referido, as auditorias ambientais devem ser consideradas requisito estratégico para a administração e para o próprio SGA, pois, uma vez implantado, há a absoluta necessidade de verificar e acompanhar o seu desempenho. Para isso, a empresa deve estabelecer um programa de auditorias do SGA, o qual deve:

- possuir procedimentos documentados para a auditoria e protocolos adequados;
- estabelecer um cronograma para a realização das auditorias, o qual pode ser semestral, anual ou conforme mais apropriado para a empresa, e onde se especifique a frequência com que os requisitos do SGA serão auditados;
- possuir auditores adequadamente treinados e que sejam independentes das áreas auditadas, de forma a contemplar a "imparcialidade" e a não retirar a objetividade nas decisões e/ou julgamentos;
- manter registros das auditorias realizadas, nomeadamente relatórios, registros de não conformidade e de ações corretivas aprovadas, evidências de que a administração toma conhecimento dos resultados da auditoria, entre outros.

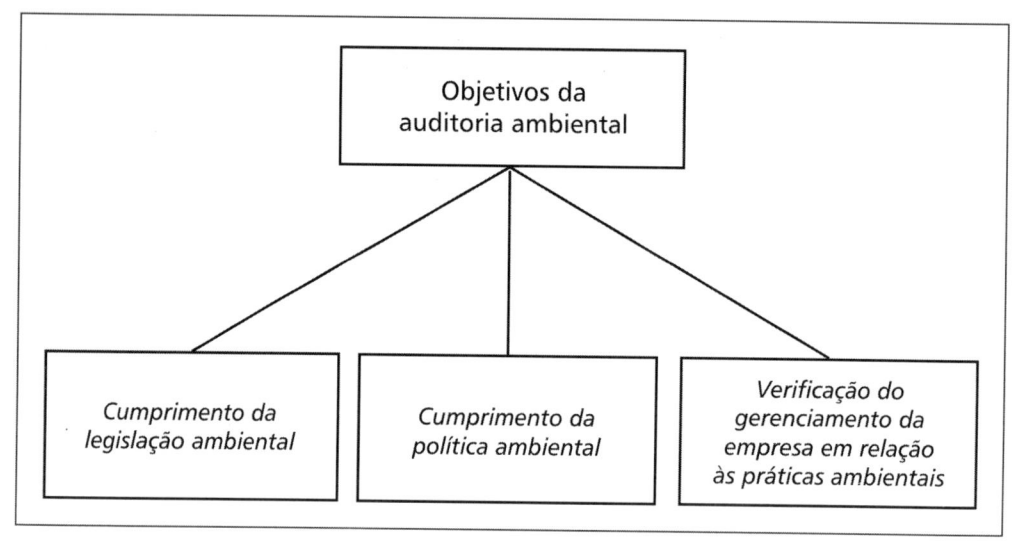

```
                    ┌─────────────────┐
                    │   Objetivos da  │
                    │ auditoria ambiental │
                    └─────────────────┘
           ┌──────────────┼──────────────┐
┌──────────────────┐ ┌──────────────────┐ ┌──────────────────────┐
│   Cumprimento da │ │   Cumprimento da │ │   Verificação do     │
│ legislação ambiental │ │ política ambiental │ │ gerenciamento da     │
│                  │ │                  │ │ empresa em relação   │
│                  │ │                  │ │ às práticas ambientais │
└──────────────────┘ └──────────────────┘ └──────────────────────┘
```

Quadro 5.47: Objetivos da auditoria ambiental

A Norma ISO 14001 refere no seu Requisito 4.5.4 – Auditoria do sistema de gestão ambiental que:

> *"A organização deve estabelecer e manter programas e procedimentos para auditorias periódicas do sistema de gestão ambiental a serem realizadas de forma a:*
>
> • *determinar se o sistema de gestão ambiental:*
>
>   1. *está em conformidade com as disposições planejadas para a gestão ambiental, inclusive os requisitos desta norma; e*
>   2. *se foi devidamente implementado e tem sido mantido;*
>
> • *fornecer à administração informações sobre os resultados das auditorias.*
>
> *O programa de auditoria da organização, inclusive o cronograma, deve basear-se na importância ambiental da atividade envolvida e nos resultados de auditorias anteriores. Para serem abrangentes, os procedimentos de auditorias devem considerar o escopo da auditoria, a frequência e as metodologias, bem como as responsabilidades e os requisitos relativos à condução de auditorias e à apresentação dos resultados".*

Ressaltamos a importância da existência e comprovação de uma inter-relação entre os resultados da auditoria e o sistema de ações corretivas existente no SGA.

Não devemos esquecer o conceito de melhoria contínua, que sempre deverá estar presente, e a obrigatoriedade de cumprir a política ambiental e as diretrizes expressas pelos objetivos ambientais. Portanto, por serem consideradas um item estratégico, as auditorias ambientais proporcionam uma identificação sistemática e o relato das deficiências do SGA, o que proporciona à administração condições ideais para:

- manter o foco da gestão voltado para o meio ambiente;
- promover melhorias no SGA; e
- assegurar uma efetividade de custos, isto é, uma melhor utilização dos recursos disponíveis com a consequente diminuição de custos, desperdícios, retrabalhos etc.

> Auditoria do SGA: "Processo de verificação sistemático e documentado, obtendo e avaliando evidências para determinar se o SGA da organização está de acordo com os critérios de auditoria do SGA e comunicando os resultados deste processo ao cliente".
>
> (definição da ISO 14011)

Um aspecto que vale a pena ressaltar é o da frequência das auditorias. Enquanto o SGA é recém-implantado e, ainda, durante algum tempo, certamente que a frequência das auditorias deve ser maior. Entretanto, à medida que o SGA vai ganhando a sua própria personalidade e dinamismo, a frequência das auditorias tende a diminuir. Como regra geral, deve considerar-se a realização de uma auditoria completa ao SGA pelo menos uma vez por ano. No entanto, na determinação desta frequência é importante considerar:

- a natureza das operações do SGA;
- a significância dos aspectos/impactos ambientais, anteriormente determinados;
- os resultados do programa de acompanhamento/monitoramento; e
- os resultados das auditorias realizadas anteriormente.

Características de um bom auditor:
- independente da atividade auditada;
- objetivo;
- imparcial;
- ter tato;
- atento para os detalhes.

Principais Conceitos da Auditoria Ambiental

Instrumentos ⟶ Evidência ↓ Avaliação ↓ Conclusões ↓ Relatórios

Critérios ⟶

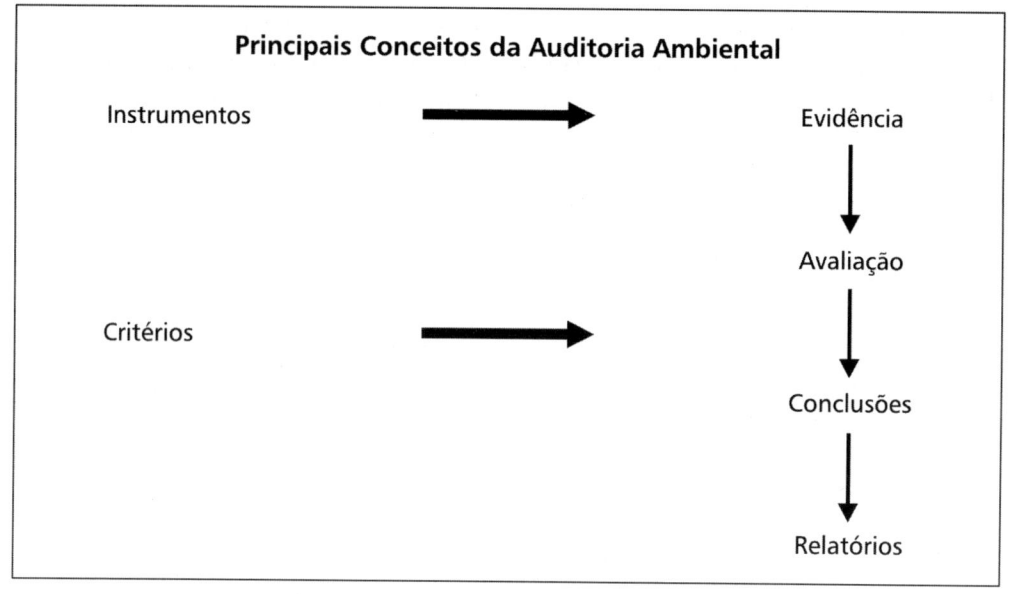

Quadro 5.48: Conceitos da auditoria ambiental

Os auditores ambientais devem ser treinados em técnicas de auditoria e em conceitos de sistemas de gestão para que possam desempenhar, com efetividade, seu papel. Além disso, devem conhecer ou estar familiarizados com a legislação e com os regulamentos ambientais.

Recomendamos aos leitores consultar a Norma ISO 19011, que estabelece diretrizes para a realização de auditorias de sistemas de gestão (qualidade e ambiental) e que pode representar uma excelente ferramenta para a orientação dos auditores, principalmente para os que se estão iniciando nesta atividade. Conhecer esta norma é, portanto, fundamental para os auditores.

As auditorias ambientais, tanto as realizadas internamente como aquelas realizadas por entidades independentes, devem ser consideradas, pela alta administração, uma ferramenta de elevada importância para o direcionamento e para a melhoria do sistema de gestão ambiental.

A alta administração pode ou deve tirar o máximo proveito desta ferramenta, identificando tendências no sistema e garantir que as deficiências registradas sejam corrigidas.

Convém lembrar que a ISO 14001 nos pede que tanto as não conformidades como as ações corretivas implantadas para a sua correção devem ser registradas, permitindo, assim, manter um histórico não só dos problemas ocorridos como, também, das ações realizadas para sua eliminação.

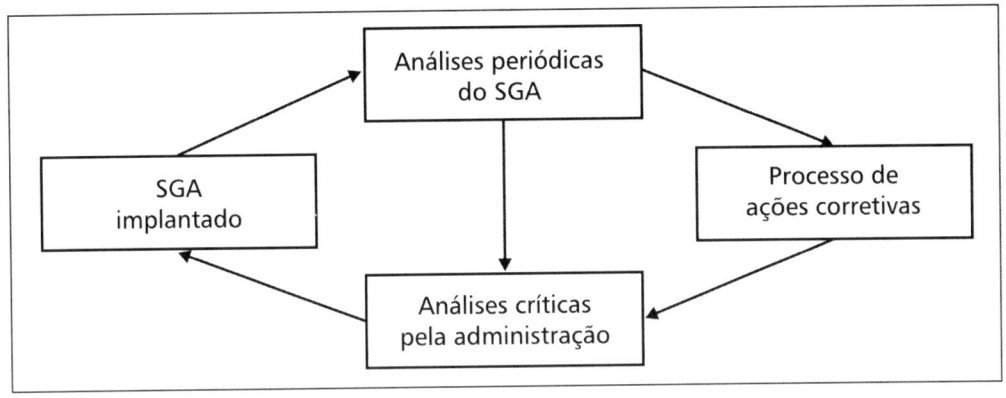

Quadro 5.49: Correlação entre as auditorias do SGA, o processo de ação corretiva e as análises críticas pela administração

O processo de auditoria ambiental pode ser subdividido em várias fases. Dessa forma, teremos:

Preparação da auditoria
- determinação do escopo da auditoria;
- verificação dos recursos disponíveis;
- revisão preliminar da documentação;
- plano de auditoria;
- determinação da equipe auditora;
- preparação dos documentos de trabalho.

Execução da auditoria
- reunião de abertura;
- coleta de evidências (auditoria propriamente dita);
- descobertas da auditoria;
- reunião fechada com o auditado.

Relatório da auditoria
- preparação do relatório;
- sumário do relatório;
- distribuição do relatório;
- retenção do relatório.

Planejar a ação: *follow-up*, isto é, a verificação da eficácia das ações corretivas implantadas para eliminação das causas das não conformidades.

Recomendamos ao leitor a consulta de publicações especializadas neste assunto, em que ele poderá obter conhecimentos e informações mais específicas sobre a realização de auditorias ambientais.

5.11 Princípio 5 – Análise Crítica e Melhoria

Este princípio aborda o tema da análise crítica e melhoria, sendo descrito na Norma ISO 14004, no Requisito 4.5, em que refere:

> *"é recomendado que uma organização analise criticamente e aperfeiçoe constantemente seu sistema de gestão ambiental, com o objetivo de melhorar seu desempenho ambiental global".*

A Norma ISO 14000 impõe que o sistema de gestão ambiental seja analisado criticamente e revisado, se necessário, periodicamente. Da mesma forma que um carro necessita de revisões preventivas periódicas, o SGA deve ser analisado periodicamente como forma de poder ser redirecionado e/ou melhorado no seu desempenho global. Por outro lado, as análises críticas realizadas pela administração são a chave ou o "ponto crítico" para o processo da melhoria contínua.

Quem melhor que a administração, na posse de todos os elementos de desempenho, pode promover a melhoria do sistema? Quem melhor que a administração sabe quais os processos/atividades ou procedimentos que agregam valor e os que não agregam? Se um processo/atividade não agregar valor, analise-o! Se um procedimento não agregar valor, elimine-o!

Com esta análise crítica, o que a administração deve buscar é a resposta à seguinte pergunta: o SGA funciona? Ele é adequado, eficiente e eficaz para as nossas necessidades?

A Norma ISO 14004 divide este princípio em três requisitos:

4.5.1 – Generalidades.

4.5.2 – Análise crítica do sistema de gestão ambiental.

4.5.3 – Melhoria contínua.

No Requisito 4.5.1 – Generalidades, a Norma ISO 14004 diz:

> *"É recomendado que um processo de melhoria contínua seja aplicado a um sistema de gestão ambiental para que se possa atingir a melhoria global do desempenho ambiental".*

No Requisito 4.5.2 – Análise crítica do sistema de gestão ambiental, a Norma ISO 14004 diz:

> *"É recomendado que a administração da organização, em intervalos adequados, realize uma análise crítica do SGA para assegurar-se da sua contínua adequação e eficácia.*

> *É recomendado que a abrangência da análise crítica do SGA seja suficientemente ampla para abordar as dimensões ambientais de todas as atividades, produtos ou serviços da organização, inclusive seus impactos sobre o desempenho financeiro e eventualmente sobre sua posição competitiva.*
>
> *É recomendado que a análise crítica do SGA inclua:*
> - *análise de objetivos, metas e desempenho ambientais;*
> - *constatações das auditorias do SGA;*
> - *avaliação de sua eficácia;*
> - *avaliação da adequação da política ambiental e da necessidade de alterações, à luz de:*
>   - *mudanças na legislação;*
>   - *mudanças nas expectativas e requisitos das partes interessadas;*
>   - *alterações nos produtos ou atividades da organização;*
>   - *avanços científicos e tecnológicos;*
>   - *experiências adquiridas de incidentes ambientais;*
>   - *preferências do mercado;*
>   - *relatos e comunicações".*

No seu Requisito 4.5.3 – Melhoria contínua, a Norma ISO 14004 refere:

> *"O conceito de melhoria contínua é parte integrante do SGA. Ela é atingida através da avaliação contínua do desempenho ambiental do SGA em relação a política, objetivos e metas ambientais, com o propósito de identificar oportunidades para melhoria.*
>
> *É recomendado que o processo de melhoria contínua:*
> - *identifique oportunidades para a melhoria do sistema de gestão ambiental que conduzam à melhoria do desempenho ambiental;*
> - *determine a causa ou causas básicas de não conformidades ou deficiências;*
> - *desenvolva e implemente planos de ações corretivas e preventivas para abordar as causas básicas;*
> - *verifique a eficácia das ações corretivas e preventivas;*
> - *documente quaisquer alterações nos procedimentos que resultem de melhoria dos processos;*
> - *compare os resultados com os objetivos e metas".*

Como vimos, a Norma ISO 14004 dá uma forte ênfase na análise crítica da administração e considera-a um aspecto fundamental em todo o processo de melhoria contínua do SGA.

Sobre este ponto, convém destacar que no processo de análise crítica devem ser envolvidos dois tipos de pessoas, ou seja:

- pessoas que detêm a informação correta e o conhecimento; e
- pessoas que podem tomar as decisões pertinentes.

Isto é importante porque não basta fazer a análise crítica e apontar falhas. É necessário que neste processo estejam envolvidas as pessoas que têm o poder da decisão, isto é, a autoridade para a tomada de ações.

Relacionada com este aspecto está a periodicidade da realização de análises críticas. É importante determinar essa periodicidade e envolver toda a diretoria no processo. Acreditamos que de duas a três análises anuais seriam o ideal.

A Norma ISO 14001 diz a este respeito que:

4.6 – Análise crítica pela administração

> *"A alta administração da organização, em intervalos por ela determinados, deve analisar criticamente o sistema de gestão ambiental, para assegurar sua conveniência, adequação e eficácia contínuas. O processo de análise crítica deve assegurar que as informações necessárias sejam coletadas, de modo a permitir à administração proceder a esta avaliação. Essa análise crítica deve ser documentada.*
>
> *A análise crítica pela administração deve abordar a eventual necessidade de alterações na política, objetivos e outros elementos do sistema de gestão ambiental à luz dos resultados de auditorias do sistema de gestão ambiental, da mudança das circunstâncias e do comprometimento com a melhoria contínua."*

Cabe aqui considerar algumas questões pertinentes ao assunto. Assim, entre outras:

- De que forma as informações referentes ao desempenho do sistema ambiental e sobre a ocorrência de não conformidades e a eficácia das ações corretivas, bem como as informações sobre o desempenho de fornecedores e sobre o cumprimento dos objetivos e metas ambientais etc. chegam ao conhecimento da alta administração?

- De que forma a alta administração efetua as análises críticas periódicas do SGA? Está estabelecida sua periodicidade e quem deve ser envolvido?
- De que forma as pessoas envolvidas e que detêm o conhecimento são envolvidas na análise crítica?
- De que forma a alta administração considera o ponto de vista das partes interessadas na análise crítica?
- De que forma a alta administração promove a melhoria contínua do desempenho ambiental?

Estas são, entre outras, algumas das questões que a alta administração deve considerar, na realização da análise crítica do sistema.

5.12 Considerações Finais

Fizemos, até aqui, uma análise dos requisitos propostos pela Norma ISO 14001 e pela Norma ISO 14004 para a implantação e o gerenciamento de um sistema de gestão ambiental; interpretamos cada um dos requisitos das referidas normas e demos nosso ponto de vista sobre a forma de implantar e/ou gerenciar cada um deles.

A bibliografia utilizada, a experiência e o conhecimento do autor fizeram com que desenvolvêssemos este livro. Esperamos que possa servir de guia orientativo na implantação e implementação de um sistema de gestão ambiental nas empresas.

Esta obra não teve caráter investigatório ou experimentativo. Nosso objetivo foi elaborar algo de caráter técnico-didático para poder ser utilizado por qualquer pessoa interessada na questão ambiental. Foi, talvez, esse o principal motivo que nos levou à elaboração deste livro, ou, melhor dizendo, a abordar este assunto.

Está claro, para a maioria das pessoas, que os problemas ambientais, de qualidade, empresariais etc. são normalmente fruto de um ou de vários problemas no campo da gestão. Má ou deficiente gestão conduz ao surgimento de problemas ambientais e outros que, se o empresário tivesse tido a visão gerencial sistêmica, não ocorreriam.

Contribuir para a formação de uma visão sistêmica na gestão das empresas, fazendo com que o sistema seja único (sistema integrado de gestão), muito contribuirá para a redução de custos operacionais, para a melhoria da produtividade e da competitividade. Afinal, os empresários não estão no mercado para perder dinheiro!

Investir em técnicas de gestão, mormente em gestão ambiental, e implantar um sistema integrado de gestão são aspectos que poderão fazer a diferença entre uma EMPRESA e as empresas concorrentes.

Nos dias de hoje, em que muito se fala de sustentabilidade ou de desenvolvimento sustentável, a questão ambiental tem uma grande relevância na vida das empresas e na sua própria continuidade ou perenidade. Legislação cada vez mais restritiva, sobretudo quanto aos efluentes e resíduos, e seu impacto no aquecimento global e pressões externas (barreiras comerciais) de ordem política e econômica que pretendem restringir o comércio internacional, entre inúmeros outros, são aspectos que não podem deixar de ser considerados, em face das tendências que se vislumbram no horizonte empresarial. A implantação e implementação do sistema de gestão ambiental nas empresas pode representar o primeiro passo para contornar as "barreiras" que se estão colocando e, simultaneamente, para promover uma mudança da cultura atual como forma de caminhar em direção à sustentabilidade empresarial e à responsabilidade social empresarial.

Nosso objetivo foi cumprido. Nossa proposta está elaborada e formulada. Resta-nos aguardar que possa ser utilizada pela sociedade envolvida. No que nos diz respeito, como profissionais do ramo, adotaremos e passaremos a divulgar a nossos clientes a proposta formulada.

Capítulo 6

Anexo A: NBR ISO 14001

6.1 Diretrizes para Uso e Especificação

Este anexo fornece informações adicionais sobre os requisitos, tendo por objetivo evitar uma interpretação errônea da especificação. Este anexo refere-se somente aos requisitos do sistema de gestão ambiental constantes na seção 4.

6.1.1 A.1 Requisitos Gerais

Pretende-se que a implementação de um sistema de gestão ambiental descrito por esta especificação resulte no aprimoramento do desempenho ambiental. Esta especificação baseia-se na premissa de que a organização irá, periodicamente, analisar criticamente e avaliar o seu sistema de gestão ambiental de forma a identificar oportunidades de melhoria e sua implementação. As melhorias no seu sistema de gestão ambiental visam promover melhorias adicionais no desempenho ambiental.

O sistema de gestão ambiental fornece um processo estruturado para atingir a melhoria contínua, cujos ritmo e amplitude são determinados pela organização à luz de circunstâncias econômicas e outras. Embora alguma melhoria no desempenho ambiental possa ser esperada devido à adoção de uma abordagem sistemática, entende-se que o sistema de gestão ambiental é uma ferramenta que permite à organização atingir, e sistematicamente controlar, o nível de desempenho ambiental por ela mesmo estabelecido. O estabelecimento e a operação do sistema de gestão ambiental, por si só, não resultarão, necessariamente, na redução imediata de impactos ambientais adversos.

Uma organização tem liberdade e flexibilidade para definir seus limites e pode optar pela implementação desta norma para toda a organização ou para unidades operacionais ou atividades específicas da organização. Caso esta norma seja implementada para uma unidade operacional ou atividade específica, políticas e procedimentos desenvolvidos por outros setores da organização podem ser utilizados para atender aos requisitos desta norma, desde que sejam aplicáveis à unidade operacional ou à atividade específica, que estarão sujeita à norma. O nível de detalhamento e complexidade do sistema de gestão ambiental, a amplitude da documentação e os recursos a ele alocados dependem do porte da organização e da natureza das suas atividades. Isto pode ser o caso, em particular, de pequenas e médias empresas.

A integração das questões ambientais com o sistema de gestão global da organização pode contribuir efetivamente com o sistema de gestão ambiental, bem como para sua eficiência e clareza de atribuições.

Esta norma contém requisitos de sistema de gestão baseados no processo dinâmico e cíclico de planejar, implementar, verificar e analisar criticamente.

É recomendado que o sistema permita a uma organização:

- estabelecer uma política ambiental apropriada para si;
- identificar os aspectos ambientais decorrentes de atividades, produtos ou serviços da organização, passados, existentes ou planejados, para determinar os impactos ambientais significativos;
- identificar os requisitos legais e regulamentares aplicáveis;
- identificar prioridades e estabelecer objetivos e metas ambientais apropriados;
- estabelecer uma estrutura e programas para implementar a política e atingir os objetivos e metas;
- facilitar as atividades de planejamento, controle, monitoramento, ação corretiva, auditoria e análise crítica, de forma a assegurar que a política seja obedecida e que o sistema de gestão ambiental permaneça apropriado;
- ser capaz de adaptar-se às mudanças das circunstâncias.

6.1.2 A.2 Política Ambiental

A política ambiental é o elemento motor para a implementação e o aprimoramento do sistema de gestão ambiental da organização, permitindo que seu desempenho ambiental seja mantido e potencialmente aperfeiçoado. É recomendado que, para tanto, a política reflita o comprometimento da alta administração em relação ao atendimento às leis aplicáveis e à melhoria contínua. A política constitui a base para o estabelecimento dos objetivos e metas da organização. Convém que a política seja suficientemente clara para seu entendimento pelas partes interessadas, internas e externas, e que seja periodicamente analisada de forma crítica e revisada, para refletir as mudanças nas condições e informações. É recomendado que sua área de aplicação seja claramente identificável.

Também se recomenda que a alta administração da organização defina e documente sua política ambiental no mesmo contexto da política ambiental de uma organização maior da qual seja parte, com o endosso desta, se houver.

> **NOTA:** A alta administração pode ser constituída de um indivíduo ou de um grupo de indivíduos que tenham responsabilidade executiva pela organização.

6.1.3 A.3 Planejamento

6.1.3.1 A.3.1 Aspectos Ambientais

A Subseção 4.3.1 visa prover um processo que permita a uma organização identificar os aspectos ambientais significativos a serem priorizados pelo seu sistema de gestão ambiental. É recomendado que tal processo considere o custo e o tempo necessários para análise e disponibilidade de dados confiáveis. Informações já desenvolvidas para fins regulamentares ou outros podem ser utilizadas neste processo. As organizações podem, também, levar em consideração o grau de controle prático que elas possam ter sobre os aspectos ambientais em questão. É recomendado que as organizações determinem quais são os seus aspectos ambientais, levando em consideração as entradas e saídas associadas às suas atividades, produtos e/ou serviços atuais, e passados, se pertinentes.

É recomendado que uma organização que não possua sistema de gestão ambiental estabeleça, inicialmente, sua posição atual em relação ao meio ambiente através de uma avaliação ambiental inicial. Recomenda-se que o objetivo seja o de considerar todos os aspectos ambientais da organização uma base para o estabelecimento do sistema de gestão ambiental.

As organizações que já dispõem de um sistema de gestão ambiental em operação não precisam proceder a tal avaliação.

Recomenda-se que a avaliação ambiental inicial cubra quatro áreas fundamentais:
- requisitos legais e regulamentares;
- identificação dos aspectos ambientais significativos;
- exame de todas as práticas e procedimentos de gestão ambiental existentes;
- avaliação das informações provenientes de investigações de incidentes anteriores.

É recomendado que, em todos os casos, sejam levadas em consideração as operações normais e anormais da organização, bem como as potenciais condições de emergência.

Uma abordagem apropriada da avaliação ambiental inicial pode incluir listas de verificação, entrevistas, inspeções e medições diretas, resultados de auditorias anteriores ou outras análises, dependendo da natureza das atividades.

É recomendado que o processo para a identificação dos aspectos ambientais significativos associados às atividades das unidades operacionais considere, quando pertinente:

- emissões atmosféricas;
- lançamentos em corpos de água;
- gerenciamento de resíduos;
- contaminação do solo;
- uso de matérias-primas e recursos naturais;
- outras questões locais relativas ao meio ambiente e à comunidade.

É recomendado que o processo considere as condições normais de operação e as de parada e partida, bem como o potencial de impactos significativos associados a situações razoavelmente previsíveis ou de emergência.

O processo tem por objetivo identificar aspectos ambientais significativos associados a atividades, produtos ou serviços, não sendo sua intenção exigir uma avaliação detalhada do ciclo de vida. As organizações não precisam avaliar cada produto, componente ou matéria-prima utilizada. Podem selecionar categorias de atividades, produtos ou serviços para identificar os aspectos com maior possibilidade de apresentar impactos significativos.

O controle e a influência sobre os aspectos ambientais dos produtos variam significativamente, dependendo da situação da organização no mercado. Um prestador de serviços ou fornecedor da organização pode ter um controle comparativamente reduzido, enquanto uma organização responsável pelo projeto do produto pode alterar significativamente esses aspectos, mudando, por exemplo, um único insumo.

Apesar de se reconhecer que as organizações podem ter controle limitado sobre o uso e a disposição final de seus produtos, recomenda-se que elas considerem, onde exequível, os meios apropriados de manuseio e disposição final. Essas medidas não pretendem alterar ou aumentar as obrigações legais das organizações.

6.1.3.2 A.3.2 Requisitos legais e outros requisitos

Exemplos de outros requisitos que uma organização pode subscrever são:

- códigos de prática da indústria;
- acordos com autoridades públicas;
- diretrizes de natureza não regulamentar.

6.1.3.3 A.3.3 Objetivos e metas

É recomendado que os objetivos sejam específicos e que as metas sejam mensuráveis, onde exequível, e que sejam levadas em consideração medidas preventivas, quando apropriado.

Ao avaliar suas opções tecnológicas, uma organização pode levar em consideração o uso das melhores tecnologias disponíveis, quando economicamente viável, rentável e julgado apropriado.

A referência aos requisitos financeiros da organização não implica necessariamente que as organizações sejam obrigadas a utilizar metodologias de custos ambientais.

6.1.3.4 A.3.4 Programas de gestão ambiental

A criação e o uso de um ou mais programas são elementos essenciais para a implementação bem-sucedida de um sistema de gestão ambiental. É recomendado que o programa descreva de que forma os objetivos e metas da organização serão atingidos, incluindo cronogramas e pessoal responsável pela implementação da política ambiental da organização.

Este programa pode ser subdividido para abordar elementos específicos das operações da organização. É recomendado que o programa inclua uma análise ambiental para novas atividades.

O programa pode incluir, onde apropriado e exequível, considerações sobre as etapas de planejamento, projeto, produção, comercialização e disposição final. Isso pode ser efetuado tanto para atividades, produtos ou serviços atuais quanto futuros.

No caso de produtos, podem ser abordados projetos, materiais, processos produtivos, uso e disposição final. Para instalações ou modificações significativas de processos, podem ser abordados: planejamento, projeto, construção, comissionamento, operação e, na ocasião apropriada determinada pela organização, o descomissionamento das atividades.

6.1.4 A.4 Implementação e Operação

6.1.4.1 A.4.1 Estrutura e responsabilidade

A implementação bem-sucedida de um sistema de gestão ambiental requer o comprometimento de todos os empregados da organização. Portanto, é recomendado que as responsabilidades ambientais não se restrinjam à função ambiental, podendo incluir também outras áreas da organização, tais como gerência operacional ou outras funções não especificamente ambientais.

É recomendado que o comprometimento comece nos níveis gerenciais mais elevados da organização. Da mesma forma, é recomendado que a alta administração estabeleça a política ambiental da organização e assegure que o sistema de gestão ambiental seja implementado.

É recomendado que, como parte deste comprometimento, a alta administração designe seus representantes específicos, com responsabilidade e autoridade definidas para a implementação do sistema de gestão ambiental. No caso de grandes ou complexas organizações, pode existir mais de um representante designado. Em pequenas e médias empresas, essas responsabilidades podem ser assumidas por apenas um indivíduo.

É igualmente recomendado que a alta administração assegure o fornecimento de um nível apropriado de recursos para garantir a implementação e manutenção do sistema de gestão ambiental. É também importante que as principais responsabilidades do sistema de gestão ambiental sejam bem definidas e comunicadas ao pessoal envolvido.

6.1.4.2 A.4.2 Treinamento, conscientização e competência

É recomendado que a organização estabeleça e mantenha procedimentos para a identificação das necessidades de treinamento. Recomenda-se também que a organização requeira que prestadores de serviço que estejam trabalhando em seu nome sejam capazes de demonstrar que seus respectivos empregados tenham o treinamento requerido.

É recomendado que a administração determine o nível de experiência, competência e treinamento necessário para assegurar a capacitação do pessoal, especialmente daqueles que desempenham funções especializadas de gestão ambiental.

6.1.4.3 A.4.3 Comunicação

É recomendado que as organizações implementem um procedimento para receber e documentar as informações pertinentes e atender às solicitações das partes interessadas.

Este procedimento pode incluir um diálogo com as partes interessadas e a consideração de suas preocupações pertinentes. Em certas circunstâncias, o atendimento às preocupações das partes interessadas pode incluir informações pertinentes sobre os impactos ambientais associados às operações da organização.

É recomendado que estes procedimentos abordem também as comunicações necessárias com as autoridades públicas, em relação ao planejamento de emergências e outras questões pertinentes.

6.1.4.4 A.4.4 Documentação do sistema de gestão ambiental

É recomendado que o nível de detalhamento da documentação seja suficiente para descrever os elementos principais do sistema de gestão ambiental e sua interação, fornecendo orientação sobre fontes de informações mais detalhadas sobre o funcionamento das partes específicas do sistema de gestão ambiental.

Esta documentação pode ser integrada com a de outros sistemas implementados pela organização, não precisando estar na forma de um único manual.

A documentação correlata pode incluir:
- informações sobre processos;
- organogramas;
- normas internas e procedimentos operacionais;
- planos locais de emergência.

6.1.4.5 A.4.5 Controle de documentos

O objetivo é assegurar que as organizações criem e mantenham documentos de forma adequada à implementação do sistema de gestão ambiental. Entretanto, é recomendado que as organizações tenham como foco principal de sua atenção a efetiva implementação do sistema de gestão ambiental e o seu desempenho ambiental, e não um complexo sistema de controle de documentação.

6.1.4.6 A.4.6 Controle operacional

A Norma refere que um texto pode ser incluído em futura revisão da mesma.

6.1.4.7 A.4.7 Preparação e atendimento a emergências

A Norma refere que um texto pode ser incluído em futura revisão da mesma.

6.1.5 A.5 Verificação e Ação Corretiva

6.1.5.1 A.5.1 Monitoramento e medição

Na atual edição a Norma usada refere a este respeito, mas deixa claro que em futuras revisões pode ser incluído um texto.

6.1.5.2 A.5.2 Não conformidade e ações corretiva e preventiva

Ao estabelecer e manter procedimentos para investigar e corrigir não conformidades, é recomendado que a organização inclua os seguintes elementos básicos:

- identificação da causa da não conformidade;
- identificação e implementação da ação corretiva necessária;
- implementação ou modificação dos controles necessários para evitar a repetição da não conformidade;
- registro de quaisquer mudanças em procedimentos escritos resultantes da ação corretiva.

Dependendo da situação, esse processo pode ser efetuado rapidamente e com um mínimo de planejamento formal, ou pode constituir uma atividade complexa e de longo prazo. É recomendado que a documentação associada seja apropriada para o nível da ação corretiva.

6.1.5.3 A.5.3 Registros

É recomendado que os procedimentos para identificação, manutenção e descarte de registros sejam focalizados naqueles necessários à implementação e operação do sistema de gestão ambiental e para registro do nível de atendimento aos objetivos e metas planejados.

Os registros ambientais podem incluir:

- informações sobre a legislação ambiental aplicável ou outros requisitos;
- registros de reclamações;
- registros de treinamento;
- informações sobre processos;
- informações sobre produtos;
- registros de inspeção, manutenção e calibração;
- informações pertinentes sobre prestadores de serviços e fornecedores;

- relatórios de incidentes;
- informações relativas à preparação e atendimento de emergências;
- registros de impactos ambientais significativos;
- resultados de auditorias;
- análises críticas pela administração.

É recomendado que as informações confidenciais da organização sejam tratadas de forma apropriada.

6.1.5.4 A.5.4 Auditoria do sistema de gestão ambiental

É recomendado que o programa e os procedimentos de auditoria abranjam:
- atividades e áreas a serem consideradas nas auditorias;
- frequência das auditorias;
- responsabilidades associadas à gestão e condução de auditorias;
- comunicação dos resultados de auditorias;
- competência dos auditores;
- de que forma as auditorias serão conduzidas.

As auditorias podem ser executadas por pessoal da própria organização e/ou por pessoal externo por ela selecionado. É recomendado que, em qualquer dos casos, as pessoas que conduzam a auditoria tenham condições de exercer as suas funções de forma imparcial e objetiva.

6.1.6 A.6 Análise Crítica pela Administração

Para manter a melhoria contínua, adequação e eficácia do sistema de gestão ambiental, e consequentemente o seu desempenho, é recomendado que a administração da organização analise criticamente e avalie o sistema de gestão ambiental em intervalos definidos.

Recomenda-se que o escopo desta análise crítica seja abrangente, uma vez que nem todos os componentes do sistema de gestão ambiental precisam ser abordados ao mesmo tempo, e que o processo de análise crítica possa se estender por um período de tempo.

É recomendado que a análise crítica da política, objetivos e procedimentos seja efetuada pelo nível administrativo que os definiu.

É recomendado que as análises críticas incluam:

- os resultados das auditorias;
- o nível de atendimento aos objetivos da qualidade;
- a contínua adequação do sistema de gestão ambiental em relação a mudanças de condições de informações;
- as preocupações das partes interessadas pertinentes.

É recomendado que as observações, conclusões e recomendações sejam documentadas para que as ações necessárias sejam empreendidas.

Capítulo 7

Anexo B: NBR ISO 14004
Exemplo de princípios orientadores internacionais sobre o meio ambiente

7.1 A.1 DECLARAÇÃO DO RIO SOBRE MEIO AMBIENTE E DESENVOLVIMENTO

"A Conferência das Nações Unidas sobre o Meio Ambiente e Desenvolvimento, reunida no Rio de Janeiro, de 3 a 14 de junho de 1992, reafirmando a Declaração da Conferência das Nações Unidas sobre o Meio Ambiente Humano, adotada em Estocolmo em 16 de junho de 1972, e buscando avançar a partir dela, com o objetivo de estabelecer uma justa e nova parceria global por meio do estabelecimento de novos níveis de cooperação entre os Estados, setores-chave da sociedade e os indivíduos, trabalhando com vistas à conclusão de acordos internacionais que respeitem os interesses de todos e protejam a integridade do sistema global do meio ambiente e desenvolvimento, reconhecendo a natureza interdependente e íntegra da Terra, nosso lar, proclama:

7.1.1 Princípio 1

Os seres humanos estão no centro das preocupações com o desenvolvimento sustentável. Têm direito a uma vida saudável e produtiva, em harmonia com a natureza.

7.1.2 Princípio 2

Os Estados, em conformidade com a Carta das Nações Unidas e com os princípios do direito internacional, têm o direito soberano de explorar os seus próprios recursos segundo suas próprias políticas de meio ambiente e desenvolvimento, e a responsabilidade de assegurar que atividades sob sua jurisdição ou controle não causem danos ao meio ambiente de outros Estados ou de áreas além dos limites da jurisdição nacional.

7.1.3 Princípio 3

O direito ao desenvolvimento deve ser exercido, de modo a permitir que sejam atendidas equitativamente as necessidades de gerações presentes e futuras.

7.1.4 Princípio 4

Para alcançar o desenvolvimento sustentável, a proteção ambiental deve constituir parte integrante do processo de desenvolvimento, e não pode ser considerada isoladamente deste.

7.1.5 Princípio 5

Todos os Estados e todos os indivíduos, como um requisito indispensável para o desenvolvimento sustentável, devem cooperar na tarefa essencial de erradicar a pobreza, de forma a reduzir as disparidades nos padrões de vida e melhor atender às necessidades da maioria da população do mundo.

7.1.6 Princípio 6

A situação e as necessidades especiais dos países em desenvolvimento, em particular dos países de menor desenvolvimento relativo e daqueles ambientalmente mais vulneráveis, devem receber prioridade especial. Ações internacionais no campo do meio ambiente e do desenvolvimento devem também atender aos interesses e às necessidades de todos os países.

7.1.7 Princípio 7

Os Estados devem cooperar, em espírito de parceria global, para a conservação, proteção e restauração da saúde e da integridade do ecossistema terrestre. Considerando as distintas contribuições para a degradação ambiental global, os Estados têm responsabilidades comuns, porém diferenciadas.

Os países desenvolvidos reconhecem a responsabilidade que têm na busca internacional do desenvolvimento sustentável, em vistas das pressões exercidas por suas sociedades sobre o meio ambiente global e das tecnologias e recursos financeiros que controlam.

7.1.8 Princípio 8

Para atingir o desenvolvimento sustentável e a mais alta qualidade de vida para todos, os Estados devem reduzir e eliminar padrões insustentáveis de produção e consumo e promover políticas demográficas adequadas.

7.1.9 Princípio 9

Os Estados devem cooperar com vistas ao fortalecimento da capacitação endógena para o desenvolvimento sustentável, pelo aprimoramento da compreensão científica por meio do intercâmbio do conhecimento científico e tecnológico, e pela intensificação do desenvolvimento, adaptação, difusão e transferência de tecnologias, inclusive de tecnologias novas e inovadoras.

7.1.10 Princípio 10

A melhor maneira de tratar questões ambientais é assegurar a participação, no nível apropriado, de todos os cidadãos interessados. Em nível nacional, cada indivíduo deve ter acesso adequado a informações relativas ao meio ambiente de que disponham as autoridades públicas, inclusive informações sobre materiais e atividades perigosas em suas comunidades, bem como a oportunidade de participar em processos de tomada de decisões. Os Estados devem facilitar e estimular a conscientização e participação pública, colocando a informação à disposição de todos. Deve ser propiciado acesso efetivo a mecanismos judiciais e administrativos, inclusive no que diz respeito à compreensão e ao reparo de danos.

7.1.11 Princípio 11

Os Estados devem adotar legislação ambiental eficaz. Padrões ambientais e objetivos e prioridades em matéria de ordenação ao meio ambiente devem refletir o contexto ambiental e de desenvolvimento a que se aplicam. Padrões utilizados por alguns países podem resultar inadequados para outros, em especial em desenvolvimento, acarretando custos sociais e econômicos injustificados.

7.1.12 Princípio 12

Os Estados devem cooperar para o estabelecimento de um sistema econômico internacional aberto e favorável, propício ao desenvolvimento econômico e sustentável em todos os países, de modo a possibilitar o tratamento mais adequado dos problemas de degradação ambiental. Medidas de política comercial para propósitos ambientais não devem se constituir em meios para imposição de discriminações arbitrárias ou injustificáveis, ou em barreiras disfarçadas de comércio internacional. Devem ser evitadas ações unilaterais para o tratamento de questões ambientais fora da jurisdição do país importador. Medidas destinadas a tratar de problemas ambientais transfronteiriços ou globais devem, na medida do possível, basear-se em um consenso internacional.

7.1.13 Princípio 13

Os Estados devem desenvolver legislação nacional relativa a responsabilidade e indenizações das vítimas da poluição e outros danos ambientais. Os Estados devem, ainda, cooperar de forma expedita e determinada para o desenvolvimento de formas de direito internacional ambiental relativas à responsabilidade e indenização por efeitos adversos de danos ambientais causados em áreas fora de sua jurisdição, por atividades dentro de sua jurisdição ou sob seu controle.

7.1.14 Princípio 14

Os Estados devem cooperar de modo efetivo para desestimular ou prevenir a realocação ou transferência para outros Estados de quaisquer atividades ou substâncias que causem degradação ambiental grave ou que sejam prejudiciais à saúde humana.

7.1.15 Princípio 15

De modo a proteger o meio ambiente, o princípio da precaução deve ser amplamente observado pelos Estados, de acordo com suas capacidades. Quando houver ameaça de danos sérios ou irreversíveis, a ausência de absoluta certeza científica não deve ser utilizada como razão para postergar medidas eficazes economicamente viáveis para prevenir a degradação ambiental.

7.1.16 Princípio 16

Tendo em vista que o poluidor deve, em princípio, arcar com o custo decorrente da poluição, as autoridades nacionais devem procurar promover a internalização dos custos ambientais e o uso de instrumentos econômicos, levando na devida conta o interesse público, sem distorcer o comércio e os investimentos internacionais.

7.1.17 Princípio 17

A avaliação de impacto ambiental, como instrumento nacional, deve ser empreendida para atividades planejadas que possam vir a ter impacto negativo considerável sobre o meio ambiente e que dependam de uma decisão de autoridade nacional competente.

7.1.18 Princípio 18

Os Estados devem notificar imediatamente a outros Estados quaisquer desastres naturais ou outras emergências que possam gerar efeitos nocivos súbitos sobre o meio ambiente destes últimos. Todos os esforços devem ser empreendidos pela comunidade internacional para auxiliar os Estados afetados.

7.1.19 Princípio 19

Os Estados devem prover, oportunamente a Estados que possam ser afetados, notificação prévia e informações relevantes sobre atividades potencialmente causadoras de considerável impacto transfronteiriço negativo sobre o meio ambiente e devem consultar-se com estes tão logo quanto possível e de boa-fé.

7.1.20 Princípio 20

As mulheres desempenham papel fundamental na gestão do meio ambiente e no desenvolvimento. Sua participação plena é, portanto, essencial para a promoção do desenvolvimento sustentável.

7.1.21 Princípio 21

A criatividade, os ideais e a coragem dos jovens do mundo devem ser mobilizados para forjar uma parceria global, com vistas a alcançar o desenvolvimento sustentável e assegurar um futuro melhor para todos.

7.1.22 Princípio 22

As populações indígenas e outras comunidades, bem como outras comunidades locais, têm papel fundamental na gestão do meio ambiente e no desenvolvimento, em virtude de seus conhecimentos e práticas tradicionais. Os Estados devem reconhecer identidade, cultura e interesses dessas populações e comunidades, bem como habituá-las a participar efetivamente da promoção do desenvolvimento sustentável.

7.1.23 Princípio 23

O meio ambiente e os recursos naturais dos povos submetidos à opressão, dominação e ocupação devem ser protegidos.

7.1.24 Princípio 24

A guerra é, por definição, contrária ao desenvolvimento sustentável. Os Estados devem, por conseguinte, respeitar o direito internacional aplicável à proteção do meio ambiente em tempos de conflito armado e cooperar para seu desenvolvimento progressivo, quando necessário.

7.1.25 Princípio 25

A paz, o desenvolvimento e a proteção ambiental são interdependentes e indivisíveis.

7.1.26 Princípio 26

Os Estados devem solucionar todas as suas controvérsias ambientais de forma pacífica, utilizando-se dos meios apropriados, em conformidade com a Carta das Nações Unidas.

7.1.27 Princípio 27

Os Estados e os povos devem cooperar de boa-fé e imbuídos de um espírito de parceria para a realização dos princípios consubstanciados nesta Declaração e para o desenvolvimento progressivo do direito internacional no campo do desenvolvimento sustentável.

7.2 A.2 CARTA EMPRESARIAL PARA O DESENVOLVIMENTO SUSTENTÁVEL DA CÂMARA DE COMÉRCIO INTERNACIONAL (CCI)

1. Prioridade na empresa

Reconhecer a gestão do ambiente como uma das prioridades na empresa e como fator determinante do desenvolvimento sustentável; estabelecer políticas, programas e procedimentos para conduzir as atividades de modo ambientalmente seguro.

2. Gestão integrada

Integrar plenamente, em cada empresa, essas políticas, programas e procedimentos, como elemento essencial de gestão, em todos os seus domínios.

3. Processo de aperfeiçoamento

Aperfeiçoar continuamente as políticas, os programas e o desempenho ambiental das empresas, levando em conta os desenvolvimentos técnicos, o conhecimento científico, os requisitos dos consumidores e as expectativas da comunidade, tendo como ponto de partida a regulamentação em vigor, e aplicar os mesmos critérios ambientais no plano internacional.

4. Formação do pessoal

Formar, treinar e motivar o pessoal para desempenhar suas atividades de maneira responsável, em face do ambiente.

5. Avaliação prévia

Avaliar os impactos ambientais antes de iniciar nova atividade ou projeto ou antes de desativar uma instalação ou abandonar um local.

6. Produtos e serviços

Desenvolver e fornecer produtos e serviços que não produzam impacto indevido sobre o ambiente e sejam seguros em sua utilização prevista, que apresentem o melhor rendimento em termos de consumo de energia e de recursos naturais, que possam ser reciclados, reutilizados ou cuja disposição (deposição) final não seja perigosa.

7. Conselhos de consumidores

Aconselhar é, em casos relevantes, propiciar a necessária informação aos consumidores, aos distribuidores e ao público, quanto aos aspectos de segurança a considerar na utilização, transporte, armazenagem e disposição (eliminação) dos produtos fornecidos; e aplicar considerações análogas à prestação de serviços.

8. Instalações e atividades

Desenvolver, projetar e operar instalações, tendo em conta a eficiência no consumo da eficiente energia e dos materiais, a utilização sustentável dos recursos renováveis, a minimização de impactos ambientais adversos e da produção de rejeitos (resíduos) e o tratamento ou disposição (deposição) final destes resíduos de forma segura e responsável.

9. Investigações (pesquisas)

Realizar ou patrocinar investigações (pesquisas) sobre os impactos ambientais das matérias-primas, dos produtos, dos processos, das emissões e dos resíduos associados às atividades da empresa, e sobre os meios de minimizar tais impactos adversos.

10. Medidas preventivas

Adequar a fabricação, a comercialização, a utilização de produtos ou serviços, ou a condução de atividades, em harmonia com os conhecimentos científicos, para evitar a degradação grave ou irreversível do ambiente.

11. Empreiteiros e fornecedores

Promover a adoção destes princípios pelos empreiteiros contratados pela empresa, encorajando e, em casos apropriados, exigindo a melhoria de seus procedimentos de modo compatível com aqueles em vigor na empresa; e encorajar a mais ampla adoção destes princípios pelos fornecedores.

12. Planos de emergência

Desenvolver e manter, em casos em que exista risco significativo, planos de ação para situações de emergência, em coordenação com os serviços especializados, as principais autoridades e a comunidade local, tendo em vista os possíveis impactos transfronteiriços.

13. Transferência de tecnologias

Contribuir para a transferência de tecnologia e métodos de gestão que respeitem o ambiente, tanto nos setores industriais como nos de administração pública.

14. Contribuição para o esforço comum

Contribuir para o desenvolvimento de políticas públicas, de programas empresariais governamentais e intergovernamentais e de iniciativas educacionais que valorizem a consciência e a proteção ambiental.

15. Abertura ao diálogo

Promover a abertura ao diálogo com pessoal da empresa e com o público, em antecipação e em resposta às respetivas preocupações quanto aos riscos e impactos potenciais das atividades, produtos, rejeitos (resíduos) e serviços, incluindo aqueles de significado transfronteiriço ou global.

16. Cumprimento de regulamentos e informação

Aferir o desempenho das ações sobre o ambiente, proceder regularmente a auditorias ambientais e avaliar o cumprimento das exigências internas da empresa, dos requisitos legais e destes princípios, e periodicamente fornecer informações pertinentes ao Conselho de Administração, aos acionistas, ao pessoal, às autoridades e ao público.

Referências Bibliográficas

ACRE SECTMA/IMAC (2003) *Manual de Licenciamento Ambiental de Obras de Infraestrutura – MANINFRA* Rio Branco.

ALMEIDA, A. L. M. de; REAL, D. *Guia de Referência para a Implementação de Sistemas de Gestão Ambiental Segundo a ISO 14001:2004*. Instituto Português de Qualidade, Lisboa. 2005.

Associação Brasileira de Normas Técnicas – ABNT (2004) NBR ISO 14031 – Gestão Ambiental – Avaliação de Desempenho Ambiental – Diretrizes. Norma Técnica. ABNT, Rio de Janeiro – RJ, 32 p.

Associação Brasileira de Normas Técnicas – ABNT (2004) NBR ISO 1400:2004 Sistemas de Gestão Ambiental; Requisitos e diretrizes para uso; Rio de Janeiro.

Associação Brasileira de Normas Técnicas – ABNT (2006) NBR ISO 14004:2004 ABNT/CB-38 Comitê Brasileiro de Gestão Ambiental; Interpretação NBR ISO 14001 (2004), CB-38/SC-01/Grupo de Interpretação Rio de Janeiro.

BOLDRINI, E. B.; SOARES, C. R.; PAULA, E. V. de. *Dragagens Portuárias no Brasil Licenciamento e Monitoramento Ambiental*. Governo do Estado do Paraná, 2007.

BOOG, E. G & IZZO, W. A. *Utilização de indicadores ambientais como instrumento para gestão de desempenho ambiental em empresas certificadas com a ISO 14001*. Simpósio de Engenharia de Produção, 2003.

BRILHANTE, O. M.; CALDAS, L. Q. de A. *Gestão e Avaliação de Risco em Saúde Ambiental*, Rio de Janeiro: Editora Fiocruz, 2002.

CLARCK, Brian D. *Seminário Anual sobre Avaliação de Impacto Ambiental*. Albufeira, Portugal, 1991.

CONSÓRCIO DALCON/GERIBELLO. *Relatório Final da Supervisão Ambiental – Linha Verde, Lote 1*, Curitiba, Paraná, 2009.

CONSÓRCIO ESTEIO/LBR. *Relatório Final de Supervisão Ambiental – Linha Verde, Lote 2*, Curitiba, Paraná, 2010.

DIREÇÃO DE ASSOCIATIVISMO E COMPETITIVIDADE EMPRESARIAL. *Guia de Referência para a Implementação de Sistemas de Gestão Ambiental Segundo a ISO 14001:2004*. Portugal, 2005.

ENGEMIN. Estudo de Impacto Ambiental das obras de ampliação e modernização da estrutura portuária da Administração dos Portos de Paranaguá e Antonina. 2004.

ENVIRONMENTAL MANAGEMENT SYSTEMS. *An Implementation Guide for Small and Medium Sized Organizations;* NSF International, Ann Arbor, Michigan, 1996.

FIESP/CIESP – Federação e Centro das Indústrias do Estado de São Paulo. *Cartilha de Indicadores de Desempenho Operacional na Indústria*. São Paulo – SP, 29 p.

Fundação Estadual do Meio Ambiente – FEAM. *Indicadores Ambientais da Agenda Marrom no Estado de Minas Gerais*. Belo Horizonte, 2002.

JUNIOR, E. V. *Sistema Integrado de Gestão Ambiental: Como Implantar a ISO 14000 a Partir da ISO 9000 dentro de um Ambiente de GQT*. São Paulo: Editora Aquariana, 1998.

LOPES, J. A. U. *Estudos e Relatórios de Impacto Ambiental: Aspectos Práticos in: A Variável Ambiental em Obras Rodoviárias*. FUPEF/DERPR. Curitiba. 1999.

LQ GEOAMBIENTAL. Avaliação comparativa dos impactos ambientais e medidas mitigadoras das alternativas de traçado do contorno ferroviário de Curitiba: Alternativa Oeste e Alternativa Extremo Oeste. 2008.

MACHADO, P. A. L. *Direito Ambiental Brasileiro*, 7ª ed. São Paulo: Malheiros Editores Ltda., 1999.

MOREIRA, I. V. D. *Vocabulário Básico de Meio Ambiente*. Rio de Janeiro: Serviço de Comunicação Social da Petrobras, 1990.

PARANÁ SETR/DERPR. *Manual de instruções ambientais para obras rodoviárias*. Curitiba, 2000.

PORTO, M. M.; TEIXEIRA, S. G. *Portos e Meio Ambiente*. São Paulo: Edições Aduaneiras Ltda., 2002.

PURI, Subhash C. *Stepping Up to ISO 14000: Integrating Environmental Quality with ISO 9000 and TQM*. Portland, USA: Productivity Press, 1999.

QUEIROZ, S. M. P. de; LOPES, J. A. U. Avaliação de Impacto Ambiental, Licenciamento e fases de construção viária: uma proposta de compatibilização *in: Anais do IV Encontro Anual da Seção Brasileira da International Association for Impact Assessment – IAIA*. Belo Horizonte, p. 433-444, 1995.

REIS, Luis Filipe Souza Dias; QUEIROZ, Sandra. *Gestão Ambiental em Pequenas e Médias Empresas*. Rio de Janeiro: Qualitymark Editora, 2000.

SÁNCHEZ, L. E. *Avaliação de Impacto Ambiental: Conceitos e Métodos*. São Paulo: Oficina de Textos Editora, 2008.

SILVA, J. A. *Direito Ambiental Constitucional*, 2ª ed. São Paulo: Malheiros Editores Ltda., 1994.

SUREHMA/GTZ. *Manual de Avaliação de Impactos Ambientais*. Curitiba, 1992.

VALE, C. E. do; LAGE; H. *Meio Ambiente Acidentes e Soluções*. São Paulo: SENAC Editora, 2003.

Sobre os Autores

LUIS FILIPE SOUSA DIAS REIS

É bacharel em Ciências Agrárias (1972) com especialização em Melhoramento Florestal e pós-graduado em Gestão Ambiental na Indústria e em Agronegócios pela Universidade Federal do Paraná, em Gestão da Indústria Automobilística pela Fundação Getulio Vargas, em Administração de Recursos Humanos pela Universidade do Centro Oeste.

Possui ainda o título de especialista em Qualidade – Certified Quality Engineer – pela American Society of Quality Control, de Lead Assessor pela PE Batalas e de Environmental Auditor pela Bellamy Associated e Perito Judicial Ambiental.

Luis Filipe é Lead Assessor, Enviromental Assessor e auditor de certificação ISO, tendo atuado em diversas auditorias de certificação de empresas representando a DQS do Brasil, empresa alemã certificadora de Sistemas de Gestão da Qualidade e Ambiental.

Atuou em diversas empresas no Brasil, em Portugal e em Angola. No Brasil desempenhou cargos de gerência, nomeadamente na Cooperativa Agrícola de Laticínios de Batatais, na Rhodia Mérieux, na Fábrica de Papel e Celulose Santa Maria, na Inpacel – Indústria de Papel e Celulose – e no Grupo Bamerindus, em que atuou como Gerente para o Sistema da Qualidade das empresas pertencentes a este conglomerado.

Nos últimos 15 anos tem prestado serviços de consultoria e assessoria na implantação de processos de Gestão da Qualidade/Ambiental em diversas empresas, nacionais e multinacionais através da empresa de consultoria PGP Consultoria e Assessoria Ltda. da qual é sócio-diretor, tendo, também, desempenhado a função de diretor-presidente da Associação de Gestão e Estudos Ambientais – AGEA, entidade formada por profissionais autônomos que tem por caráter a prestação de serviços no ramo ambiental e o desenvolvimento da consciência socioecológica e da responsabilidade social.

Na área da Responsabilidade Social, o signatário tem tido forte atuação nas empresas onde atua, através da implantação dos princípios da SA 8000 (Social Accountability), a qual está diretamente relacionada com os princípios orientadores da gestão da qualidade e ambiental. É especialista em Responsabilidade Social (Fundação Getulio Vargas – Curitiba).

É autor de diversos livros e trabalhos sobre as áreas de Qualidade e Ambiental (vide pgpconsultoria.com.br).

SANDRA MARA PEREIRA DE QUEIROZ

Possui graduação em Ciências Biológicas pela Universidade Federal do Paraná (1975) e Mestrado em Ciências Biológicas (entomologia) pela Universidade Federal do Paraná (1986). Foi coordenadora estadual do Programa Nacional de Meio Ambiente – PNMA II junto à Secretaria Estadual de Meio Ambiente e Recursos Hídricos do Paraná, objeto de Convênio entre o Brasil – Ministério do Meio Ambiente – e o Banco Mundial – BIRD. Foi coordenadora estadual do Programa de Avaliação de Impactos Ambientais de Barragens, objeto de Convênio de Cooperação Técnica entre o Brasil – ABC – e o Governo da República da Alemanha através da GTZ.

Tem experiência na área de zoologia, com ênfase em Conservação das Espécies Animais, atuando principalmente nos seguintes temas: avaliação de impactos ambientais, gestão do meio ambiente, perícia judicial ambiental, auditoria ambiental, supervisão ambiental de obras de infraestrutura e ecologia. Vem atuando em cursos de Especialização de Gestão Ambiental ministrando o módulo Impactos Ambientais, além de orientar monografias de final de curso de Especialização e participação em banca de defesa de Tese de Mestrado.

É docente do Mestrado Profissionalizante Meio Ambiente Urbano e Industrial, em execução pela UFPR, Universidade de Stuttgart e SENAI. Atualmente é sócia-diretora da empresa de Consultoria Ambiental: LQ Geoambiental, prestadora de serviço na área de gestão ambiental.

Publicou diversos trabalhos técnicos nas áreas de zoologia (entomologia) e ambiental, particularmente Licenciamento e Avaliação Ambiental no Brasil e no exterior, destacando-se contribuições ao Manual de Avaliação de Impactos Ambientais – MAIA; ao Manual de Licenciamento Ambiental do Estado do Paraná – PROLIC e a coordenação do Manual de Instruções Ambientais para Obras Rodoviárias do DER/PR.

JOSÉ ANTONIO URROZ LOPES

Geólogo formado na Escola de Geologia da Universidade Federal do Rio Grande do Sul em 1963, com Mestrado em Geologia Ambiental pela Universidade Federal do Paraná, em 1995, possui diversos cursos de aperfeiçoamento, como o de Elementos Finitos Aplicados à Geotecnia, de Geoquímica Global, "Environment Geochemistry", de Auditoria Ambiental, de Perícia Ambiental Judicial e de Manejo Biotécnico na Estabilização de Encostas e Taludes Fluviais.

Trabalhou, nas áreas de geologia, geologia de engenharia e geotecnia, em pesquisa de águas subterrâneas, mapeamento geológico sistemático, estudos de viabilidade e projetos rodoviários, ferroviários, portuários, aeroportuários, de saneamento e de reestabilização de encostas e taludes na maioria dos Estados do Brasil e em países vizinhos. Na área ambiental, trabalhou em Estudos e Relatórios de Impacto Ambiental de rodovias, ferrovias, fábricas, barragens, gasodutos e portos e em projetos de controle de erosão marinha e recuperação de regiões costeiras e de áreas degradadas, em vários Estados do Brasil, e foi supervisor ambiental de concessão rodoviária e de implantação de obra viária urbana.

Foi funcionário da Superintendência do Desenvolvimento Econômico e Cultural do Estado do Ceará, da Comissão da Carta Geológica do Paraná e do Departamento de Estradas de Rodagem do Estado do Paraná e diretor das Empresas Etel S/A, Mineropar S/A, Engemin Ltda. e atualmente é diretor da Empresa LQ Geoambiental.

Exerceu atividades didáticas, como professor de Geologia e Solos, Mecânica dos Solos, Geotecnia e Avaliação de Impacto Ambiental em Universidades Públicas e Privadas e em cursos destinados a profissionais de Nível Superior e minicursos e conferências sobre os mesmos assuntos em diversos locais do Brasil

Tem mais de 50 trabalhos publicados no Brasil e no exterior versando sobre Geologia, Geologia Aplicada, Geotecnia e Meio Ambiente, destacando-se sua contribuição para o Manual de Avaliação de Impactos Ambientais – MAIA; a coordenação do Manual de Instruções Ambientais para Obras Rodoviárias do DER/PR e a Consultoria Especial para elaboração do Manual de Licenciamento Ambiental do Estado do Acre – MANINFRA.

Outros Títulos Sugeridos

Empreendedorismo Social
A Transição para a Sociedade Sustentável

César Froes e Francisco M. Neto mostram a busca por um novo paradigma através do empreendedorismo social. O objetivo não é mais o negócio do negócio. O "negócio do social" tem o foco de atuação na sociedade civil e na parceria, envolvendo comunidade, governo e setor privado.
Esta obra compõe a trilogia sobre responsabilidade social e gestão social iniciada com os livros "Responsabilidade Social e Cidadania Empresarial" e "Gestão da Responsabilidade Social Corporativa", também escritos por Froes e Melo Neto.

Autores: César Froes e
         Francisco Paulo de M. Neto
Número de páginas: 232

Outros Títulos Sugeridos

Responsabilidade Social e Diversidade nas Organizações
Contratando Pessoas com Deficiência

Trata-se de uma obra de grande valor para empresários, profissionais de Gestão de Pessoas, especialistas em reabilitação profissional e colocação de pessoas com deficiência no mercado, educadores em geral e pessoas que se candidatam a um emprego. A autora defende os procedimentos inspirados no Paradigma da Inclusão, que ainda não são amplamente praticados por esse público-alvo. A inclusão de pessoas com deficiência no mercado de trabalho é um direito, independente do tipo de deficiência e do grau de comprometimento que sejam apresentados. No entanto, a falta de conhecimento ainda nos faz presenciar inúmeros casos de discriminação e exclusão. Este cenário tão comum nos dias atuais, faz com que a abordagem da inclusão social e profissional dessas pessoas, ganhe relevância no debate social, político, econômico e cultural. O princípio da inclusão social se baseia na aceitação das diferenças individuais e na valorização do indivíduo, sabendo aceitar a diversidade, num processo de cooperação e conhecimento. Mais do que informações, a autora deseja que os elementos abordados neste livro possam ser convertidos em ferramentas capazes de colaborar para a redução do preconceito e para a efetiva inclusão social e profissional das pessoas com deficiência.

Autora: Melissa Santos Bahia
Número de páginas: 112

QUALITYMARK EDITORA

Entre em sintonia com o mundo

QualityPhone:

0800-0263311

Ligação gratuita

Qualitymark Editora
Rua Teixeira Júnior, 441 – São Cristóvão
20921-405 – Rio de Janeiro – RJ
Tels.: (21) 3094-8400/3295-9800
Fax: (21) 3295-9824
www.qualitymark.com.br
e-mail: quality@qualitymark.com.br

Dados Técnicos:

• Formato:	17,5 x 24,5 cm
• Mancha:	13,5 x 20,5 cm
• Fontes Títulos:	Humanst777 Blk BT
• Fontes:	HumanstSlab 712 BT
• Corpo:	11
• Entrelinha:	13,2
• Total de Páginas:	312
• 1ª Edição:	2012